理工科电子信息类DIY系列丛书

# 数字电子技术
## 实验教程

● 黄旭 汪一鸣 胡勇 石明慧 陈虹 羊箭锋 编著

苏州大学出版社

**图书在版编目(CIP)数据**

数字电子技术实验教程/黄旭等编著. —苏州：
苏州大学出版社，2016.1(2025.1重印)
(理工科电子信息类DIY系列丛书)
ISBN 978-7-5672-1560-3

Ⅰ.①数… Ⅱ.①黄… Ⅲ.①数字电路－电子技术－实验－高等学校－教材 Ⅳ.①TN79-33

中国版本图书馆CIP数据核字(2015)第270860号

## 内容简介

本书是数字电子技术的配套实验教材.全书以目前使用的主流数字电子技术教学内容为主线，共分为七章，分别是第一章数字电子技术实验基础、第二章逻辑门电路、第三章组合逻辑电路、第四章时序逻辑电路、第五章脉冲产生与整形电路、第六章数/模转换与模/数转换电路、第七章数字系统设计.每章实验又由三个相对独立的篇章组成，分别是基础篇(认识实验)、中级篇(设计实验)和高级篇(综合实验)，数字系统实验以学生能够独立完成简单系统设计为目的.全书内容由浅入深，由易到难，可灵活组合.任课教师可根据不同教学对象和教学计划，安排选做不同的实验，或用几个时间段完成一个较大的实验.由于这些实验都可根据难易不同模块化组合，所以本书既适用于本科、大专、职教、成教等各种层次的学生，也适用于教学要求不同的相关专业.本教材中每个实验独立成篇，与上课使用何种教材无关，也与实验时使用何种实验箱无关.本书可作为本、专科数字电子技术和数字逻辑设计课程的实验教材，也可供从事数字系统设计的工程技术人员参考.

**数字电子技术实验教程**

黄 旭 汪一鸣 胡 勇
石明慧 陈 虹 羊箭锋 编著

责任编辑 苏 秦

苏州大学出版社出版发行
(地址：苏州市十梓街1号 邮编：215006)
江苏凤凰数码印务有限公司印装
(地址：南京市经济技术开发区尧新大道399号 邮编：210038)

开本 787 mm×1 092 mm 1/16 印张 14 字数 341 千
2016年1月第1版 2025年1月第3次印刷
ISBN 978-7-5672-1560-3 定价：38.00元

苏州大学版图书若有印装错误，本社负责调换
苏州大学出版社营销部 电话：0512-65225020
苏州大学出版社网址 http://www.sudapress.com

# 前　言

随着各行各业信息化和数字化进程的加快，随着互联网、物联网、传感网的广泛应用和中国制造2025的部署，信息技术和智能控制的基础课程数字电子技术在大学理工科的许多专业中都成了一门重要的课程. 数字电子技术同时又是一门实践性很强的课程，需要学生自己动手完成一定量的实验. 多年的教学实践告诉我们，对数字电子技术基础知识的透彻理解和扎实掌握，离不开实验这个环节. 因此，我们编写了这本与课堂教学配套的有特色的数字电子技术实验教程，使这门课程的理论教学和实验教学融为一体.

本教程是在《数字电子技术实验指导》的基础上修订而成的，保留了原版本中经实践证明成功的内容，增加了与数字电子技术基本概念和基本理论衔接的部分，使得本书可以不依赖于特定的数字电子技术教材而独立使用. 全书共分七章. 第一章是数字电子技术实验基础，介绍数字信号和数字集成电路的基本概念以及实验故障检查与排除的一般方法. 随后各章按照逻辑门电路、组合逻辑电路、时序逻辑电路、脉冲产生与整形电路、数/模转换与模/数转换电路以及数字系统设计的顺序安排，每章包含基础篇、中级篇和高级篇，由浅入深，由易到难，循序渐进，着重培养学生在数字电子技术方面的综合应用能力.

为方便起见，我们在附录中加入了实验中用到的数字集成电路引脚图及相应的逻辑功能表，介绍了基本的输入输出组件的搭建方法，给出了常用实验仪器设备使用简介以及标准的实验报告的要求和样稿. 由于利用EDA软件设计仿真和验证数字电子系统已经成为数字电路设计的必备技能，我们在附录中一并介绍了常用的数字系统电子设计自动化工具Quartus II.

由于每个实验都由难易不同的篇章组成，使用者可根据不同对象灵活组合，选做不同实验，或用几个时间段完成一个较大的实验. 所以本教程既适用于本科、大专、职教、成教等各种层次的学生，也适用于教学要求不同的相关专业. 对于工程技术人员，本教程也是一本有用的自学参考书.

由于编者水平有限，本教材中难免有错误和不当之处，恳请读者们提出宝贵的意见和建议.

编者

2015年9月

# 目录

Contents

# 第一章　数字电子技术实验基础

## 1.1　数字集成电路简介

### 一、集成电路分类

集成电路就是利用半导体的制造工艺，将元器件及导线制作在一块半导体基片上，构成的具有特定功能的电路. 集成电路是现代电子电路的重要组成部分，它具有体积小、质量轻、耗电少、工作性能好等一系列优点.

按集成度，集成电路可分为小规模集成电路（SSI，集成度 <10 个门电路）、中规模集成电路（MSI，集成度为 10～100 个门电路）、大规模集成电路（LSI，集成度为 100～1000 个门电路）以及超大规模集成电路（VLSI，集成度 >1000 个门电路）.

按其功能，集成电路可分为模拟集成电路和数字集成电路. 数字集成电路种类繁多，有门电路、触发器、组合逻辑部件、寄存器、计数器、脉冲波形产生和整形电路、半导体存储器、A/D 及 D/A 转换器等.

按封装方式，集成电路可分为 SOP（小外形封装）、PGA（插针网格阵列封装）、DIP（双列直插式封装）、BGA（球形触点阵列封装）、QFP（四侧引脚扁平封装）等封装方式的集成电路.

目前，通用的数字集成电路主要有 TTL 逻辑（晶体管-晶体管逻辑）、CMOS 逻辑（互补金属-氧化物-半导体逻辑）和 ECL 逻辑（发射极耦合逻辑）.

TI 公司最初生产的 TTL 电路为 SN54/74 系列，为了提高工作速度、降低功耗，又相继生产了 74H、74L、74S、74LS、74AS、74ALS、74F 等改进系列.

74H 和 74L 系列因不能同时满足低功耗、高速的要求而逐步被淘汰. 74S 系列为高速肖特基系列，74LS 系列为高速及低功耗的肖特基系列，74AS 系列是为了进一步缩短传输延迟时间而设计的改进系列，74ALS 系列是将 74LS 系列的速度进一步提高、功耗进一步减小而设计的产品系列，74F 系列的速度和功耗介于 74AS 和 74ALS 之间.

所有 TTL 电路的输出、输入电平均是兼容的. 表 1.1.1 列出了该系列两个常用的系列化产品即 54 系列和 74 系列的工作参数.

**表 1.1.1　常用 TTL 系列产品参数**

| TTL 系列 | 工作环境温度 | 电源电压范围 |
|---|---|---|
| 军用 54 系列 | -55℃～+125℃ | +4.5～+5.5V |
| 工业用 74 系列 | 0～+75℃ | +4.75～+5.25V |

CMOS 逻辑电路的特点是功耗低，工作电源电压范围较宽，速度快（可达 7MHz）. 最早生产的 CMOS 电路为 CC4000 系列，有两种类型产品，如表 1.1.2 所示. 后来出现了 HC/HCT

系列产品，与 4000 系列相比，其工作速度快，带负载能力强. 而且，HCT 系列与 TTL 兼容.

**表 1.1.2　CC4000 系列产品参数**

| CMOS 系列 | 封装 | 温度范围 | 电源电压范围 |
|---|---|---|---|
| CC4000 | 陶瓷 | -55℃ ~ +125℃ | +3 ~ +12V |
| CC400B | 塑料 | -40℃ ~ +85℃ | +3 ~ +12V |

CMOS 集成电路产品还有 AHC/AHCT 系列、VHC/VHCT 系列、LVC 系列、ALVC 系列等. AHC/AHCT 系列是改进的高速 CMOS 系列的简称. 与 HC/HCT 系列相比，其工作速度和带负载能力均提高了近一倍，是目前应用最广的 CMOS 器件. LVC 系列为低电压 CMOS 器件. ALVC 系列是改进的低压 CMOS 逻辑系列. 改进后的 ALVC，其速度在 LVC 的基础上得到进一步提高.

表 1.1.3 列出了几种 CMOS 电路的电源电压值.

**表 1.1.3　几种 CMOS 电路的电源电压值**

| 类型<br>参数 | 74HC | 74HCT | 74LVC | 74ALV |
|---|---|---|---|---|
| 电源电压范围/V | 2 ~ 6 | 2 ~ 6 | 1.2 ~ 3.6 | 1.2 ~ 3.6 |
| 电源最大电压额定值/V | 7 | 7 | 6.5 | 6.5 |

不同系列的 TTL 电路和高速 CMOS 电路产品，只要型号最后的数字相同，它们的逻辑功能就是一样的，但电气性能参数大不相同，使用时要特别注意.

ECL 逻辑电路的最大特点是工作速度高. 因为在 ECL 电路中晶体三极管不工作在饱和区，消除了三极管的存储时间，从而大大提高了工作速度.

### 二、集成电路外引线的识别

在使用集成电路之前，应认真查对识别集成电路的引脚，确认电源、地、输入、输出、控制等端的引脚号，以免因错接而损坏器件. 具体方法是：先将文字符号标记正放（一般集成电路上有一圆点或有一缺口，将缺口或圆点置于左方），从左下脚起，按逆时针方向数，依次为 1、2、3、4……如图 1.1.1 所示.

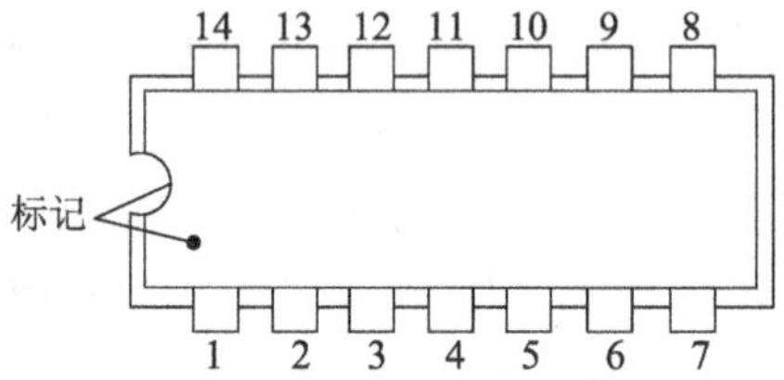


注：应加文字符号以确定为正面.

**图 1.1.1　集成电路外引线的识别**

## 1.2　数字脉冲信号

### 一、模拟信号与数字信号

自然界中的物理量按其变化规律的特点可分为两大类. 一类物理量，其变化在时间上或数值上是连续的，这一类物理量叫作模拟量，表示模拟量的信号叫作模拟信号，处理模拟信号的电子电路称为模拟电路. 另一类物理量，其变化在时间上和数量上都是离散的，我们称这一类物理量为数字量，并把表示数字量的信号叫作数字信号，处理数字信号的电子电路称为数字电路.

## 二、数字脉冲信号

数字信号可以用二值逻辑和数字波形两种方法来描述.

1. 二值数字逻辑和逻辑电平.

在数字电路中，通常用电子器件的开关来实现二值数字逻辑，即用逻辑 1 和逻辑 0 分别表示高、低电平. 表 1.2.1 为 CMOS4000 器件的电压范围与逻辑电平之间的关系. 当信号电压在 3.5 ~5V 范围内时，都表示高电平；在 0 ~1.5V 范围内时，都表示低电平. 这些表示数字电压的高、低电平称为逻辑电平.

**表 1.2.1　电压范围与逻辑电平的关系**

| 电压 | 二值逻辑 | 电平 |
|---|---|---|
| 3.5 ~5V | 1 | H(高电平) |
| 0 ~1.5V | 0 | L(低电平) |

2. 数字波形.

数字波形是逻辑电平对时间的图形表示. 图 1.2.1 所示为用逻辑电平表示的数字波形，其中逻辑 0 表示低电平，逻辑 1 表示高电平.

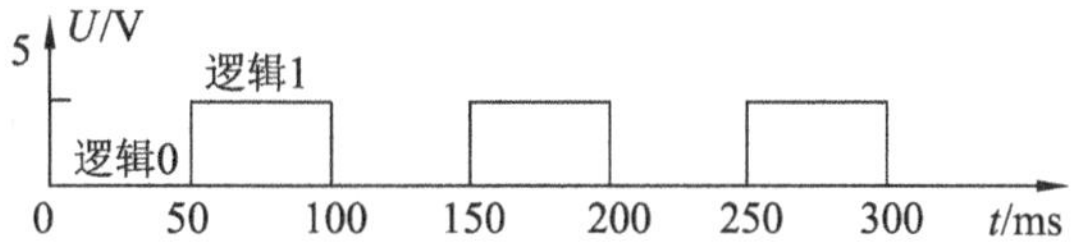


**图 1.2.1　数字波形**

脉冲是指作用时间极短的电压或者电流. 也广义地把各种非正弦信号都称为脉冲信号. 通常，当脉冲信号仅有两个离散值时，称之为数字脉冲信号.

对于数字电路中广泛应用的矩形脉冲信号，通常用脉冲宽度 $t_w$ 和占空比 $q$ 来描述. $t_w$ 表示脉冲作用的时间，占空比表示脉冲宽度与脉冲周期的比值，即

$$q = \frac{t_w}{T} \times 100\%$$

矩形脉冲信号的产生方法不外乎有两种：一是利用脉冲振荡电路（如各种形式的多谐振荡器）直接产生；二是利用整形电路（如单稳态触发器和施密特触发器）将已有的不符合要求的波形变换为符合要求的脉冲波形.

# 1.3　实验故障检查与排除

## 一、电子电路的组装

电子电路设计好后，便可进行组装.

电路的组装通常采用焊接和实验箱上插接两种方式. 焊接组装可提高学生焊接技术，但器件可重复利用率低. 在实验箱上组装，元器件便于插接且电路便于调试，并可提高器件重复利用率. 下面介绍在实验箱上用插接方式组装电路的方法.

1. 集成电路的装插.

插接集成电路时首先应认清芯片的引脚,不要插倒,所有集成电路的插入方向保持一致,注意管脚不能弯曲.

2. 元器件的装插.

根据电路图的各部分功能确定元器件在实验箱插接板上的位置,并按信号的流向将元器件顺序地连接,以易于调试.

3. 导线的选用和连接.

选用导线时,应先用万用表测试导线是否完好,以避免因导线不良而引起故障. 导线的长短应根据两插线点的间距而定,若间距很近而选用较长的导线,会使电路显得凌乱且不便于检查. 导线直径应和插接板的插孔直径相一致,过粗会损坏插孔,过细则与插孔接触不良.

为方便检查电路,可以根据不同用途选用不同颜色的导线. 一般习惯是正电源用红线,负电源用蓝线,地线用黑线,信号线用其他颜色的线.

## 二、电路的调试

电路的调试包括测试和调整两个方面. 主要是指电路通电后,需要用仪器对电路进行参数测量的检查.

当电路组装好以后,有可能达不到预期效果,这就必须通过测试和调整来检查并纠正设计方案的不足以及解决组装过程中出现的问题,之后采取措施进行改进,使电路实现预期的功能和达到设计的技术指标.

数字电路实验和调试常用的仪器有:万用表、稳压电源、示波器、信号发生器等.

1. 调试前的直观检查.

电路安装完毕,通常不宜急于通电,先要认真检查电路是否正确,包括连线、元器件、电源供电等.

(1) 连线是否正确 . 可以按照电路图连线,按一定顺序逐一检查安装好的线路,由此查找错线或少线. 也可以元器件为中心进行查线,即把每个元器件引脚的连线检查一遍,看每个引脚的去处在电路图上是否存在,以查出错线、少线甚至多余的线.

(2) 元器件安装情况. 连线检查无误后,要进一步检查元器件引脚之间有无短路,连接处有无接触不良,二极管、三极管、集成电路和电解电容极性等是否连接有误. 可以用指针万用表"$\Omega\times1$"挡或数字式万用表"Ω 挡"的蜂鸣器测量元器件引脚,以检查是否存在接触不良并确定其部位.

(3) 电源供电(包括极性)、信号源连线是否正确. 检查直流电源极性是否连接正确,信号源连线是否正确.

(4) 电源端对地(⊥)是否存在短路. 在通电前,断开一根电源线,用万用表检查电源端对地(⊥)端的电阻是否存在漏电或短路.

2. 调试方法.

电路的调试主要包括外观检查、静态调试和动态调试.

(1) 通电观察.

将经过准确测量的电源接入电路,观察有无异常现象,如有无冒烟,是否有异常气味,手摸元器件是否发烫,电源是否有短路现象等. 如果出现异常,应立即切断电源,待排除故障后才能再通电.然后测量各路总电源电压和各器件的引脚的电源电压,以保证元器件正常工作.

通过通电观察,认为电路初步工作正常,就可转入正常调试.

另外,应注意一般电源在开与关的瞬间往往会出现瞬态电压上冲的现象,集成电路最怕过电压的冲击,所以一定要养成先开启电源,后接电路的习惯,在实验中途也不要随意将电源关掉.

(2) 静态调试.

静态调试是指在没有外加信号的条件下所进行的直流测试和调整过程.例如,可以用万用表测试电路中各点的电位,得出各输入端和输出端的高、低电平值及逻辑关系,结合电路原理的分析,判断电路工作情况是否正常,及时发现已经损坏的元器件,并及时调整电路参数,使电路工作状态符合设计要求.

(3) 动态调试.

动态调试是在静态调试的基础上进行的.调试的方法是在电路的输入端接入适当频率和幅值的信号,并循着信号的流向逐级检测各有关点的波形、参数和性能指标.发现故障现象,应采取不同的方法缩小故障范围,最后设法排除故障.

## 三、检查故障的一般方法

在实验过程中,出现故障是在所难免的.通过查找和排除故障,可以大大提高电子技术实践能力.

查找故障可以按照从输入到输出的顺序,也可以按照从输出到输入的顺序.

1. 直接观察法.

直接观察法是指不用任何仪器,利用人的视、听、嗅、触等手段来发现问题,寻找和分析故障.

直接观察包括不通电观察和通电观察.

在不通电的情况下,检查仪器的选用和使用是否正确;电源电压的数值和极性是否符合要求;电解电容的极性、二极管和三极管的管脚、集成电路的引脚有无错接、漏接、互碰等情况;布线是否合理;印制板有无断线;电阻、电容有无烧焦和炸裂等.

通电观察元器件有无发烫、冒烟、异味等.

此法简单有效,可在做初步检查时用,但对比较隐蔽的故障无能为力.

2. 电阻法.

电阻法就是用万用表测量电路电阻和元件电阻来发现和寻找故障部位及故障元件,电阻测量法必须在断电的情况下进行.

(1) 通断法.

通断法就是用指针万用表的“Ω×1”挡或数字式万用表的“Ω挡”的蜂鸣器测量检查电路中的连线、单元电路间的电源线、信号引线、接插件的插头、插座是否有断路、接触不良,元器件引脚是否虚连等.还要注意检查是否有不允许悬空的输入端未接入电路.

(2) 电阻值测量法.

电阻值测量法用于检查电路中电阻元件的阻值是否正确;检查电容器是否断线、击穿或漏电;检查半导体器件是否击穿、开路及各PN结是否正常.通常用指针万用表的“R×100”

挡或"R×1k"挡进行测量,也可用数字万用表的PN结电压测量挡进行检测.

3. 电压测量法.

电压测量法是用万用表直流挡检查电源、集成电路引脚对地的电压是否正确,以判断电路是否存在故障的方法. 在实际操作中,首先确认供电电路的电压、各芯片电源引脚电压是否正常,其次检测各种参考电压是否正常、电路各节点的工作电压是否正常.

4. 信号寻迹法.

信号寻迹法即在电路输入信号时进行检测. 输入的信号可以是直流、交流、脉冲等. 当输入端输入信号时,用示波器逐级观察各节点的波形,若哪一级波形出现异常,则故障就在该级.

在实际调试过程中,寻找故障的方法还有很多,以上仅列举了几种常用方法.

对于简单的故障用一种方法即可查找出故障点,但对于较复杂的故障则需采取多种方法互相补充、互相配合,才能找出故障点. 在一般情况下,寻找故障的常规做法是:

(1) 采用直接观察法,排除明显的故障.

(2) 再用万用表(或示波器)检查静态工作点.

(3) 用信号寻迹法对电路进行检测. 信号寻迹法是对各种电路普遍适用而且简单直观的方法,在动态调试中广泛应用.

# 第二章 逻辑门电路

## 2.1 逻辑门电路基础知识

### 一、常用TTL门电路

TTL 电路是晶体管-晶体管逻辑电路的英文缩写(Transister-Transister-Logic),是数字集成电路的一大门类.它采用双极型工艺制造,实验室中一般电源电压为5V、速度快(延时数ns)、功耗大(电流为 mA 级)、负载力大(负载以 mA 计),不用端多半可不做处理.

TTL 数字逻辑电路一般指 74/54 系列集成电路,常用的大致可分为以下 6 大类:

1. 74××(标准型).
2. 74LS××(低功耗肖特基).
3. 74S××(肖特基).
4. 74ALS××(先进低功耗肖特基).
5. 74AS××(先进肖特基).
6. 74F××(高速).

标准 TTL 电平标准如下:

输出 L: <0.8V;H: >2.4V.

输入 L: <1.2V;H: >2.0V.

TTL 器件输出低电平要小于 0.8V,高电平要大于 2.4V. 输入低于 1.2V 就认为是低电平,高于 2.0V 就认为是高电平.

### 二、常用CMOS门电路

CMOS 电路是互补型金属氧化物半导体电路(Complementary Metal-Oxide-Semiconductor),其基本结构是一个 N 沟道 MOS 管和一个 P 沟道 MOS 管,由于两管栅极工作电压极性相反,故将两管栅极相连作为输入端,两个漏极相连作为输出端,则两管正好互为负载,处于互补工作状态.实验室中 CMOS 电路电源电压可达 15V、速度慢(延时几百 ns)、功耗低且省电(电流为 μA 级)、负载力小且以容性负载为主,由于 CMOS 的输入阻抗都比较大,一般比较容易捕捉到干扰脉冲,所以不用的管脚尽量要接上拉电阻,或进行相应的处理.而且 CMOS 具有电流闩锁效应,容易烧掉 IC,所以输入端的电流尽量不要太大,最好加限流电阻.

常用 CMOS 数字逻辑电路一般是指 CD40XX/CD45XX 系列标准的 CMOS 电路,$V_{CC}$为 5~18 V. 另外,还有与 TTL 电路兼容的逻辑器件:

74HC:高速 CMOS 器件,$V_{CC}$为 5V CMOS 电平.

74HCT: 高速 CMOS 器件,$V_{CC}$为 5V TTL 电平(可完全替代 74LS 系列),兼容标准 TTL 电平标准.

标准 CMOS 电平标准如下：

CMOS 电平 $V_{CC}$可达到 12V.

CMOS 电路输出高电平约为 $V_{DD}-0.1V$，而输出低电平约为 0.1V.

CMOS 电路输入高电平约为 $0.7\times V_{DD}$，而输入低电平约为 $0.3\times V_{DD}$.

CMOS 电路不使用的输入端不能悬空，会造成逻辑混乱.

CMOS 集成电路电源电压可以在较大范围内变化，因而对电源的要求不像 TTL 集成电路那样严格.

除此之外，数字电路向低电压发展，分别有 3.3V 系列、2.5V 系列和 1.8V 系列. 例如，74LV/74LCX 为低压 CMOS 器件，$V_{CC}$为 3.3V COMS 电平.

## 三、几种常用74门电路比较

目前中小规模数字电路多采用 74 门电路，主要有 74LSXX、74HCXX、74LSHCTXX、74FXX. 下面是 74LS/HC/HCT/F 系列芯片的主要区别：

1. LS 是低功耗肖特基，HC 是高速 COMS. LS 的速度比 HC 略快. HCT 输入输出与 LS 兼容，但是 HCT 功耗低；F 是高速肖特基电路.

2. LS 是 TTL 电平，HC 是 COMS 电平.

3. LS 输入开路为高电平，HC 输入不允许开路，HC 一般都要求有上下拉电阻来确定输入端无效时的电平. LS 却没有这个要求.

4. LS 输出下拉强上拉弱，HC 上拉下拉相同.

5. 工作电压不同，LS 只能用 5V，而 HC 一般为 2 ~ 7V.

6. 电平不同. LS 是 TTL 电平，其输入低电平和高电平分别为 0.8V 和 2.4V，而 CMOS 在工作电压为 5V 时其输出低电平和高电平分别为 0.1V 和 4.9V，所以 CMOS 可以驱动 TTL，但反过来是不行的.

7. 驱动能力不同，一般 LS 高电平的驱动能力为 5mA，低电平为 20mA；而 CMOS 的高低电平均为 4mA.

8. CMOS 器件抗静电能力差，易发生栓锁问题，所以 CMOS 的输入脚不能直接接电源.

## 四、TTL门电路与CMOS门电路的连接

在逻辑电路设计中，经常遇到不同的逻辑器件之间的互连. 不同的逻辑器件之间进行互连时需要考虑逻辑器件的如下互连原则：

1. 电平关系：必须保证在各自的电平范围内工作，否则不能满足正常逻辑功能，严重时会烧毁器件.

2. 驱动能力：必须根据器件的驱动特性参数考虑，否则很可能造成隐患，在电源波动、受到干扰时系统就会崩溃.

3. 时延特性：在高速信号进行逻辑电平转换时，会带来较大的延时，丢失脉冲，设计时一定要考虑其容限.

除此之外，还要考虑如下问题：

1. 对逻辑电平的影响. 应保证合格的噪声容限，并且输出电压不超过输入电压允许

范围.

2. 对上升/下降时间的影响. 应保证 $T_{plh}$ 和 $T_{phl}$ 满足电路时序关系的要求和 EMC 的要求.

3. 对电压过冲的影响. 过冲不应超出器件允许电压绝对最大值,否则也有可能使器件损坏.

对于数字逻辑器件来说,为了驱动大电流器件、远距离传输、同时驱动多个器件,都需要考虑其电流的驱动能力,输出电流应大于负载所需输入电流;另一方面,TTL、CMOS、ECL 等输入、输出电平标准不一致,同时采用上述多种器件时应考虑电平之间的转换问题.

总之,选用电平转换逻辑芯片时应慎重考虑,反复对比. 一般逻辑电平转换芯片多选用通用转换芯片,可靠性高,设计方便.

TTL 和 CMOS 的逻辑电平关系如图 2.1.1 所示.

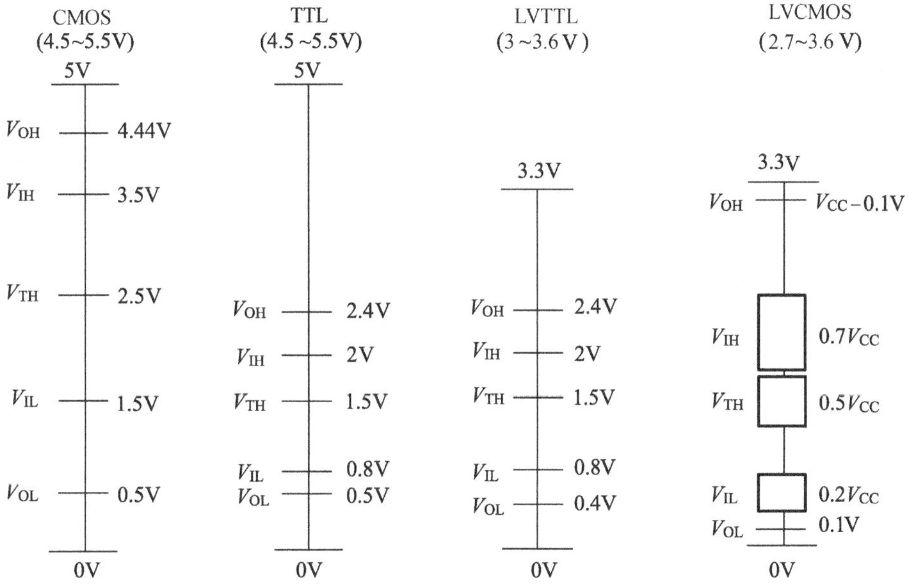


**图 2.1.1　TTL 和 CMOS 的逻辑电平关系图**

表 2.1.1 为各种逻辑器件间的互连,表中打钩(√)的表示逻辑电平直接互连没有问题,其他的应做特别处理.

**表 2.1.1　各种逻辑器件间的互连**

| | | 输入 | | | |
|---|---|---|---|---|---|
| | | 5V TTL | 3.3V/5V Tol. | 3.3V TTL/CMOS | 5V CMOS |
| 输出 | 5V TTL | √ | √ | | |
| | 3.3V TTL/CMOS | √ | √ | √ | |
| | 5V CMOS | √ | √ | | √ |
| | OC/OD | 上拉 | 上拉 | 上拉 | 上拉 |

常用的 TTL 和 CMOS 逻辑电平分类有 5V TTL、5V CMOS、3.3V TTL/CMOS、3.3V/5V Tol. 和 OC/OD 门. 其中 3.3V/5V Tol. 是指输入是 3.3V 逻辑电平,但可以忍受 5V 电压的信号输入. 3.3V TTL/CMOS 逻辑电平表示不能输入 5V 信号的逻辑电平,否则会出问题.

一般对于高逻辑电平驱动低逻辑电平的情况,如简单处理可通过串接 100Ω~1kΩ 的电阻来实现,具体阻值可以通过试验确定,为可靠起见,可参考后面推荐的接法. 从表 2.1.1 可看出,OC/OD 输出加上拉电阻可以驱动所有逻辑电平,5V TTL 和 3.3V/5V Tol. 可以被所有逻辑电平驱动. 所以在使用逻辑器件互连时,优先使用其 OC/OD 输出加上拉电阻实现逻辑电平转换;其次才用专门的逻辑器件转换.

目前,不同的逻辑器件之间互连所用专门的转换电路主要分以下几种情况:

1. 5V TTL 门电路作驱动源.

(1) 驱动 3.3V TTL/CMOS. 通过 LVC/LVT 系列器件(为 TTL/CMOS 逻辑电平输入, LVTTL 逻辑电平输出)进行转换.

(2) 驱动 5V CMOS. 可以使用上拉 5V 电阻的方式解决,或者使用 AHCT 系列器件(为 5V TTL 输入,5V CMOS 输出)进行转换.

2. 3.3V TTL/CMOS 门电路作驱动源.

驱动 5V CMOS. 使用 AHCT 系列器件(为 5V TTL 输入,5V CMOS 输出)进行转换[3.3V TTL 电平(LVTTL)与 5V TTL 电平可以互连].

3. 5V CMOS 门电路作驱动源.

驱动 3.3V TTL/CMOS. 通过 LVC/LVT 器件(输入是 TTL/CMOS 逻辑电平,输出是 LVTTL 逻辑电平)进行转换.

## 2.2 实验 1 基本 TTL、CMOS 器件实验

### 基础篇:验证 TTL 器件逻辑功能

#### 一、实验目的

1. 掌握数字集成电路的基本使用方法.
2. 掌握 TTL 集成与非门的逻辑功能.
3. 熟悉并掌握门电路逻辑功能的测试及功能转换方法.
4. 掌握德·摩根定理转换方法,能使用现有器件实现特定逻辑功能.

#### 二、实验原理

本实验采用四 2 输入与非门 74LS00,内含四个独立的逻辑单元,其逻辑符号及引脚排列如图 2.2.1 所示.

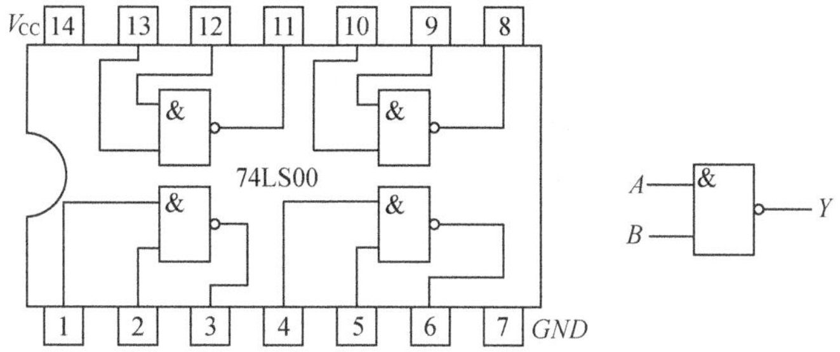


图 2.2.1　74LS00 引脚排列及逻辑符号

与非门的逻辑功能是：当输入端中有一个或一个以上是低电平时，输出端为高电平；只有当输入端全部为高电平时，输出端才是低电平. 其逻辑表达式为：$Y=\overline{AB}$.

1. 实验元件.

TTL 器件名称：74LS00.

功能：四 2 输入与非门电路.

逻辑表达式：$Y=\overline{AB}$.

2. 与非表达式的获取.

首先对与或逻辑函数进行化简，并利用德・摩根定理对其进行二次求非.

## 三、实验内容

1. 验证与非门 74LS00 的逻辑功能.

2. 用与非门 74LS00 实现组合逻辑功能：$Y=A\oplus B$.

（1）写出其表达式：$Y=\bar{A}B+A\bar{B}=\overline{\overline{\bar{A}B}\cdot\overline{A\bar{B}}}$.

（2）由此式设计出逻辑原理图（图 2.2.2）.

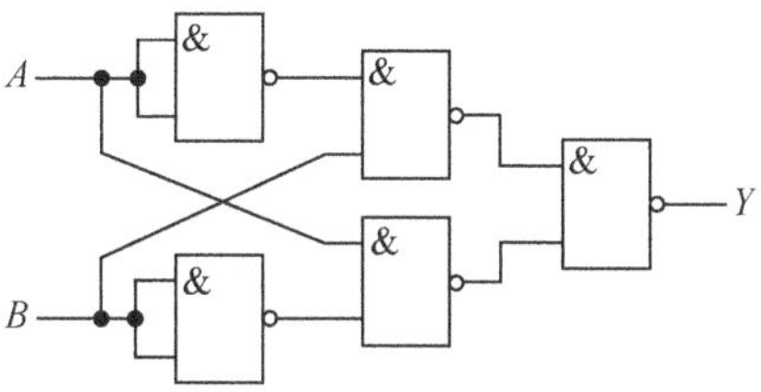


图 2.2.2　$Y=\bar{A}B+A\bar{B}$逻辑原理图

根据上图，画出相应的接线图.

在实验箱或通用板上选定 2 个 14P 插座，分别插好 2 片 74LS00，并接好连线，A、B 输入端接至输入逻辑电平开关组件. Y 接至发光二极管逻辑电平指示组件. 按下表要求进行逻辑状态的测试，并将结果填入表中，同时与真值表（表 2.2.1）进行比较，验证是否一致.

表 2.2.1　$Y=A\oplus B$ 的真值表与实测值

| $A$ | $B$ | $Y$ | 实测值 $Y$ |
|---|---|---|---|
| 0 | 0 | 0 | |
| 0 | 1 | 1 | |
| 1 | 0 | 1 | |
| 1 | 1 | 0 | |

3. 用与非门 74LS00 实现组合逻辑功能：$Y=\overline{A}B\overline{C}+A\overline{B}C$.

(1) 根据德・摩根定理写出其表达式：$Y=\overline{\overline{\overline{A}B\overline{C}}\cdot\overline{A\overline{B}C}}=\overline{\overline{\overline{A}B\cdot\overline{C}}\cdot\overline{\overline{A}C\cdot\overline{B}}}$.

(2) 由此式设计出逻辑原理图(图 2.2.3).

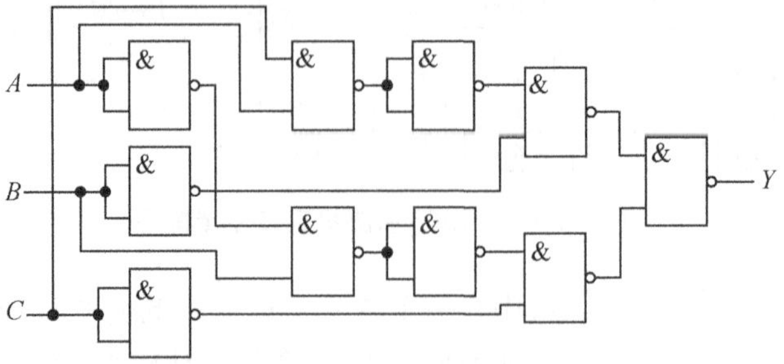


图 2.2.3　$Y=\overline{A}B\overline{C}+A\overline{B}C$ 逻辑原理图

根据图 2.2.3,画出相应的接线图(注意:接线图应包含电源和地线连接,标明输入和输出,以下要求同).

在实验箱或通用板上选定 3 个 14P 插座,分别插好 3 片 74LS00,并接好连线,$A$、$B$、$C$ 输入端接至输入逻辑电平开关组件. $Y$ 接至发光二极管逻辑电平指示组件. 按下表要求进行逻辑状态的测试,并将结果填入表中,同时与真值表(表 2.2.2)进行比较,验证是否一致.

**表 2.2.2　$Y=\overline{A}B\overline{C}+A\overline{B}C$ 的真值表与实测值**

| $A$ | $B$ | $C$ | $Y$ | 实测值 $Y$ |
|---|---|---|---|---|
| 0 | 0 | 0 | 0 | |
| 0 | 0 | 1 | 0 | |
| 0 | 1 | 0 | 1 | |
| 0 | 1 | 1 | 0 | |
| 1 | 0 | 0 | 0 | |
| 1 | 0 | 1 | 1 | |
| 1 | 1 | 0 | 0 | |
| 1 | 1 | 1 | 0 | |

## 四、实验仪器与器件

1. 通用板——可插接标准双列直插插座的实验电路板(1 块).
2. 输入逻辑电平开关组件(见附录二).
3. 发光二极管逻辑电平指示组件(见附录二).
4. 可调直流稳压电源(供电 +5V)(1 台).
5. 万用表(1 只).
6. 实验器件.

(1) 74LS00(3 片).

(2) 导线(若干).

## 五、实验报告要求

1. 写出实验任务的设计过程,画出设计的电路图.
2. 对所设计的电路进行实验测试,记录测试结果.
3. 总结本次实验过程中遇到的问题,分析其原因,写出最后的解决方案.

## 六、实验预习要求

1. 复习 TTL 门电路的工作原理.
2. 熟悉实验用 TTL 门电路的管脚排列.
3. 根据实验原理图画出其相应的实验接线图.
4. 画好验证用实验真值表表格.
5. 课前进行有关实验器材的查阅.

## 七、思考题

1. TTL 门电路输入端在什么条件下允许悬空？为什么？
2. TTL 门电路的电源电压有何要求？

# 中级篇 1：TTL 集成逻辑门电路的参数测量

## 一、实验目的

1. 学习掌握 TTL 集成与非门的逻辑功能.
2. 学习掌握 TTL 集成电路主要参数测试方法.

## 二、实验原理

1. 被测元件引脚图：TTL 74LS00 四 2 输入与非门电路如图 2.2.1 所示.
2. TTL 74LS00 电压传输特性如图 2.2.4 所示.

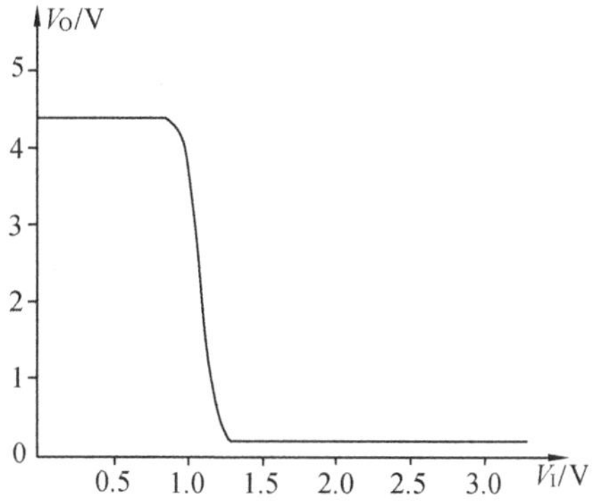


图 2.2.4　电压传输特性

74LS00 型与非门主要性能参数($V_{CC}=5V$)如表 2.2.3 所示.

**表 2.2.3　74LS00 型与非门主要性能参数**

| 参数名称 | 符号 | 单位 | 测试条件 | 规范值 |
|---|---|---|---|---|
| 输出高电平 | $V_{OH}$ | V | $V_I=0.8V, I_{OH}=0.4mA$ | ≥2.4 |
| 输出低电平 | $V_{OL}$ | V | $V_I=2.0V, I_{OL}=4mA$ | ≤0.4 |
| 输出高电平电流 | $I_{OH}$ | mA | $V_I=0.8V, V_{OH}=2.7V$ | ≤0.4 |
| 输出低电平电流 | $I_{OL}$ | mA | $V_I=2.0V, V_{OH}=0.5V$ | ≥8 |
| 输入漏电流 | $I_{IH}$ | μA | $V_I=5V$ | ≤20 |
| 输入短路电流 | $I_{IS}$ | mA | $V_I=0V$ | ≤0.4 |
| 输出高电平时电源电流 | $I_{CCH}$ | mA | | ≤1.6 |
| 输出低电平时电源电流 | $I_{CCL}$ | mA | | ≤4.4 |
| 开门电平 | $V_{ON}$ | V | | ≤1.8 |
| 关门电平 | $V_{OFF}$ | V | | ≥0.8 |
| 传输延迟时间 | $t_{pd}$ | ns | | ≤30 |
| 扇出系数 | $N_0$ | | 同 $V_{OH}$、$V_{OL}$ | ≥8 |

注：如果图中所标为实际电流方向,则表中电流不带符号.

3. 测试电路图.

(1) 测电压传输特性,如图 2.2.5 所示.

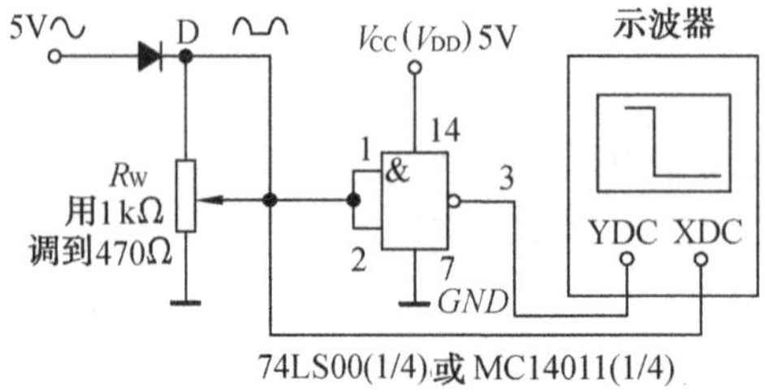


图 2.2.5　电压传输特性测量电路

(2) 测 TTL 电路输入特性,如图 2.2.6 所示.

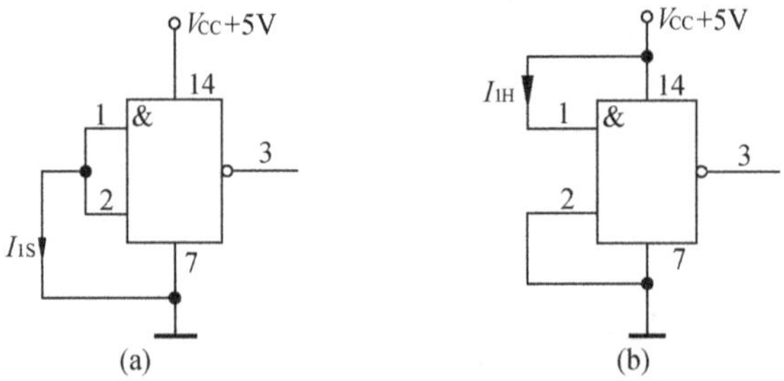


图 2.2.6　输入特性测量电路

（3）测 TTL 电路输出特性，如图 2.2.7 所示.

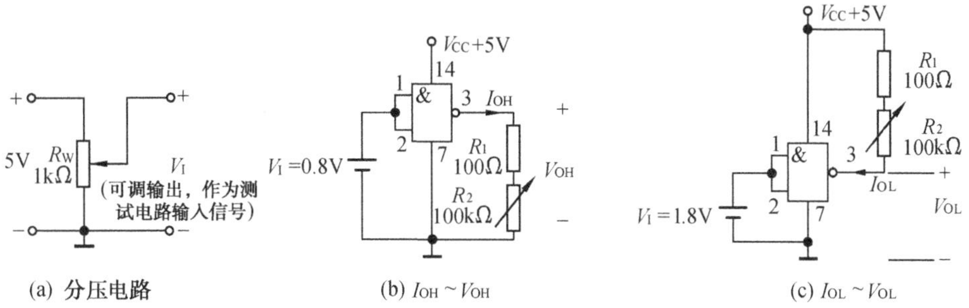


图 2.2.7　输出特性测量电路

## 三、实验内容

1. 用示波器测试 TTL 74LS00 型与非门的电压传输特性，标出关键电压值.
2. 用电压表、电流表测量 TTL 74LS00 型与非门输入、输出特性.
3. 从电压传输特性曲线，输入、输出特性曲线上找出与非门的主要参数.

## 四、实验仪器与器件

1. 通用板——可插接标准双列直插插座的实验电路板（1 块）.
2. 可调直流稳压电源（供电 +5V）（1 台）.
3. 万用表（1 ~2 只）.
4. 函数信号发生器（1 台）.
5. 双踪示波器（1 台）.
6. 实验器件.

（1）74LS00（1 片）.

（2）二极管：2cp 或 4148（1 只）

（3）电位器：1kΩ、100kΩ（各 1 只）.

（4）电阻：100Ω（1 只）.

（5）导线（若干）.

## 五、实验报告要求

1. 用坐标纸画出 74LS00 的电压传输特性曲线及输入、输出特性曲线.
2. 整理实验结果，求出 $V_{OH}$，$V_{OL}$，$V_{ON}$（$V_{ILmax}$），$V_{OFF}$（$V_{IHmin}$）及转折电压 $V_{TH}$.
3. 在传输特性曲线上标出噪声容限 $V_{NL}$，$V_{NH}$的范围.

## 六、实验预习要求

1. 复习 TTL 门电路的工作原理.
2. 熟悉实验用 TTL 门电路的管脚排列.
3. 根据实验原理图画出其相应的实验接线图.

4. 画好验证用实验表格.

## 七、思考题

1. 如果用 TTL 门电路点亮 LED 发光二极管,请问你是用高电平还是用低电平驱动?是否需要限流电阻?为什么?

2. 当需要反相器时,我们可以用以下三种方法实现:

(1) 将 74LS00 门电路的二输入端并联.

(2) 将 74LS00 门电路的一输入端通过电阻接 $V_{CC}$.

(3) 将 74LS00 门电路的一输入端直接接 $V_{CC}$.

试分析上述三种方法之间的优劣.

# 中级篇 2: CMOS 集成逻辑门的参数测量

## 一、实验目的

1. 学习掌握 CMOS 集成与非门的逻辑功能.

2. 学习掌握 CMOS 集成电路主要参数测试方法.

## 二、实验原理

1. 4011(CMOS)四 2 输入与非门电路的引脚与 74LS00 四 2 输入与非门电路相同,如图 2.2.1所示.

2. 电压传输特性如图 2.2.8 所示.

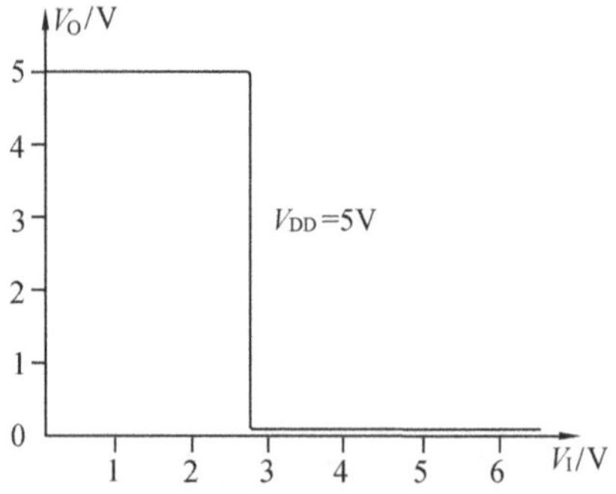


图 2.2.8　电压传输特性

4011 型与非门主要性能参数($V_{DD}$ =5V)如表 2.2.4 所示.

表 2.2.4 4011 型与非门主要性能参数

| 参数名称 | 符号 | 单位 | 测试条件 | 规范值 |
|---|---|---|---|---|
| 输出高电平 | $V_{OH}$ | V | $V_I=0V$ | 4.95 |
| 输出低电平 | $V_{OL}$ | V | $V_I=5V$ | 0.05 |
| 输出高电平电流 | $I_{OH}$ | mA | $V_I=0V, V_O=4.6V$ | 0.88 |
| 输出低电平电流 | $I_{OL}$ | mA | $V_I=5V, V_O=0.4V$ | 0.88 |
| 输入漏电流 | $I_{IH}$ | μA | $V_I=5V$ | 0.1 |
| 输入短路电流 | $I_{IS}$ | μA | $V_I=0V$ | 0.1 |
| 开门电平 | $V_{ON}$ | V | $V_O=4.5V$ | 1.5 |
| 关门电平 | $V_{OFF}$ | V | $V_O=0.5V$ | 3.5 |
| 传输延迟时间 | $t_{pd}$ | ns | | 5 |
| 输入电容 | $C_i$ | pF | | 7.5 |
| 静态功耗 | $P$ | mW | | $5\times10^{-3}$ |

3. 测试电路图：测试电压传输特性的电路图如图 2.2.5 所示（当 $V_{DD}=5V$ 时，调节输入正弦波幅度，使半波幅度为 4V；当 $V_{DD}=12V$ 时，调节输入正弦波幅度，使半波幅度为 9V）.

## 三、实验内容

1. 用示波器测试 CMOS4011 与非门的电压传输特性，标出关键电压值.

（1）$V_{DD}=+5V$ 时.

（2）$V_{DD}=+12V$ 时.

2. 从电压传输特性曲线找出与非门的主要参数.

## 四、实验仪器与器件

1. 通用板——可插接标准双列直插插座的实验电路板（1 块）.
2. 可调直流稳压电源（供电 +5，+15V）（1 台）.
3. 万用表（1 ~ 2 只）.
4. 函数信号发生器（1 台）.
5. 双踪示波器（1 台）.
6. 实验器件.

（1）4011（1 片）.

（2）二极管：2cp 或 4148（1 只）.

（3）电位器：1kΩ（1 只）.

## 五、实验报告要求

1. 用坐标纸画出 4011 的电压传输特性曲线.
2. 整理实验结果，求出 $V_{OH}$、$V_{OL}$、$V_{ON}$、$V_{OFF}$及转折电压 $V_{TH}$.
3. 在传输特性曲线上标出噪声容限 $V_{NL}$、$V_{NH}$的范围.

## 六、实验预习要求

1. 复习 CMOS 门电路的工作原理.
2. 熟悉实验用 CMOS 门电路的管脚排列.
3. 根据实验原理图画出其相应的实验接线图.
4. 画好实验用表格.

## 七、CMOS器件实验注意事项

1. 不能带电拔插器件、接线,必须接线完毕后才能上电.
2. 不用的输入端不能悬空.
3. 实验人员测量时最好带 ESD 静电接地环.

## 八、思考题

1. CMOS 门电路输入端是否允许悬空？一般对其如何处理？
2. CMOS 门电路的电源电压有何要求？

# 高级篇：基本 TTL、CMOS 器件的参数测量与应用设计

要求学生根据实验题目及提要,自己组织实验并写出完整的实验报告.

## 一、TTL 74LS04及CMOS 4049门电路传输延时$T_{pd}$参数的测量实验

1. 内容提要.

如图 2.2.9 所示为 TTL 非门接成的环形振荡器电路,其振荡频率与 TTL 门电路传输延时 $T_{pd}$参数有关.要求用示波器观察,并画出 TTL 74LS04、CMOS 4049 各门电路相应的输出波形,计算相应的频率.

2. 电路图(图 2.2.9).

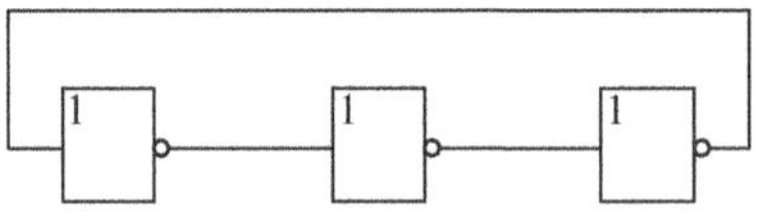


图 2.2.9 环形振荡器电路

3. 注意事项.

由于本实验振荡频率较高,必要时采用高频示波器进行测量.

## 二、TTL门电路及CMOS门电路动态尖峰电流的测量实验

1. 内容提要.

(1) 将 74LS04 门电路的 $V_{CC}$与电源间串接一 10Ω 电阻,并让 74LS04 门电路工作在 1kHz,利用示波器观察 74LS04 门电路 $V_{CC}$对地电压的波形,并绘出波形.

（2）用同样的方法观察 CMOS 4049 门电路的 $V_{DD}$ 对地电压的波形.

（3）$V_{CC}$ 或 $V_{DD}$ 对地接一 0.01μF 的电容，观察该电容对上述波形的影响.

（4）分析上述实验结果.

2. 电路图(图 2.2.10).

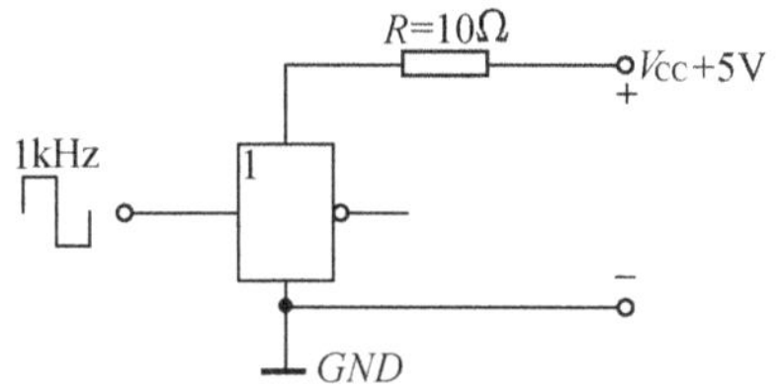


图 2.2.10 门电路动态尖峰电流的测量电路图

## 三、CMOS门电路组成线性放大器实验

1. 内容提要.

使用 CMOS 4049 组成线性放大器原理图如图 2.2.11 所示(注意：输入信号加载时应加隔离电容；为防止 CMOS 芯片自锁，应将闲置不用的反相器输入端接地).

测量如下参数：

（1）$R_1=100\text{k}\Omega, R_2=10\text{k}\Omega$，测量其闭环放大倍数.

（2）用负载电阻法测量输出阻抗.

（3）测量单个门电路的开环放大倍数.

（4）将 3 个反相器串联，测量闭环和开环放大倍数.

（5）将 3 个反相器并联，测量闭环和开环放大倍数.

2. 电路图(图 2.2.11).

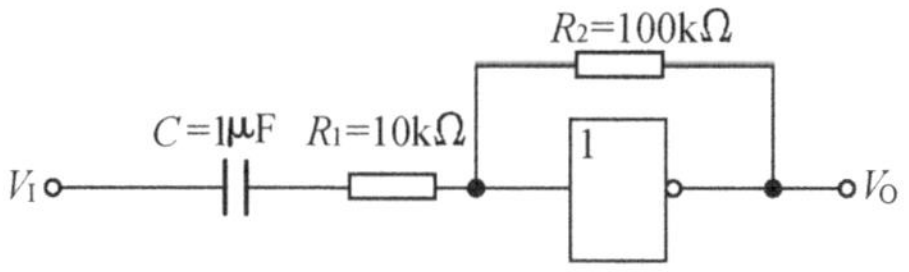


图 2.2.11 用反相器组成线性放大器原理图

## 四、实验仪器与器件

1. 通用板——可插接标准双列直插插座的实验电路板(1 块).

2. 可调直流稳压电源(1 台).

3. 万用表(1 只).

4. 函数信号发生器(1 台).

5. 高频双踪示波器(≥35MHz)(1 台).

6. 实验器件.

（1）74LS04、4049(各 1 片).

（2）电阻：10Ω、10kΩ、100kΩ(各 1 只).

（3）电容：1μF、0.01μF(各 1 只).

（4）导线(若干).

# 2.3 实验2 集电极开路门和三态门的性能与应用

## 基础篇：验证OC门、OD门和TS门逻辑功能

### 一、实验目的

1. 学习掌握TTL集电极开路门(OC门)的逻辑功能.
2. 学习掌握CMOS漏极开路门的逻辑功能.
3. 学习掌握三态门的逻辑功能.

### 二、实验原理

1. OC门.

具有图腾柱输出结构的TTL门电路的灌电流(输出低电平电流)约16mA(标准TTL)和8mA(LS TTL).在许多特殊场合,门电路需要驱动一些负载较重的外接设备,如LED、灯泡、继电器、蜂鸣器等,它们的工作电流往往超过图腾柱输出结构的TTL门电路所能承受的灌电流.集电极开路门可被设计用来完成这样的任务.图2.3.1所示为集电极开路与非门的电路图和相应的逻辑符号.与普通TTL门不同的是,集电极开路门中$T_5$集电极是开路的,没有集电极负载电路,只有将集电极开路门中$T_5$的集电极外接负载电阻$R_L$接到电源上去,电路才能工作.输出$Y=\overline{AB}$,负载电阻的选取一般应保证输出高电平$V_{OH}\geqslant 3.0V$,输出低电平$V_{OL}\leqslant 0.4V$.

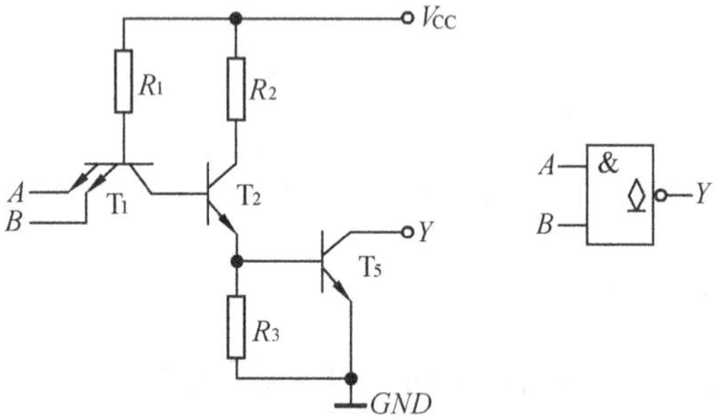


图2.3.1 集电极开路与非门的电路和图形符号

集电极开路与非门74LS01工作条件和主要性能参数分别如表2.3.1和表2.3.2所示.

表2.3.1 74LS01工作条件

| 参数名称 | 符号 | 范围 | 参数名称 | 符号 | 范围 |
|---|---|---|---|---|---|
| 额定电源电压 | $V_{CC}$ | 4.5~5.5V | 额定输出高电平电压 | $V_{OH}$ | ≤5.5V |
| 额定输入高电平电压 | $V_{IH}$ | ≥2V | 额定输出低电平电流 | $I_{OL}$ | ≤8mA |
| 额定输入低电平电压 | $V_{IL}$ | ≤0.8V | 额定工作温度 | $T_A$ | 0~70℃ |

**表 2.3.2　74LS01 主要性能参数**

| 参数名称 | 符号 | 测试条件 | 规范值 | 范围 |
|---|---|---|---|---|
| 输出高电平电流 | $I_{OH}$ | $V_{CC}=\min, V_{IL}=\max, V_{OH}=5.5V$ | | ≤0.1mA |
| 输出低电平电压 | $V_{OL}$ | $V_{CC}=\min, V_{IH}=2V, I_{OL}=8mA$ | 0.35V | ≤0.5V |
| 输入电流 | $I_I$ | $V_{CC}=\max, V_I=7V$ | | ≤0.1mA |
| 高电平输入电流 | $I_{IH}$ | $V_{CC}=\max, V_I=2.7V$ | | ≤20μA |
| 低电平输入电流 | $I_{IL}$ | $V_{CC}=\max, V_I=0.4V$ | | ≤0.4mA |
| 高电平时电源电流 | $I_{CCH}$ | $V_{CC}=\max, V_I=0V$ | 0.8mA | ≤1.6mA |
| 低电平时电源电流 | $I_{CCL}$ | $V_{CC}=\max, V_I=-4.5V$ | 2.4mA | ≤4.4mA |
| 高电平传输延迟时间 | $t_{PLH}$ | $R_L=2k\Omega, C_L=15pF$ | 17ns | ≤32ns |
| 低电平传输延迟时间 | $t_{PLL}$ | $R_L=2k\Omega, C_L=15pF$ | 15ns | ≤28ns |

图 2.3.2 为集电极开路与非门 74LS01 引脚图及逻辑符号.

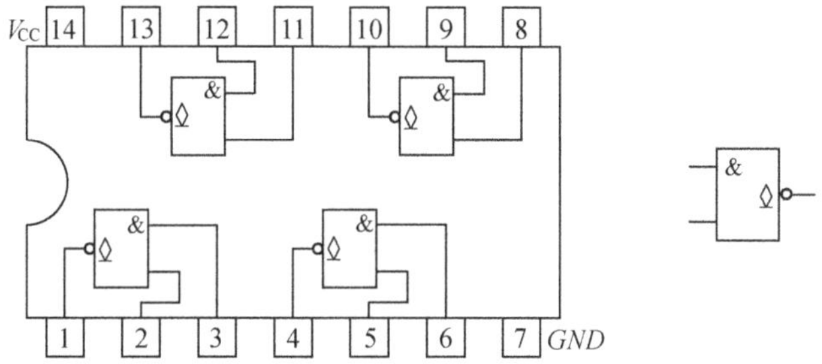


**图 2.3.2　集电极开路与非门 74LS01 引脚图及逻辑符号**

2. OD 门.

如同 TTL 电路中的 OC 门一样,CMOS 门的输出电路结构也可以做成漏极开路的形式(如图 2.3.3 所示的 40107 OD 门). 在 CMOS 电路中,这种输出结构经常用在输出缓冲/驱动器中,或者用于输出电平的转换,以满足吸收大负载电流的需要,也可以用于实现“线与”. 图 2.3.4 为漏极开路输出与非门 40107BE 引脚图.

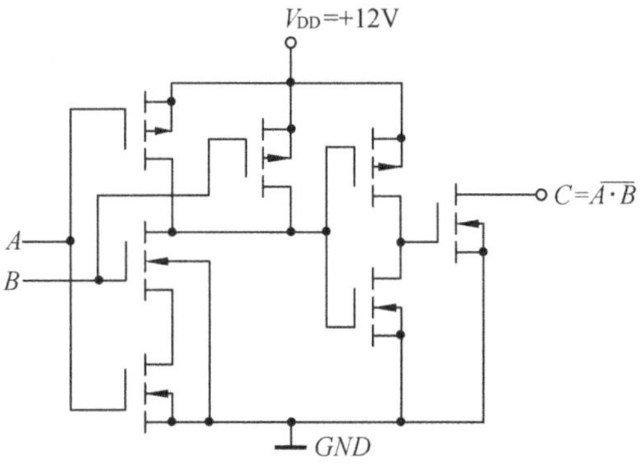


**图 2.3.3　漏极开路输出与非门的电路**

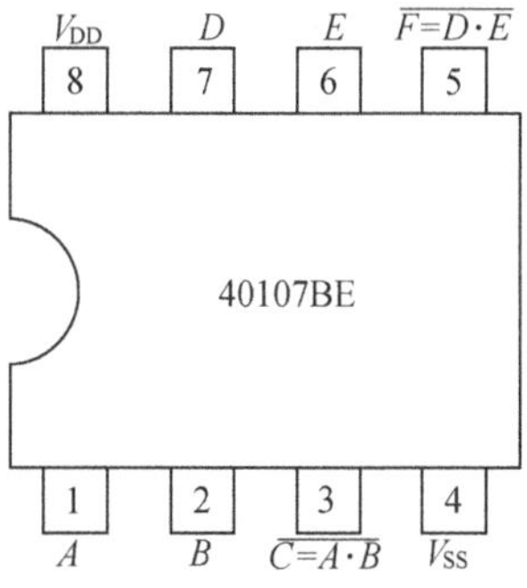


**图 2.3.4　漏极开路输出与非门40107BE引脚图**

3. TS门.

普通 TTL 门输出级的 $T_4$和 $T_5$在稳定状态下总是一个导通另一个截止,有效地降低了输出级的静态功耗,但不能“线与”. 而 OC 门虽然克服了普通 TTL 门输出级的局限,却增加了功耗. 三态门则将图腾柱式输出和集电极开路输出的优点结合在一起. 图 2.3.5 为三态门输出的基本电路和符号.

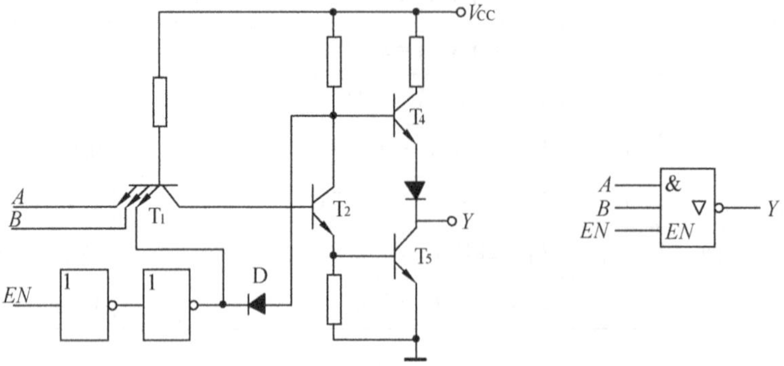


(a) 控制端高电平有效

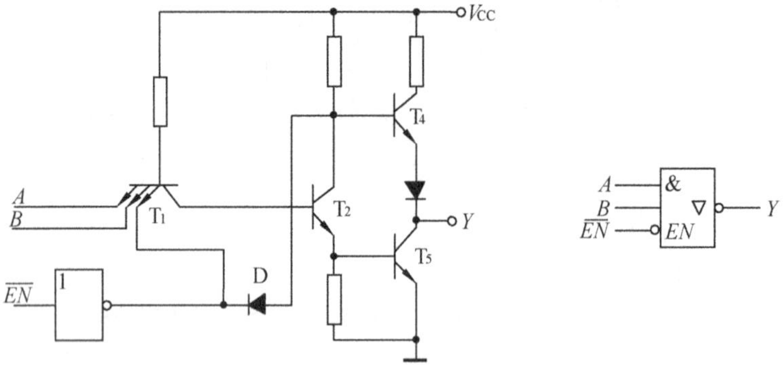


(b) 控制端低电平有效

**图 2.3.5 三态输出门的电路图和图形符号**

三态门增加了一个控制端,从而有高电平、低电平和高阻态三种输出状态. 当控制端处于使能时,电路的工作状态与普通门电路没有区别,可能是高电平也可能是低电平. 当控制端无效时,$T_4$、$T_5$同时截止,输出端呈高阻状态. 即门电路的输出表面上是连着的,但实际上已与电路的其余部分完全分开. 图 2.3.6 为三态输出的四总线缓冲器 74LS125 引脚图与逻辑符号.

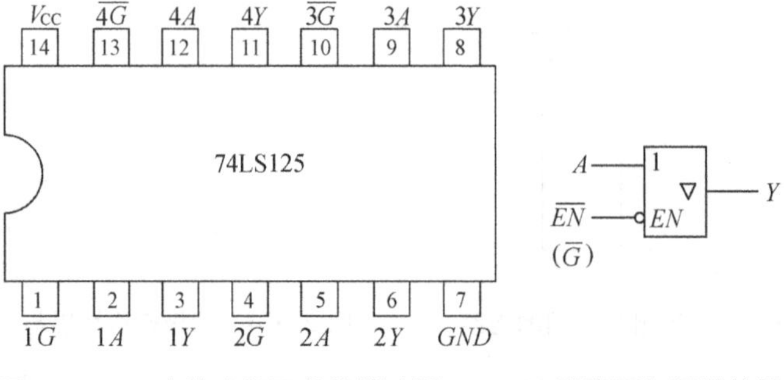


**图 2.3.6 三态输出的四总线缓冲器 74LS125 引脚图与逻辑符号**

CMOS 电路也可以构成三态门,其功能与 TTL 三态门完全一致,并有多种不同的电路结构.

## 三、实验内容

1. OC 门的基本使用(图 2.3.7).

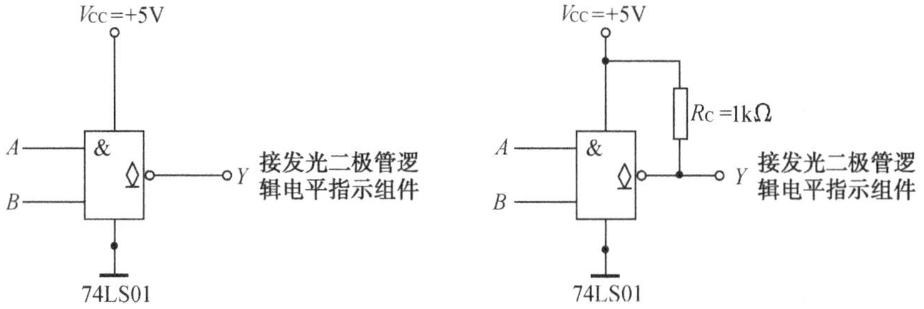


图 2.3.7　OC 门的基本使用

将 74LS01 不接上拉电阻,直接接负载使用,记录实验结果.

将 74LS01 输出接上拉电阻,其余不变,记录实验结果.

2. 三态门的基本使用(图 2.3.8).

74LS125 三态门的输出负载为 2 输入与非门(74LS00)的一个输入端. 该与非门的另一个输入端接低电平,在 $Y$ 处(图 2.3.8)测试 74LS125 三态门的高阻态输出、高电平输出、低电平输出的电压值. 同时测试 74LS125 三态输出时 74LS00 的输出值. 列表记录.

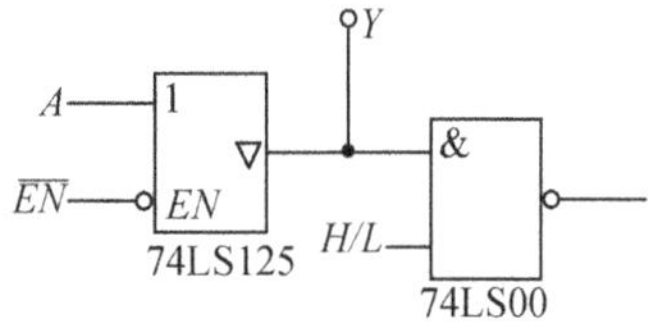


图 2.3.8　三态门的基本使用

74LS125 三态门的输出负载为 2 输入与非门(74LS00)的一个输入端. 该与非门的另一个输入端接高电平,在 $Y$ 处(图 2.3.8)测试 74LS125 三态门的高阻态输出、高电平输出、低电平输出的电压值. 同时测试 74LS125 三态输出时 74LS00 的输出值. 列表记录.

3. OD 门的基本使用.

图 2.3.9 为 OD 门的基本使用.

将 40107 不接上拉电阻,直接接负载使用,记录实验结果.

将 40107 输出接上拉电阻,其余不变,记录实验结果.

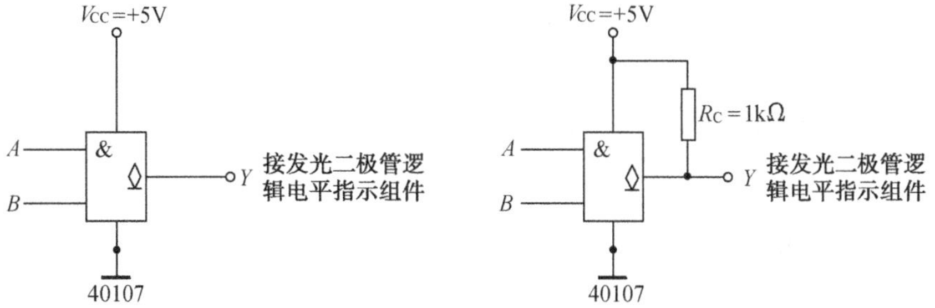


图 2.3.9　OD 门的基本使用

## 四、实验仪器与器件

1. 通用板——可插接标准双列直插插座的实验电路板(1 块).
2. 输入逻辑电平开关组件.
3. 发光二极管逻辑电平指示组件.
4. 可调直流稳压电源(1 台).
5. 万用表(1 只).
6. 实验器件.

(1) 74LS01、40107、74LS125、74LS00(各 1 片).

(2) 电阻: 1kΩ(1 只).

(3) 导线(若干).

## 五、实验报告要求

1. 列出实验任务的设计过程,画出设计的电路图.
2. 对所设计的电路进行实验测试、调试并记录测试结果.
3. 分析实验结果,比较总结这些特殊门电路的应用场合.

## 六、实验预习要求

1. 复习 TTL 门电路中有关集电极开路门的构成方式、结构特点和工作原理. 熟悉实验用 TTL 电路的管脚排列.
2. 复习 CMOS 门电路中有关漏极开路门的构成方式、结构特点和工作原理. 熟悉实验用 CMOS 电路的管脚排列.
3. 复习 TTL 门电路和 CMOS 门电路中有关三态门的构成方式、结构特点和工作原理. 熟悉实验用三态门电路的管脚排列.
4. 根据实验原理图画出其相应的实验接线图.

## 七、思考题

1. 为什么普通 TTL 门电路输出端不能并联使用?
2. 多个 OC 门“线与”,上拉电阻怎么计算? 为什么?
3. 使用 TTL OC 门电路时对电源电压有何要求?

# 中级篇: OC 门、OD 门和 TS 门的使用

## 一、实验目的

1. 学习掌握 TTL 集电极开路门(OC 门)的使用方法.
2. 学习掌握 CMOS 漏极开路门的使用方法.
3. 学习掌握三态门的使用方法.

## 二、实验原理

1. OC 门和 OD 门的"线与"逻辑功能.

OC 门和 OD 门在输出端还能实现"与"的功能，即将若干个 OC 门或 OD 门的输出端直接连接起来就可以实现，称为"线与"逻辑. 图 2.3.10 为用 OC 门或 OD 门实现"线与"逻辑功能.

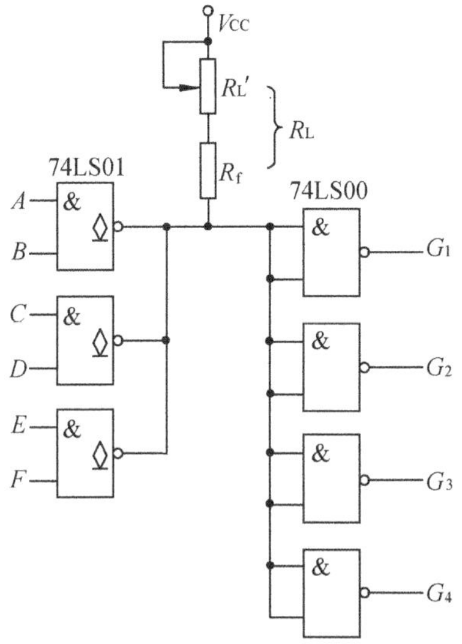


**图 2.3.10　用 OC 门或 OD 门实现"线与"逻辑功能**

2. OC 门和 OD 门的电平转换功能.

OC 门和 OD 门还可以很方便地用作 TTL 逻辑电平电路转换到其他逻辑电平电路的接口电路. 如果 OC 门的电源电压是 $V_{CC1}$，只要将 OC 门的外接电阻 $R_L$ 接到所需电位 $V_{CC2}$ 上，则输出 $F$ 的高电位 $V_{OH1} \approx V_{CC2}$，从而实现了从 $V_{CC1}$ 到 $V_{CC2}$ 的电位转换，而低电平输出 $V_{OL}$ 保持不变. 图 2.3.11 为用 OC 门或 OD 门实现电平转换功能.

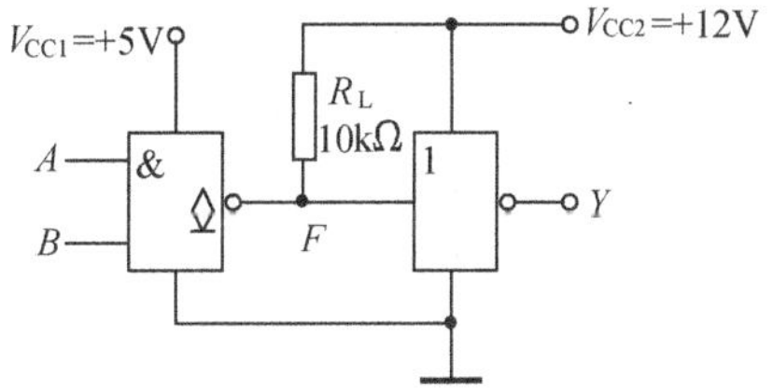


**图 2.3.11　用 OC 门或 OD 门实现电平转换功能**

3. OC 门的驱动能力.

OC 门可以设计成缓冲/驱动型结构，使得在输出为低电平时可以吸收较大的负载电流（例如 40mA），用于驱动大电流负载.

4. 三态门应用场合.

三态门广泛用于计算机的总线结构，用于在一条导线上分时传送若干个门电路的输出信号，也可以用三态门实现双向 I/O 口. 图 2.3.12 为计算机的总线结构.

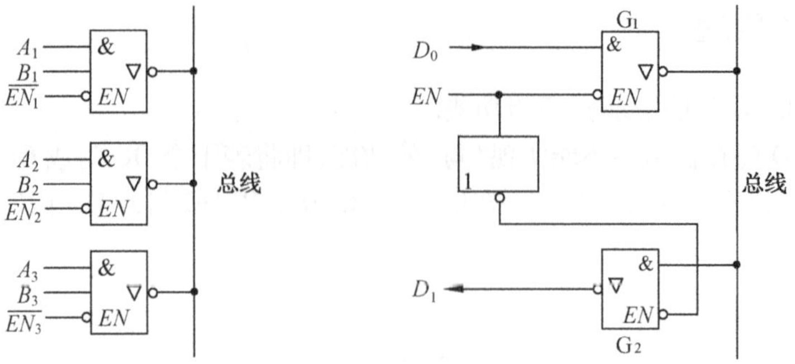


(a) 计算机的总线结构　　(b) 用三态门实现双向 I/O 口

**图 2.3.12　计算机的总线结构**

## 三、实验内容

1. 用 OC 与非门(74LS01)的低电平点亮 LED.

按图 2.3.13 连接电路,在保证 $V_{OL}\leq 0.4V$,LED 工作电流 ≤20mA 的条件下,求限流电阻的最小值. 查 OC 与非门(74LS01)的参数,计算限流电阻的理论值.

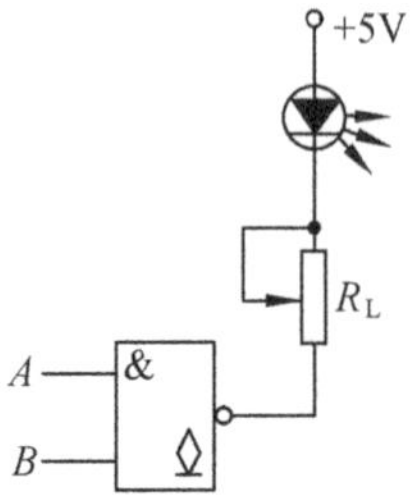


**图 2.3.13　用 OC 与非门的低电平点亮 LED**

2. OC 门或 OD 门的"线与"逻辑功能.

按图 2.3.10 将三个 OC 与非门按"线与"结构连接,后接四个标准 TTL 门 74LS00,移动可变电阻 $R_L$,在满足 $V_{OH}\geq 3.0V$, $V_{OL}\leq 0.4V$ 的条件下,查 74LS00 和 74LS01 的输入、输出参数,计算 $R_L$的理论值范围,与实验结果比较讨论.

负载改接或非门(74LS02),重复以上实验,记录实验结果,讨论.

取定 $R_L$后,验证 OC 与非门"线与"输出的逻辑关系,写出逻辑表达式.

3. 三态门应用.

用两个 74LS125 三态门输出构成一条总线. 使两个使能控制端一个为低电平,另一个为高电平. 一个三态门的输入接 100kHz 方波信号,另一个三态门的输入接 50kHz 方波信号. 以开关控制使能端,用示波器观察记录三态门的输出.

## 四、实验仪器与器件

1. 通用板——可插接标准双列直插插座的实验电路板(1 块).
2. 输入逻辑电平开关组件.
3. 发光二极管逻辑电平指示组件.
4. 可调双直流稳压电源(1 台).
5. 万用表(1 只).
6. 函数信号发生器(2 台).
7. 实验器件.

(1) 74LS00、74LS01、74LS02、40107、74LS125(各 1 片).

(2) 发光二极管(1 只).

(3) 电阻：240Ω、620Ω(各1只).

(4) 电位器：4.7kΩ(1只).

## 五、实验报告要求

1. 根据实验内容要求，画出各个实验电路，选择实验器件.
2. 根据实验内容要求，给出计算和调试的详尽过程和结果.
3. 分析整理实验结果，讨论.

## 六、实验预习要求

1. 复习TTL门电路中有关集电极开路门的应用.熟悉实验用TTL电路的管脚排列.
2. 复习CMOS门电路中有关漏极开路门的应用.熟悉实验用CMOS电路的管脚排列.
3. 复习TTL门电路和CMOS门电路中有关三态门的应用.熟悉实验用三态门电路的管脚排列.
4. 根据实验内容画出其相应的实验原理图和接线图.
5. 画好实验记录表格，预先计算好相应的理论值.

## 七、思考题

1. 有的OC门可以直接驱动小型继电器，原因何在？试问普通TTL电路可不可以直接驱动继电器？为什么？
2. 连接在总线上的三态门可不可以同时处于使能状态？

# 高级篇：OC门、OD门和TS门的应用设计

要求学生根据实验题目及提要，自己组织实验并写出完整的实验报告.

## 一、用OC门驱动较大电流负载

用TTL门电路设计一个监视交通灯工作状态的逻辑电路，要求红绿灯出现故障时，用蜂鸣器发出故障信号，提醒维护人员前去修理.蜂鸣器的工作电压为+9～+12V，用OC门的输出驱动其工作.

## 二、利用OC门完成TTL电路驱动CMOS电路的电平转换接口电路

设CMOS(40107)的 $V_{DD}=15V$，其 $V_{OH(min)}=11V$，而TTL(74LS00)的 $V_{CC}=5V$，画出电路并加以实现.

## 三、用三态门(74LS125)输出构成一条总线

利用已有的分频电路或自行搭建一个四分频器，将100kHz方波信号四分频后生成的100kHz、50kHz、25kHz信号分别接到74LS125三态门的三个输入端.再用一片74LS138的输

出接 74LS125 三态门的使能控制端,74LS138 的二进制代码输入由手动控制,用示波器观察记录三态门的输出.

## 四、设计一个双向I/O口

## 五、实验仪器与器件

1. 通用板——可插接标准双列直插插座的实验电路板(1 块).
2. 输入逻辑电平开关组件.
3. 发光二极管逻辑电平指示组件.
4. 可调双直流稳压电源(1 台).
5. 万用表(1 只).
6. 函数信号发生器(1 台).
7. 双踪示波器(1 台).
8. 实验器件.

(1) 74LS151、74LS01、74LS00、40107、74LS74(或 74LS76)、74LS125、74LS138(各 1 片).
(2) 蜂鸣器(1 只).
(3) 电阻: 1kΩ(2 只).
(4) 电位器: 10kΩ(1 只).

# 第三章　组合逻辑电路

## 3.1　组合逻辑电路设计方法概述

组合逻辑电路的输出状态在任何时刻只取决于该时刻的输入状态，而与电路原来状态无关.

组合逻辑电路的设计是根据给定的实际逻辑问题，设计出实现这一逻辑功能的逻辑电路. 在设计时，除了满足逻辑电路的功能要求外，还要求设计的电路所用的器件数最少、器件的种类最少、器件之间的连线最少，力求结构简单、成本低且工作速度快.

组合逻辑电路的一般设计步骤如下：

1. 逻辑问题的抽象.

一般情况下，设计要求是用文字或图表进行描述的，这就需要通过对逻辑问题的抽象给出表示这一逻辑问题的逻辑函数. 具体如下：

(1) 根据实际逻辑问题的功能要求，分析逻辑问题的因果关系，确定输入、输出变量. 一般把引起逻辑问题的原因定为输入变量，把结果作为输出变量.

(2) 对输入变量和输出变量进行逻辑状态的赋值. 以二值逻辑的 0、1 两种状态分别表示输入、输出变量的两种不同状态. 0、1 的赋值由设计者确定.

(3) 根据给定逻辑问题的因果关系，列出逻辑真值表.

2. 根据逻辑真值表写出逻辑函数式.

3. 选定器件类型，将逻辑函数化简或变换成适当的形式，并画出逻辑电路图.

电路的实现可采用小规模集成(SSI)的逻辑门电路，也可采用中规模集成(MSI)的常用组合逻辑器件或可编程逻辑器件. 可根据对电路的具体要求及器件的资源情况来决定.

(1) 采用 SSI 逻辑门器件进行设计.

将逻辑函数式进行化简，得到最简的与-或表达式；再根据所选用的集成门电路的种类进行相应的函数变换，使所用器件的数量和种类最少，以满足优化设计的要求；最后，根据化简或变换后的逻辑函数式，画出逻辑电路的连接图.

在设计时，应以集成器件为基本设计单元，而不是以单个门电路作为基本设计单元.

(2) 采用 MSI 组合逻辑器件进行设计.

常用的 MSI 组合逻辑器件有编码器、译码器、数据选择器、数值比较器、加法器等. 每种器件都有特定的逻辑功能，其逻辑功能均可用逻辑函数表示.

采用 MSI 器件进行设计时，首先选定 MSI 器件的种类及型号；其次，将逻辑函数进行变换，得到与选定器件的逻辑功能相对应的表达形式；最后，将变化后的逻辑函数式与所选 MSI 器件的输出逻辑函数式进行比较，得到具体的输入信号与输出信号的连接关系，并画出逻辑电路的连接图.

在设计时，所用 MSI 组合逻辑器件的种类及数量应最少.

采用可编程逻辑器件设计组合逻辑电路的方法将在第七章数字系统设计中讨论.

4. 组装与调试.

在完成以上原理性设计的基础上,根据设计要求选择集成器件的种类和型号,按照逻辑电路图进行组装和调试,以验证设计的正确性.

# 3.2 实验 1 数据选择器和组合逻辑电路设计

## 基础篇:数据选择器逻辑功能的验证

### 一、实验目的

1. 掌握数据选择器的工作原理.
2. 掌握数据选择器的基本使用方法及逻辑功能.

### 二、实验原理

数据选择是指经过选择,把多个通道的数据传送到唯一的公共数据通道上去.实现数据选择功能的逻辑电路称为数据选择器.它的作用相当于多个输入的单刀多掷开关,其示意图如图 3.2.1 所示.

在数字信号的传输过程中,有时需要从一组输入数据中选出某一个数据来,这时就要用到数据选择器. $2^n$选一的数据选择器有 $2^n$个输入通道,$n$ 个通道选择信号输入端(即地址线),其最基本的用途是将多个通道的信号传送到公共数据线上.

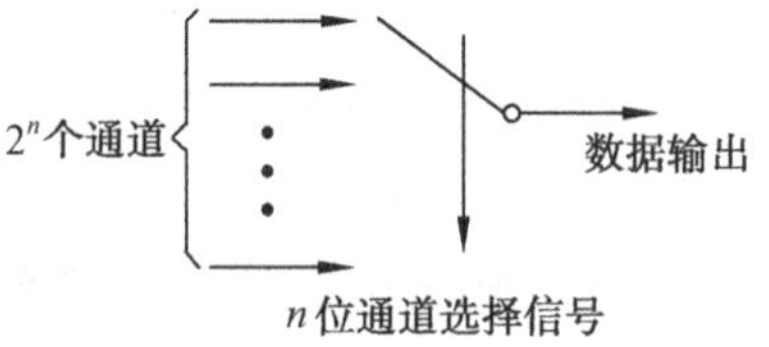

图 3.2.1 数据选择器示意图

1. 双四选一数据选择器(74LS153).

引脚图如 3.2.2 所示,其逻辑功能表如表 3.2.1 所示.

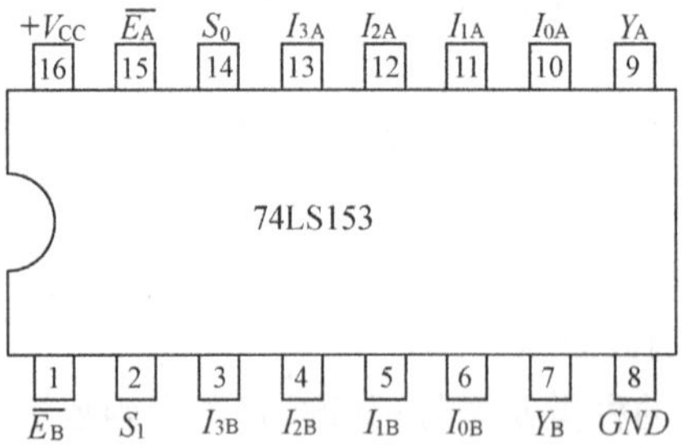

图 3.2.2 74LS153 引脚图

表 3.2.1 74LS153 逻辑功能表

| $S_1$ | $S_0$ | $I_0$ | $I_1$ | $I_2$ | $I_3$ | $Y$ | |
|---|---|---|---|---|---|---|---|
| 0 | 0 | 0 | × | × | × | 0 | $I_0$ |
| 0 | 0 | 1 | × | × | × | 1 | |
| 0 | 1 | × | 0 | × | × | 0 | $I_1$ |
| 0 | 1 | × | 1 | × | × | 1 | |
| 1 | 0 | × | × | 0 | × | 0 | $I_2$ |
| 1 | 0 | × | × | 1 | × | 1 | |
| 1 | 1 | × | × | × | 0 | 0 | $I_3$ |
| 1 | 1 | × | × | × | 1 | 1 | |

74LS153 包含两个完全相同的四选一数据选择器,两个数据选择器有公共的地址输入端,而数据输入端和输出端是各自独立的.通过给定不同的地址代码(即 $S_1$、$S_0$的状态),即

可从 4 个输入数据 $I_0 \sim I_3$ 中选出所要的一个，并送至输出端 $Y$. $\overline{E_A}$、$\overline{E_B}$ 是附加控制端，用于控制电路工作状态和扩展功能.

输出 $Y$ 的逻辑表达式为：

$$Y_A = [I_{0A}(\overline{S_1}\,\overline{S_0}) + I_{1A}(\overline{S_1}\,S_0) + I_{2A}(S_1\overline{S_0}) + I_{3A}(S_1S_0)] \cdot E_A$$

$$Y_B = [I_{0B}(\overline{S_1}\,\overline{S_0}) + I_{1B}(\overline{S_1}\,S_0) + I_{2B}(S_1\overline{S_0}) + I_{3B}(S_1S_0)] \cdot E_B$$

2. 八选一数据选择器(74LS151).

引脚图如图 3.2.3 所示，其逻辑功能表如表 3.2.2 所示.

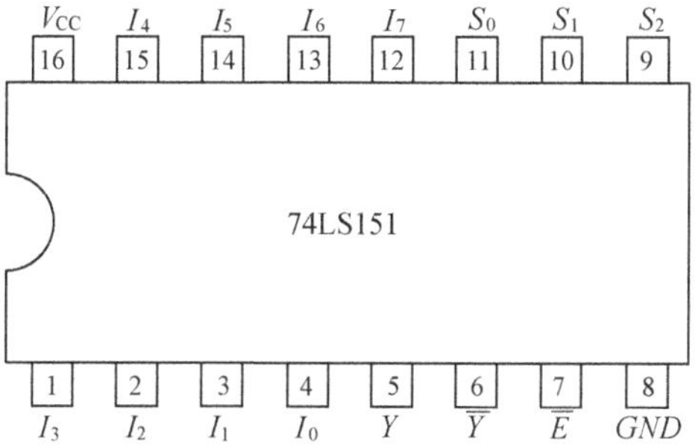


图 3.2.3　74LS151 引脚图

**表 3.2.2　74LS151 逻辑功能表**

| $S_2$ | $S_1$ | $S_0$ | $I_0$ | $I_1$ | $I_2$ | $I_3$ | $I_4$ | $I_5$ | $I_6$ | $I_7$ | $Y$ | $\overline{Y}$ |
|---|---|---|---|---|---|---|---|---|---|---|---|---|
| 0 | 0 | 0 | 0 | × | × | × | × | × | × | × | 0 | 1 |
| 0 | 0 | 0 | 1 | × | × | × | × | × | × | × | 1 | 0 |
| 0 | 0 | 1 | × | 0 | × | × | × | × | × | × | 0 | 1 |
| 0 | 0 | 1 | × | 1 | × | × | × | × | × | × | 1 | 0 |
| 0 | 1 | 0 | × | × | 0 | × | × | × | × | × | 0 | 1 |
| 0 | 1 | 0 | × | × | 1 | × | × | × | × | × | 1 | 0 |
| 0 | 1 | 1 | × | × | × | 0 | × | × | × | × | 0 | 1 |
| 0 | 1 | 1 | × | × | × | 1 | × | × | × | × | 1 | 0 |
| 1 | 0 | 0 | × | × | × | × | 0 | × | × | × | 0 | 1 |
| 1 | 0 | 0 | × | × | × | × | 1 | × | × | × | 1 | 0 |
| 1 | 0 | 1 | × | × | × | × | × | 0 | × | × | 0 | 1 |
| 1 | 0 | 1 | × | × | × | × | × | 1 | × | × | 1 | 0 |
| 1 | 1 | 0 | × | × | × | × | × | × | 0 | × | 0 | 1 |
| 1 | 1 | 0 | × | × | × | × | × | × | 1 | × | 1 | 0 |
| 1 | 1 | 1 | × | × | × | × | × | × | × | 0 | 0 | 1 |
| 1 | 1 | 1 | × | × | × | × | × | × | × | 1 | 1 | 0 |

74LS151 为八选一数据选择器，其地址输入端为 $S_2$、$S_1$、$S_0$，数据输入端为 $I_0 \sim I_7$，共 8 个输入端. 通过给定不同的地址代码即可从给定的 8 个输入端数据中选出所要的一个，并送至输出端 $Y$.

输出 $Y$ 的逻辑表达式为：

$$Y = (\overline{S_2}\,\overline{S_1}\,\overline{S_0})I_0 + (\overline{S_2}\,\overline{S_1}\,S_0)I_1 + (\overline{S_2}S_1\,\overline{S_0})I_2 + (\overline{S_2}\,S_1S_0)I_3 + (S_2\,\overline{S_1}\,\overline{S_0})I_4 + (S_2\overline{S_1}S_0)I_5 + (S_2S_1\,\overline{S_0})I_6 + (S_2S_1S_0)I_7$$

## 三、实验内容

1. 验证 74LS151 八选一数据选择器的逻辑功能,如图 3.2.4 所示.

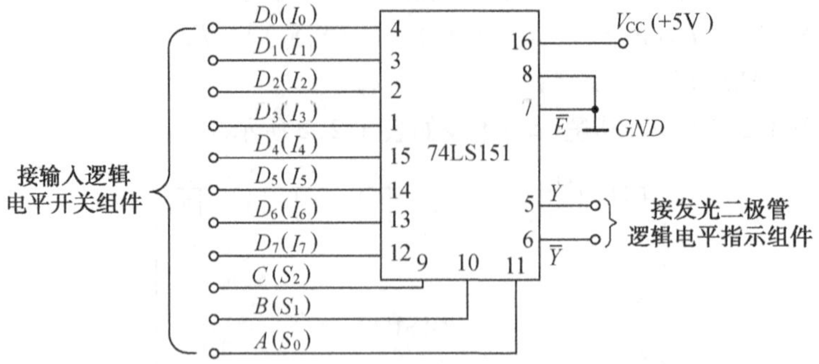


图 3.2.4 验证 74LS151 八选一数据选择器逻辑功能的原理图

2. 验证 74LS153 双四选一数据选择器的逻辑功能,如图 3.2.5 所示.

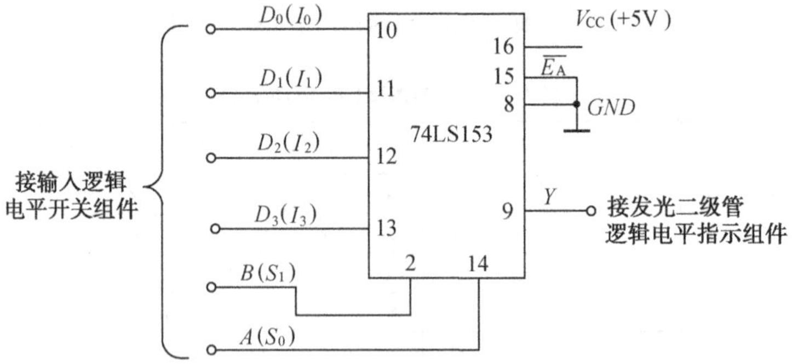


图 3.2.5 验证 74LS153 双四选一数据选择器逻辑功能的原理图

3. 用双四选一数据选择器 74LS153 构成八选一数据选择器,并验证其逻辑功能,如图 3.2.6所示.

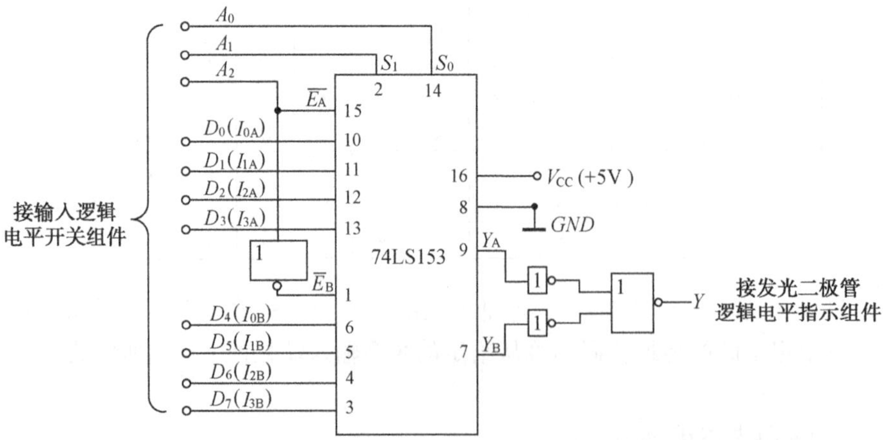


图 3.2.6 用双四选一数据选择器 74LS153 构成八选一数据选择器的原理图

## 四、实验仪器与器件

1. 通用板——可插接标准双列直插插座的实验电路板(1 块).
2. 输入逻辑电平开关组件(见附录).
3. 发光二极管逻辑电平指示组件(见附录).
4. 可调直流稳压电源(供电 +5V)(1 台).
5. 万用表(1 只).
6. 函数信号发生器(1 台).
7. 实验器件:74LS151、74LS153、74LS00(各 1 片).

## 五、实验报告要求

1. 列表记录 74LS151、74LS153 的逻辑功能.
2. 画出用 74LS153 构成八选一数据选择器的电原理图,并记录其逻辑功能.
3. 对实验结果及相关数据进行分析.

## 六、实验预习要求

1. 复习数据选择器的工作原理及逻辑功能.
2. 熟悉数据选择器的扩展方法.

## 七、思考题

1. 数据选择器输送数据的特点是什么?
2. 数据选择器控制输入端的作用是什么?

# 中级篇:数据选择器的应用

## 一、实验目的

1. 熟练掌握数据选择器的逻辑功能及使用方法.
2. 掌握数据选择器的应用.

## 二、实验原理

数据选择器是一种多路输入、单路输出的逻辑器件,其输出等于哪一路输入,取决于控制输入端的状态.

对于四选一数据选择器,其逻辑功能表如表 3.2.3 所示.

表 3.2.3　四选一数据选择器 74LS153 逻辑功能表

| 控制输入 | | 数据输入 | | | | 输出控制 | 输出 |
|---|---|---|---|---|---|---|---|
| $A_1$ | $A_0$ | $D_0$ | $D_1$ | $D_2$ | $D_3$ | $\overline{S}$ | $Y$ |
| × | × | × | × | × | × | 1 | 0 |
| 0 | 0 | $D_0$ | × | × | × | 0 | $D_0$ |
| 0 | 1 | × | $D_1$ | × | × | 0 | $D_1$ |
| 1 | 0 | × | × | $D_2$ | × | 0 | $D_2$ |
| 1 | 1 | × | × | × | $D_3$ | 0 | $D_3$ |

表中，×表示任意状态，1 为高电平，0 为低电平.

从上表可见，对于四选一数据选择器，它的 4 路数据输入为 $D_0 \sim D_3$，输出为 $Y$，选择控制输入信号为 $A_1$、$A_0$. 在 $A_1$、$A_0$的控制下，输出 $Y$ 可以等于数据输入 $D_0 \sim D_3$中的某一路数据. 控制输入端 $A_1$、$A_0$实现了对数据的选择，故常将其称为数据选择器的地址输入端. 输出控制端 $\overline{S}$ 称为选通信号端，当它为 0 时，该选择器工作，输出有效数据，它也可作为扩展端使用，实现片间连接. 由上可得到四选一数据选择器的输出函数表达式（未考虑 $\overline{S}$ 信号）为：

$$Y = D_0\overline{A_1}\,\overline{A_0} + D_1\overline{A_1}A_0 + D_2A_1\overline{A_0} + D_3A_1A_0 = \sum_{i=0}^{3} D_i m_i$$

式中，$D_i$ 是数据输入端，$m_i$ 是两个地址输入 $A_1$、$A_0$ 的 4 个最小项.

类似地，对于八选一数据选择器，则有：

$$Y = \sum_{i=0}^{7} D_i m_i$$

式中，$D_i$是 8 个数据输入端，$m_i$是 3 个地址输入 $A_2$、$A_1$、$A_0$的 8 个最小项.

数据选择器是一种通用性较强的中规模集成电路，它除了在数据通路的设计中用作多路开关外，还可用来实现各种逻辑电路.

由上面的分析可见，对四选一数据选择器，若将 $A_1$、$A_0$作为两个输入变量，同时令 $D_0 \sim D_3$为第三个输入变量的适当状态（包括原变量、反变量、0 和 1），就可以在数据选择器的输出端产生任何形式的三变量组合逻辑函数.

同理，用具有 $n$ 位地址输入的数据选择器，可以产生任何形式输入变量数不大于 $n+1$ 的组合逻辑函数.

## 三、实验内容

1. 用 74LS151 八选一数据选择器实现四变量多数表决器电路，并验证其功能.
2. 用 74LS153 双四选一数据选择器构成一位全加器或全减器电路，并验证其逻辑功能.
3. 用 74LS151 八选一数据选择器构成 8 位序列脉冲发生器，并记录实验结果.

## 四、实验仪器与器件

1. 通用板——可插接标准双列直插插座的实验电路板（1 块）.
2. 可调双直流稳压电源（供电 +5V）（1 台）.
3. 函数信号发生器（1 台）.

4. 万用表(2 只).
5. 示波器(1 台).
6. 实验器件: 74LS151、74LS153、74LS00(各 1 片).

## 五、实验报告要求

1. 给出实验内容中各电路的设计过程及实现电路图,并以列表的方式记录其相应的逻辑功能.
2. 对实验结果及相关数据进行分析.

## 六、实验预习要求

1. 复习数据选择器的基本知识.
2. 熟悉用数据选择器设计组合逻辑电路的方法.
3. 写出实验内容中各电路设计的简单过程.

## 七、思考题

1. 用数据选择器设计组合逻辑电路,一般适用于哪些情况?
2. 总结归纳用中规模常用集成电路设计组合电路的步骤.

# 高级篇: 数据选择器的应用设计

## 一、要求学生根据实验题目及提要,自己组织实验并写出完整的实验报告

1. 用八选一数据选择器 74LS151 设计一个函数发生器电路,它的功能表如表 3.2.4 所示.

2. 设计用 3 个开关控制一个电灯的逻辑电路,要求改变任何一个开关的状态都能控制电灯由亮变灭或者由灭变亮.要求用数据选择器来实现.

3. 用八选一数据选择器 74LS151 构成码变换器电路.要求此电路的功能是将输入的 8421BCD 码变换为 5421BCD 码.

**表 3.2.4　函数发生器功能表**

| $D_1$ | $D_0$ | $Y$ |
|---|---|---|
| 0 | 0 | $A \cdot B$ |
| 0 | 1 | $A + B$ |
| 1 | 0 | $A \oplus B$ |
| 1 | 1 | $\overline{A}$ |

## 二、实验仪器与器件

1. 通用板——可插接标准双列直插插座的实验电路板(1 块).
2. 输入逻辑电平开关组件(见附录).
3. 发光二极管逻辑电平指示组件(见附录).
4. 万用表(1 只).
5. 主要实验器件:74LS151(1 片).

# 3.3 实验2 编码、译码和组合逻辑电路设计

## 基础篇：编码器和译码器逻辑功能的验证

### 一、实验目的

1. 掌握编码器的基本原理及逻辑功能，特别是优先编码器的工作原理及逻辑功能.
2. 掌握译码器的基本原理及逻辑功能.

### 二、实验原理

1. 编码器.

在二值逻辑电路中，信号都是以高、低电平的形式给出的. 编码器的逻辑功能就是把输入的每一个高、低电平编成一个对应的二进制代码. 目前常使用的编码器有普通编码器和优先编码器两类.

(1) 普通编码器.

在普通编码器中，任何时刻只允许输入一个编码信号，否则，输出将发生混乱. 常用的是二进制编码器. 二进制编码器是用 $n$ 位二进制代码对 $2^n$ 个信号进行编码的电路.

图 3.3.1 是 3 位二进制编码器示意图. $I_0 \sim I_7$ 是 8 个编码对象，分别代表十进制数 0 ~ 7 八个数字，编码的输出是 3 位二进制代码，用 $Y_2$、$Y_1$、$Y_0$ 表示. 因为在任何时刻，编码器只能对一个输入信号进行编码：即输入的 $I_0 \sim I_7$ 这 8 个变量中，要求其中任何一个为 1 时，其余 7 个均为 0，因此可得出编码器的真值表如表 3.3.1 所示.

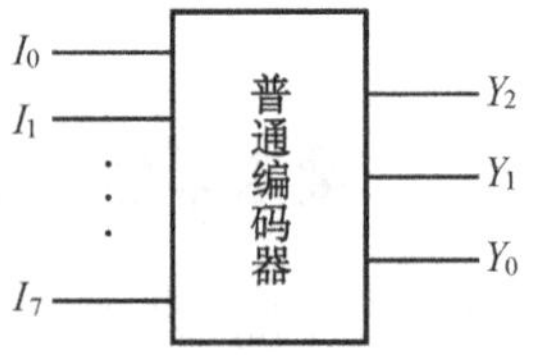


图 3.3.1 普通编码器示意图

表 3.3.1 3 位二进制编码器真值表

| $I_0$ | $I_1$ | $I_2$ | $I_3$ | $I_4$ | $I_5$ | $I_6$ | $I_7$ | $Y_2$ | $Y_1$ | $Y_0$ |
|---|---|---|---|---|---|---|---|---|---|---|
| 1 | 0 | 0 | 0 | 0 | 0 | 0 | 0 | 0 | 0 | 0 |
| 0 | 1 | 0 | 0 | 0 | 0 | 0 | 0 | 0 | 0 | 1 |
| 0 | 0 | 1 | 0 | 0 | 0 | 0 | 0 | 0 | 1 | 0 |
| 0 | 0 | 0 | 1 | 0 | 0 | 0 | 0 | 0 | 1 | 1 |
| 0 | 0 | 0 | 0 | 1 | 0 | 0 | 0 | 1 | 0 | 0 |
| 0 | 0 | 0 | 0 | 0 | 1 | 0 | 0 | 1 | 0 | 1 |
| 0 | 0 | 0 | 0 | 0 | 0 | 1 | 0 | 1 | 1 | 0 |
| 0 | 0 | 0 | 0 | 0 | 0 | 0 | 1 | 1 | 1 | 1 |

由真值表可得：

$$Y_2 = I_4 + I_5 + I_6 + I_7 = \overline{\overline{I_4}\ \overline{I_5}\ \overline{I_6}\ \overline{I_7}}$$

$$Y_1 = I_2 + I_3 + I_6 + I_7 = \overline{\overline{I_2}\ \overline{I_3}\ \overline{I_6}\ \overline{I_7}}$$

$$Y_0 = I_1 + I_3 + I_5 + I_7 = \overline{\overline{I_1}\ \overline{I_3}\ \overline{I_5}\ \overline{I_7}}$$

由此,可画出用与非门实现的逻辑图如图 3.3.2 所示.

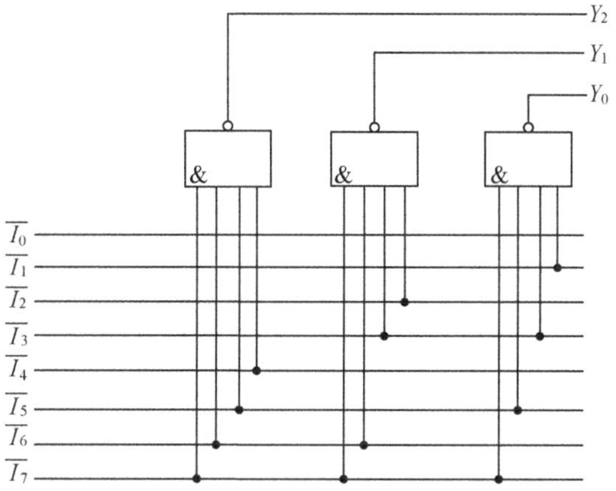


图 3.3.2　8 线-3 线编码器逻辑图

（2）优先编码器.

在优先编码器电路中,允许同时输入两个以上编码信号,每个输入端有不同的优先权,当两个以上的输入端同时输入有效电平时,输出的总是其中优先权最高的输入端的编码. 至于优先级别的高低,则是根据设计要求来决定的.

74LS148 是 8 线-3 线优先编码器,其引脚图如图 3.3.3 所示,其功能表如表 3.3.2 所示.

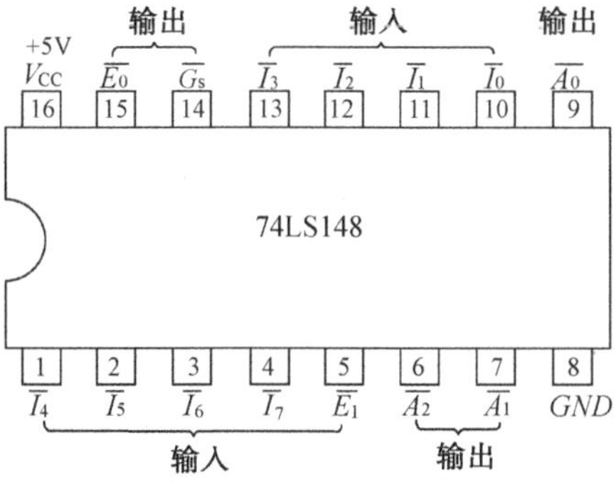


注:芯片中的$\overline{G_S}$常用$\overline{Y_{EX}}$表示,$\overline{E_1}$常用$\overline{S}$表示,$\overline{E_0}$常用$\overline{Y_S}$表示.

图 3.3.3　74LS148 引脚图

表 3.3.2　74LS148 型 8 线 - 3 线优先编码器的功能表

| 输入 | | | | | | | | | 输出 | | | | |
|---|---|---|---|---|---|---|---|---|---|---|---|---|---|
| $\overline{E_1}$ | $\overline{I_0}$ | $\overline{I_1}$ | $\overline{I_2}$ | $\overline{I_3}$ | $\overline{I_4}$ | $\overline{I_5}$ | $\overline{I_6}$ | $\overline{I_7}$ | $\overline{A_2}$ | $\overline{A_1}$ | $\overline{A_0}$ | $\overline{G_S}$ | $\overline{E_0}$ |
| 1 | × | × | × | × | × | × | × | × | 1 | 1 | 1 | 1 | 1 |
| 0 | 1 | 1 | 1 | 1 | 1 | 1 | 1 | 1 | 1 | 1 | 1 | 1 | 0 |
| 0 | × | × | × | × | × | × | × | 0 | 0 | 0 | 0 | 0 | 1 |
| 0 | × | × | × | × | × | × | 0 | 1 | 0 | 0 | 1 | 0 | 1 |
| 0 | × | × | × | × | × | 0 | 1 | 1 | 0 | 1 | 0 | 0 | 1 |
| 0 | × | × | × | × | 0 | 1 | 1 | 1 | 0 | 1 | 1 | 0 | 1 |
| 0 | × | × | × | 0 | 1 | 1 | 1 | 1 | 1 | 0 | 0 | 0 | 1 |
| 0 | × | × | 0 | 1 | 1 | 1 | 1 | 1 | 1 | 0 | 1 | 0 | 1 |
| 0 | × | 0 | 1 | 1 | 1 | 1 | 1 | 1 | 1 | 1 | 0 | 0 | 1 |
| 0 | 0 | 1 | 1 | 1 | 1 | 1 | 1 | 1 | 1 | 1 | 1 | 0 | 1 |

74LS148 引脚说明：

$\overline{E_1}$、$\overline{E_0}$为输入、输出使能端. $\overline{E_1}=1$，编码器不工作，这时$\overline{G_S}=1$，$\overline{E_0}=1$.

$\overline{E_0}$又称选通输出端，其低电平输出信号表示“电路工作，但无编码输入”.

$\overline{G_S}$称扩展端，其低电平输出信号表示“电路工作，而且有编码输入”.

$\overline{E_1}=0$，编码器工作，$I_0\sim I_7$中至少有一个请求信号（逻辑 0）时，$\overline{G_S}=0$，$\overline{E_0}=1$，否则$\overline{G_S}=1$，$\overline{E_0}=0$.

当$\overline{E_1}=0$，$\overline{I_0}\cdots\overline{I_7}=11111111$ 时，$\overline{E_0}=0$. $\overline{E_0}$与另一同样编码器的$\overline{E_1}$连接可扩展编码功能.

2. 译码器.

译码器是一个多输入、多输出的组合逻辑电路. 它的逻辑功能是将每个输入的二进制代码译成对应的输出高、低电平信号，使输出通道中相应的一路有信号输出. 实现译码功能的组合逻辑电路称为译码器. 译码是编码的反操作. 常用的译码器电路有二进制译码器、二-十进制译码器和显示译码器.

（1）二进制译码器.

二进制译码器的输入是一组二进制代码，输出是一组与输入代码一一对应的高、低电平信号. 图 3.3.4 表示二进制译码器的一般原理图，它具有 $n$ 个输入端、$2^n$ 个输出端和一个使能输入端. 当使能输入端为有效电平时，对应每一组输入代码，只有其中一个输出端为有效电平，其余输出端则为非有效电平.

3 位二进制译码器的框图如图 3.3.5 所示. 输入的 3 位二进制代码共有 8 种状态，译码器将每个输入代码译成对应的一根输出线上的高、低电平信号. 因此，也把这个译码器叫作 3 线-8 线译码器.

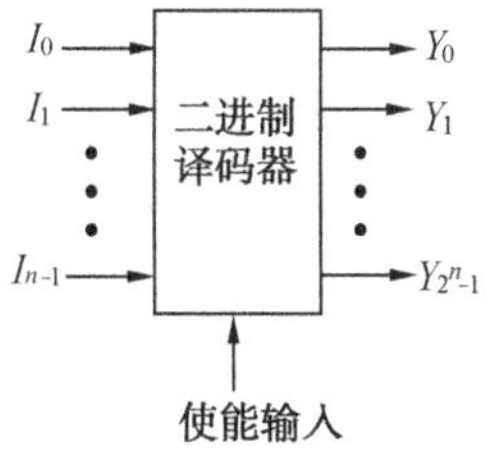


图 3.3.4　二进制译码器一般原理图

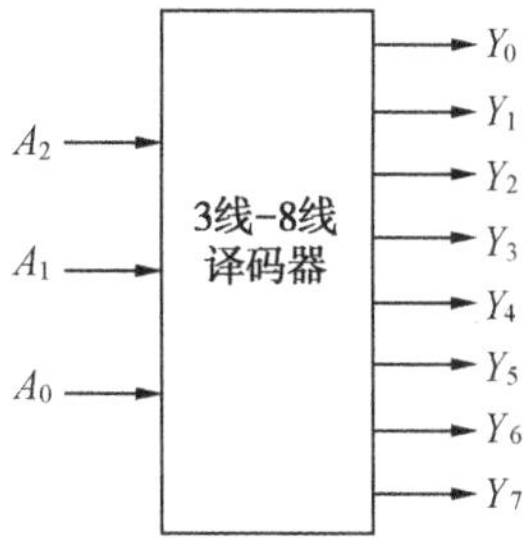


图 3.3.5　3位二进制(3线-8线)译码器的框图

当译码器正常工作时,其输出端的逻辑函数表达式为:

$Y_0=\overline{A_2}\ \overline{A_1}\ \overline{A_0}=m_0, Y_1=\overline{A_2}\ \overline{A_1}\ A_0=m_1, Y_2=\overline{A_2}A_1\ \overline{A_0}=m_2, Y_3=\overline{A_2}A_1A_0=m_3$

$Y_4=A_2\ \overline{A_1}\ \overline{A_0}=m_4, Y_5=A_2\ \overline{A_1}\ A_0=m_5, Y_6=A_2A_1\ \overline{A_0}=m_6, Y_7=A_2A_1A_0=m_7$

由上式可见,$Y_0\sim Y_7$是$A_2$、$A_1$、$A_0$这三个变量的全部最小项的译码输出,所以也把这种译码器叫作最小项译码器.

3 线 -8 线译码器的真值表如表 3.3.3 所示.

**表 3.3.3　3 线 -8 线译码器的真值表**

| 输入 | | | 输出 | | | | | | | |
|---|---|---|---|---|---|---|---|---|---|---|
| $A_2$ | $A_1$ | $A_0$ | $Y_7$ | $Y_6$ | $Y_5$ | $Y_4$ | $Y_3$ | $Y_2$ | $Y_1$ | $Y_0$ |
| 0 | 0 | 0 | 0 | 0 | 0 | 0 | 0 | 0 | 0 | 1 |
| 0 | 0 | 1 | 0 | 0 | 0 | 0 | 0 | 0 | 1 | 0 |
| 0 | 1 | 0 | 0 | 0 | 0 | 0 | 0 | 1 | 0 | 0 |
| 0 | 1 | 1 | 0 | 0 | 0 | 0 | 1 | 0 | 0 | 0 |
| 1 | 0 | 0 | 0 | 0 | 0 | 1 | 0 | 0 | 0 | 0 |
| 1 | 0 | 1 | 0 | 0 | 1 | 0 | 0 | 0 | 0 | 0 |
| 1 | 1 | 0 | 0 | 1 | 0 | 0 | 0 | 0 | 0 | 0 |
| 1 | 1 | 1 | 1 | 0 | 0 | 0 | 0 | 0 | 0 | 0 |

74LS138 是用 TTL 与非门组成的 3 线 -8 线译码器. 其引脚图如图 3.3.6 所示,其功能表如表 3.3.4 所示.

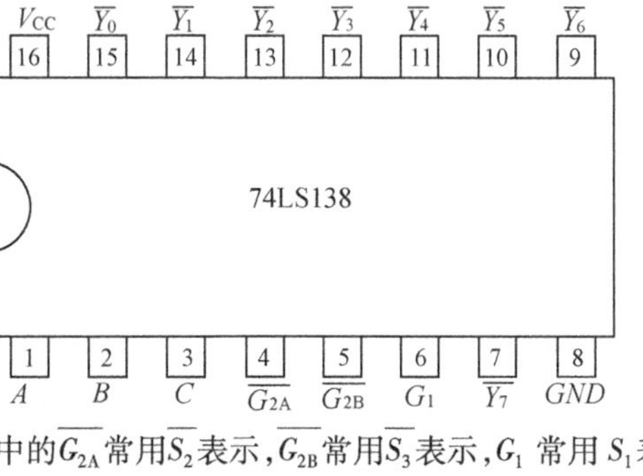


注:芯片中的$\overline{G_{2A}}$常用$\overline{S_2}$表示,$\overline{G_{2B}}$常用$\overline{S_3}$表示,$G_1$ 常用 $S_1$表示.

图 3.3.6　74LS138 译码器引脚图

**表 3.3.4　74LS138 功能表**

| 输入 | | | | | 输出 | | | | | | | |
|---|---|---|---|---|---|---|---|---|---|---|---|---|
| $S_1$ | $\overline{S_2}+\overline{S_3}$ | $A_2$ | $A_1$ | $A_0$ | $\overline{Y_0}$ | $\overline{Y_1}$ | $\overline{Y_2}$ | $\overline{Y_3}$ | $\overline{Y_4}$ | $\overline{Y_5}$ | $\overline{Y_6}$ | $\overline{Y_7}$ |
| 0 | × | × | × | × | 1 | 1 | 1 | 1 | 1 | 1 | 1 | 1 |
| × | 1 | × | × | × | 1 | 1 | 1 | 1 | 1 | 1 | 1 | 1 |
| 1 | 0 | 0 | 0 | 0 | 0 | 1 | 1 | 1 | 1 | 1 | 1 | 1 |
| 1 | 0 | 0 | 0 | 1 | 1 | 0 | 1 | 1 | 1 | 1 | 1 | 1 |
| 1 | 0 | 0 | 1 | 0 | 1 | 1 | 0 | 1 | 1 | 1 | 1 | 1 |
| 1 | 0 | 0 | 1 | 1 | 1 | 1 | 1 | 0 | 1 | 1 | 1 | 1 |
| 1 | 0 | 1 | 0 | 0 | 1 | 1 | 1 | 1 | 0 | 1 | 1 | 1 |
| 1 | 0 | 1 | 0 | 1 | 1 | 1 | 1 | 1 | 1 | 0 | 1 | 1 |
| 1 | 0 | 1 | 1 | 0 | 1 | 1 | 1 | 1 | 1 | 1 | 0 | 1 |
| 1 | 0 | 1 | 1 | 1 | 1 | 1 | 1 | 1 | 1 | 1 | 1 | 0 |

由上表可见,74LS138 有 3 个附加的控制端 $S_1$、$\overline{S_2}$、$\overline{S_3}$. 当 $S_1=1$、$\overline{S_2}+\overline{S_3}=0$ 时,译码器处于工作状态. 否则,译码器被禁止,所有的输出端被封锁在高电平. 这 3 个控制端也叫作“片选”输入端,利用片选的作用可以将多片译码器连接起来以扩展译码器的功能.

(2) 二－十进制译码器.

二－十进制译码器的逻辑功能是将输入的 BCD 码的 10 个代码译成 10 个高、低电平输出信号. 这种译码器有 4 个输入端、10 个输出端. 二－十进制译码器 74LS42 的真值表如表 3.3.5 所示.

**表 3.3.5　74LS42 真值表**

| 序号 | 输入 | | | | 输出 | | | | | | | | | |
|---|---|---|---|---|---|---|---|---|---|---|---|---|---|---|
| | $A_3$ | $A_2$ | $A_1$ | $A_0$ | $\overline{Y_0}$ | $\overline{Y_1}$ | $\overline{Y_2}$ | $\overline{Y_3}$ | $\overline{Y_4}$ | $\overline{Y_5}$ | $\overline{Y_6}$ | $\overline{Y_7}$ | $\overline{Y_8}$ | $\overline{Y_9}$ |
| 0 | 0 | 0 | 0 | 0 | 0 | 1 | 1 | 1 | 1 | 1 | 1 | 1 | 1 | 1 |
| 1 | 0 | 0 | 0 | 1 | 1 | 0 | 1 | 1 | 1 | 1 | 1 | 1 | 1 | 1 |
| 2 | 0 | 0 | 1 | 0 | 1 | 1 | 0 | 1 | 1 | 1 | 1 | 1 | 1 | 1 |
| 3 | 0 | 0 | 1 | 1 | 1 | 1 | 1 | 0 | 1 | 1 | 1 | 1 | 1 | 1 |
| 4 | 0 | 1 | 0 | 0 | 1 | 1 | 1 | 1 | 0 | 1 | 1 | 1 | 1 | 1 |
| 5 | 0 | 1 | 0 | 1 | 1 | 1 | 1 | 1 | 1 | 0 | 1 | 1 | 1 | 1 |
| 6 | 0 | 1 | 1 | 0 | 1 | 1 | 1 | 1 | 1 | 1 | 0 | 1 | 1 | 1 |
| 7 | 0 | 1 | 1 | 1 | 1 | 1 | 1 | 1 | 1 | 1 | 1 | 0 | 1 | 1 |
| 8 | 1 | 0 | 0 | 0 | 1 | 1 | 1 | 1 | 1 | 1 | 1 | 1 | 0 | 1 |
| 9 | 1 | 0 | 0 | 1 | 1 | 1 | 1 | 1 | 1 | 1 | 1 | 1 | 1 | 0 |
| 伪码 | 1 | 0 | 1 | 0 | 1 | 1 | 1 | 1 | 1 | 1 | 1 | 1 | 1 | 1 |
| | 1 | 0 | 1 | 1 | 1 | 1 | 1 | 1 | 1 | 1 | 1 | 1 | 1 | 1 |
| | 1 | 1 | 0 | 0 | 1 | 1 | 1 | 1 | 1 | 1 | 1 | 1 | 1 | 1 |
| | 1 | 1 | 0 | 1 | 1 | 1 | 1 | 1 | 1 | 1 | 1 | 1 | 1 | 1 |
| | 1 | 1 | 1 | 0 | 1 | 1 | 1 | 1 | 1 | 1 | 1 | 1 | 1 | 1 |
| | 1 | 1 | 1 | 1 | 1 | 1 | 1 | 1 | 1 | 1 | 1 | 1 | 1 | 1 |

其输出函数表达式为:

$$\overline{Y_0}=\overline{\overline{A_3}\ \overline{A_2}\ \overline{A_1}\ \overline{A_0}},\overline{Y_1}=\overline{\overline{A_3}\ \overline{A_2}\ \overline{A_1}\ A_0},\overline{Y_2}=\overline{\overline{A_3}\ \overline{A_2}\ A_1\overline{A_0}},\overline{Y_3}=\overline{\overline{A_3}\ \overline{A_2}\ A_1\ A_0},\overline{Y_4}=\overline{\overline{A_3}\ A_2\overline{A_1}\ \overline{A_0}}$$

$\overline{Y_5}=\overline{\overline{A_3}\,A_2\overline{A_1}\,A_0}$,$\overline{Y_6}=\overline{\overline{A_3}\,A_2\,A_1\overline{A_0}}$,$\overline{Y_7}=\overline{\overline{A_3}\,A_2\,A_1\,A_0}$,$\overline{Y_8}=\overline{A_3\overline{A_2}\,\overline{A_1}\,\overline{A_0}}$,$\overline{Y_9}=\overline{A_3\overline{A_2}\,\overline{A_1}\,A_0}$

由上可见,对于 BCD 代码以外的伪码(即 1010~1111 这 6 个代码),$\overline{Y_0}\sim\overline{Y_9}$均无低电平信号产生,译码器拒绝“翻译”,所以这个电路结构具有拒绝伪码的功能.

(3) 显示译码器.

显示译码器是将 BCD 代码译成数码管所需的驱动信号,以便使数码管用十进制数字显示出 BCD 代码所表示的数值.

## 三、实验内容

1. 验证二进制编码器的逻辑功能.
2. 验证优先编码器 74LS148 的逻辑功能.
3. 验证译码器 74LS138 的逻辑功能.

## 四、实验仪器与器件

1. 通用板——可插接标准双列直插插座的实验电路板(1 块).
2. 输入逻辑电平开关组件(见附录).
3. 发光二极管逻辑电平指示组件(见附录).
4. 可调直流稳压电源(供电 +5V)(1 台).
5. 万用表(1 只).
6. 函数信号发生器(1 台).
7. 双踪示波器(1 台).
8. 实验器件.

(1) 74LS148、74LS138(各 1 片),74LS20(2 片).

(2) 电阻(阻值如实验中电路所标)(若干).

## 五、实验报告要求

1. 列表记录二进制编码器的逻辑功能.
2. 列表记录 74LS148 优先编码器的逻辑功能.
3. 列表记录 74LS138 译码器的逻辑功能.

## 六、实验预习要求

1. 复习编码器和译码器的基本内容和工作原理.
2. 复习编码器和译码器的逻辑功能.

## 七、思考题

1. 74LS148 是正电平有效还是负电平有效?
2. 编码器和译码器的特点是什么?有何区别?

# 中级篇：编码器和译码器的扩展及基本应用

## 一、实验目的

1. 掌握编码器和译码器的扩展方法.
2. 掌握用译码器设计组合逻辑电路的基本方法.

## 二、实验原理

1. 编码器和译码器的扩展.

在编码器和译码器的集成电路中，都有输入、输出控制端，这些控制端不但控制电路的正常工作，而且常常用于实现电路功能的扩展. 下面以 74LS148 优先编码器为例，说明用两片 74LS148 扩展为 16 线 -4 线优先编码器的方法. 其原理图如图 3.3.7 所示.

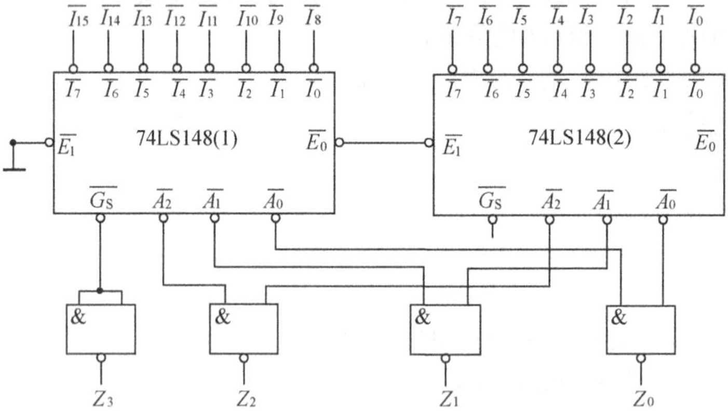


图 3.3.7　用两片 74LS148 接成的 16 线 -4 线优先编码器

由图 3.3.7 可见，由于每片 74LS148 只有 8 个编码输入端，因此，将 16 个输入信号分别接到两片 74LS148 的输入端上. 将$\overline{I_{15}} \sim \overline{I_8}$ 8 个优先权高的输入信号接到第(1)片的输入端，而将$\overline{I_7} \sim \overline{I_0}$ 8 个优先权低的输入信号接到第(2)片的输入端. 按照优先顺序的要求，只有$\overline{I_{15}} \sim \overline{I_8}$均无输入信号时，才允许对$\overline{I_7} \sim \overline{I_0}$的输入信号编码. 因此，只要把第(1)片的"无编码信号输入"信号$\overline{E_0}$作为第(2)片的选通输入信号$\overline{E_1}$就行了. 此外，当第(1)片有编码信号输入时，它的$\overline{G_S}=0$，无编码信号输入时，$\overline{G_S}=1$，正好可以用它作为输出编码的第 4 位，以区分 8 个高优先权输入信号和 8 个低优先权输入信号的编码. 编码输出的低 3 位应为两片输出$\overline{A_2}$、$\overline{A_1}$、$\overline{A_0}$的逻辑或. 当$\overline{I_{15}} \sim \overline{I_8}$中任一输入端为低电平时，如$\overline{I_{15}}=0$，则片(1)的$\overline{I_{15}}=0$，$Z_3=1$，$\overline{A_2}$、$\overline{A_1}$、$\overline{A_0}=000$，$\overline{E_0}=1$，使片(2)的$\overline{E_1}=1$，片(2)被封锁，使它的输出$\overline{A_2}$、$\overline{A_1}$、$\overline{A_0}=111$. 于是在最后的输出端得到 $Z_3Z_2Z_1Z_0=1111$. 如果$\overline{I_{15}} \sim \overline{I_8}$中同时有几个输入端为低电平，则只对其中优先权最高的一个信号编码. 当$\overline{I_{15}} \sim \overline{I_8}$全部为高电平时，片(1)的$\overline{E_0}=0$，使片(2)的$\overline{E_1}=0$，处于编码工作状态，对$\overline{I_7} \sim \overline{I_0}$中的优先权最高的输入信号进行编码，如$\overline{I_6}=0$，则片(2)的$\overline{A_2}$、$\overline{A_1}$、$\overline{A_0}=001$，而此时片(1)的$\overline{G_S}=1$，$Z_3=0$，片(1)的$\overline{A_2}$、$\overline{A_1}$、$\overline{A_0}=111$，通过门电路后，

$Z_3Z_2Z_1Z_0=0110$.

译码器的扩展方法与此类似.

2. 用译码器构成数据分配器.

带控制输入端的译码器又是一个完整的数据分配器. 对 74LS138 译码器,如果把 $S_1$ 作为“数据”输入端(同时令$\overline{S_2}+\overline{S_3}=0$),而将 $A_2A_1A_0$ 作为“地址”输入端,那么从 $S_1$ 送来的数据只能通过由 $A_2A_1A_0$ 所指定的一根输出线送出.

3. 用译码器设计组合逻辑电路.

根据前面介绍的二进制译码器的工作原理,从 3 线 - 8 线译码器 74LS138 的分析中可以看到,当 $S_1=1$、$\overline{S_2}+\overline{S_3}=0$ 时,若将 $A_2$、$A_1$、$A_0$ 作为 3 个输入逻辑变量,则 8 个输出端给出的就是这 3 个输入变量的全部最小项$\overline{m_0}\sim\overline{m_7}$. 利用附加的门电路将这些最小项适当地组合起来,便可产生任何形式的三变量组合逻辑电路.

同理,由于 $n$ 位二进制译码器的输出给出了 $n$ 变量的全部最小项,因而用 $n$ 变量二进制译码器和适当的门电路就能获得任何形式输入变量数不大于 $n$ 的组合逻辑函数.

## 三、实验内容

1. 用两片 74LS148 优先编码器构成 16 线 - 4 线优先编码器,自行制表验证其逻辑功能.

2. 用两片 74LS138 译码器构成 4 线 - 16 线译码器,自行制表验证其逻辑功能.

3. 用 74LS138 译码器设计一个 8 路输出的数据分配器,自行制表验证其逻辑功能.

## 四、实验仪器与器件

1. 通用板——可插接标准双列直插插座的实验电路板(1 块).

2. 输入逻辑电平开关组件(见附录).

3. 发光二极管逻辑电平指示组件(见附录).

4. 可调直流稳压电源(供电 +5V)(1 台).

5. 万用表(1 只).

6. 函数信号发生器(1 台).

7. 双踪示波器.(1 台).

8. 实验器件.

(1) 74LS20、74LS148、74LS138(各 2 片),74LS00(1 片).

(2) 电阻(阻值如实验中电路所标)(若干).

## 五、实验报告要求

1. 画出 16 线 - 4 线优先编码器的电原理图,并列表记录 16 线 - 4 线优先编码器的逻辑功能.

2. 画出 4 线 - 16 线译码器的电原理图,并列表记录 4 线 - 16 线译码器的逻辑功能.

3. 画出 8 路数据分配器的原理图,并列表记录其逻辑功能.

## 六、实验预习要求

1. 复习编码器和译码器的扩展方法.
2. 复习用译码器设计组合逻辑电路的方法.
3. 写出实验内容中各电路设计的简单过程.

## 七、思考题

1. 计算机通常连接多个外设,如打印机、扫描仪、键盘、监视器等.译码器就被用来经计算机的I/O地址线来选择某个特定的外设.讨论并画出示意图.
2. 如何用BCD码去驱动七段显示器工作?设计一个这样的译码电路.
3. 查阅资料,了解LED与LCD的区别.

# 高级篇:译码器的应用设计

## 一、要求学生根据实验题目及提要,自己组织实验并写出完整的实验报告

1. 用74LS138译码器实现1位全加器、1位全减器电路.
2. 用八选一数据选择器和3线-8线译码器构成一个3位二进制数等值比较器.
3. 用八选一数据选择器和3线-8线译码器构成一个6路信号分时传送系统.
4. 用门电路完成一个将10个十进制数字转换成4位BCD码的非优先编码电路.

## 二、实验仪器与器件

1. 通用板——可插接标准双列直插插座的实验电路板(1块).
2. 可调直流稳压电源(供电+5V)(1台).
3. 输入逻辑电平开关组件(见附录).
4. 发光二极管逻辑电平指示组件(见附录).
5. 万用表(1只).
6. 主要实验器件:74LS138、74LS151、74LS30等(若干).

# 第四章　时序逻辑电路

## 4.1　时序逻辑电路设计方法概述

时序逻辑电路在任一时刻的输出不仅取决于该时刻的输入信号，而且还与电路原来的状态有关. 其电路结构特点是：

1. 时序逻辑电路通常由组合电路和存储电路两部分组成. 组合电路可有可无，而存储电路是必不可少的.

2. 在电路结构上存在从输出到输入的反馈回路，即存储电路的输出状态须反馈至电路的输入端.

时序逻辑电路分为同步时序电路和异步时序电路两大类. 在同步时序电路中，所有触发器的时钟信号受同一时钟源控制，状态的变化是同时发生的. 在异步时序电路中，触发器的时钟信号不受同一时钟源控制，触发器状态的变化不是同时发生的.

时序逻辑电路的设计是根据给定的实际逻辑问题，选择适当的逻辑器件，设计出实现这一逻辑功能的逻辑电路. 设计的电路应力求最简.

选用小规模集成电路进行设计时，电路最简的要求是所用触发器和门电路的数量最少，输入端的数目也最少. 选用中、大规模集成电路进行设计时，电路最简的要求是使用的集成器件数量最少，集成器件的种类最少，且相互间的连线最少.

时序逻辑电路的设计比较复杂，这里简要讨论同步时序电路的设计步骤.

同步时序电路的一般设计步骤如下：

1. 逻辑问题的抽象.

一般情况下，设计要求是用文字或图表进行描述的，时序逻辑电路主要关注电路状态变化的过程和规律，这就需要通过对逻辑问题的抽象给出表示这一逻辑问题的状态转换表或状态转换图. 具体如下：

(1) 分析逻辑问题的因果关系及状态变化规律，确定输入、输出变量及电路的状态数. 同步时序电路的时钟信号一般不作为输入变量考虑.

(2) 定义输入、输出变量的逻辑状态及电路状态的含意. 状态赋值由设计者确定.

(3) 列出电路的状态转换表或状态转换图.

2. 状态化简.

为了满足最简电路的设计要求，必须对状态进行化简. 电路的状态数越少，设计出的电路就越简单.

状态化简就是合并等价状态，得到最少的状态数，从而得到最简的状态转换表或状态转换图.

3. 状态编码.

时序逻辑电路的状态是用触发器状态的不同组合来表示的，与所用触发器的数目有关.

根据电路状态数，可确定触发器的个数，然后用一组二进制代码来表示触发器状态的组合，完成状态编码. 状态编码的选择有多种不同的组合方案，编码选取得当可简化设计结果.

4. 根据状态化简和状态编码的结果，求出状态方程组和输出方程组.

5. 选择触发器类型，根据所选触发器的逻辑功能和触发方式，确定电路的驱动方程组及电路结构.

6. 画出逻辑电路图，并检查电路能否自启动. 若电路不能自启动，需修改设计；若电路能自启动，则原理性设计完成.

7. 组装与调试.

在完成原理性设计的基础上，根据设计要求选择集成器件的种类和型号，按照逻辑电路图进行电路的搭建及调试，以验证设计的正确性.

## 4.2 实验1 触发器

### 基础篇：触发器的逻辑功能测试

#### 一、实验目的

1. 熟悉触发器的基本构成及工作原理.
2. 掌握各类触发器(基本 RS、JK、D、T 触发器)的逻辑功能.
3. 掌握集成触发器的使用方法、逻辑功能的测试方法.

#### 二、实验原理

触发器是组成时序逻辑电路的最基本单元，是数字逻辑电路中一种重要的单元电路，在数字系统中有着广泛的应用. 触发器不仅作为独立的集成元件使用，它还是组成计数器、移位寄存器或其他时序电路的基本单元电路. 因此，熟悉各类触发器的逻辑功能，熟练掌握各类触发器的应用是十分必要的.

触发器是存储1位二值信号的基本单元电路，具有“0”和“1”两个稳定状态，在一定的外界信号作用下，可以从一个稳定状态翻转到另一个稳定状态.

触发器有门电路组成的触发器以及集成触发器. 按功能可分为 RS 触发器、JK 触发器、D 触发器、T 触发器、T′触发器等.

1. 基本 RS 触发器.

基本 RS 触发器是最基本的触发器，其功能是置“0”和置“1”，因此，又称为置“0”置“1”触发器. 其基本构成、特性方程如图 4.2.1 所示，其特性表如表 4.2.1 所示.

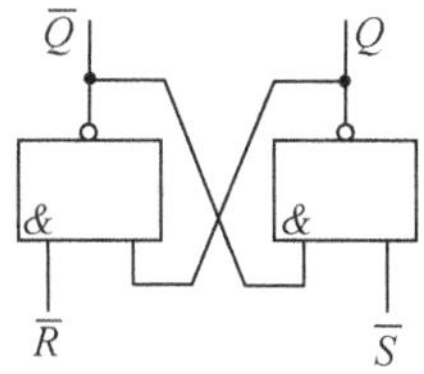


$Q^{n+1}=S+\overline{R}\cdot Q^{n}$

$R\cdot S=0$(约束条件)

**图 4.2.1　基本 RS 触发器**

**表 4.2.1　基本 RS 触发器的特性表**

| $\overline{R}$ | $\overline{S}$ | $Q^n$ | $Q^{n+1}$ | 注释 |
|---|---|---|---|---|
| 0 | 0 | 0 | $\Phi$ | 不定 |
| | | 1 | | |
| 0 | 1 | 0 | 0 | 置 0 |
| | | 1 | | |
| 1 | 0 | 0 | 1 | 置 1 |
| | | 1 | | |
| 1 | 1 | 0 | $Q^n$ | 保持 |
| | | 1 | | |

2. D 触发器.

D 触发器的特性方程为：$Q^{n+1}=D$.

D 触发器的特性表如表 4.2.2 所示.

**表 4.2.2　D 触发器的特性表**

| $D$ | $Q^n$ | $Q^{n+1}$ | 注释 |
|---|---|---|---|
| 0 | 0 | 0 | 置 0 |
| 0 | 1 | 0 | |
| 1 | 0 | 1 | 置 1 |
| 1 | 1 | 1 | |

3. JK 触发器.

JK 触发器的特性方程为：$Q^{n+1}=J\cdot\overline{Q^{n}}+\overline{K}\cdot Q^{n}$.

JK 触发器的特性表如表 4.2.3 所示.

**表 4.2.3　JK 触发器的特性表**

| $J$ | $K$ | $Q^n$ | $Q^{n+1}$ | 注释 |
|---|---|---|---|---|
| 0 | 0 | 0 | 0 | 保持 |
| 0 | 0 | 1 | 1 | |
| 0 | 1 | 0 | 0 | 置 0 |
| 0 | 1 | 1 | 0 | |
| 1 | 0 | 0 | 1 | 置 1 |
| 1 | 0 | 1 | 1 | |
| 1 | 1 | 0 | 1 | 计数 |
| 1 | 1 | 1 | 0 | |

4. T 触发器.

T 触发器的特性方程为：$Q^{n+1}=T\cdot\overline{Q^{n}}+\overline{T}Q^{n}$.

T 触发器的特性表如表 4.2.4 所示.

**表 4.2.4　T 触发器的特性表**

| $T$ | $Q^n$ | $Q^{n+1}$ | 注释 |
|---|---|---|---|
| 0 | 0 | 0 | 保持 |
| 0 | 1 | 1 | |
| 1 | 0 | 1 | 计数 |
| 1 | 1 | 0 | |

5. 集成触发器的引脚图.

(1) 74LS74 双 D 维持阻塞触发器(图 4.2.2).

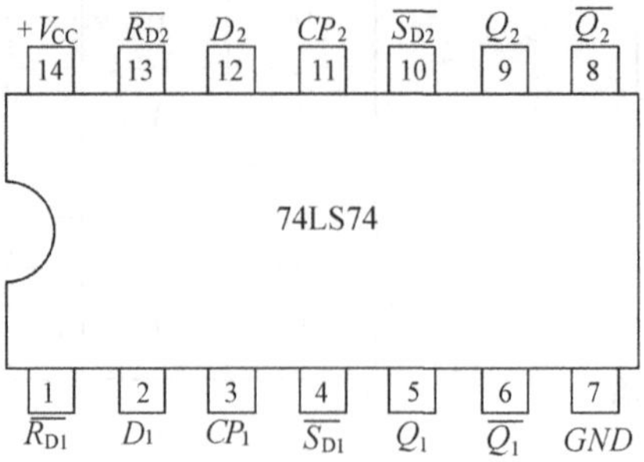


图 4.2.2 74LS74 双 D 维持阻塞触发器引脚图

(2) 74LS76 双 JK 主从型触发器(图 4.2.3).

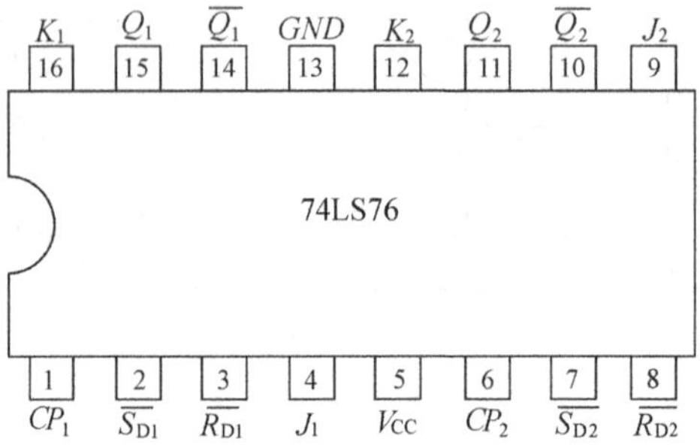


图 4.2.3 74LS76 双 JK 主从型触发器引脚图

## 三、实验内容

1. 测试基本 RS 触发器的逻辑功能.

用 74LS00 与非门构成基本 RS 触发器,并测试其逻辑功能,记录实验结果.

(1) 实验电原理图如图 4.2.4 所示,用 74LS00 与非门构成基本 RS 触发器.

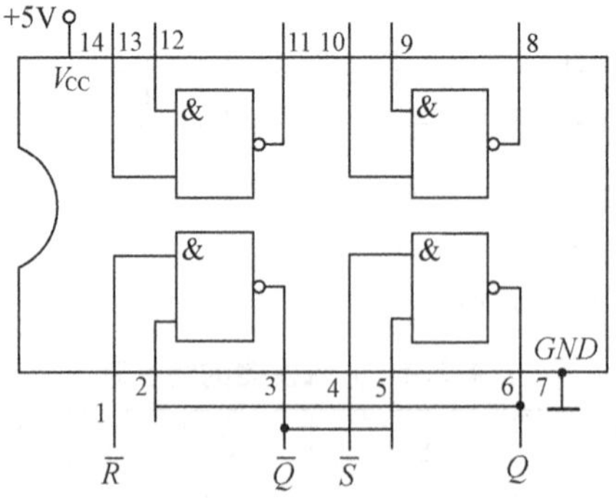


图 4.2.4 用 74LS00 与非门构成基本 RS 触发器连线图

(2) 测试其逻辑功能,并记录到表 4.2.5 中.

**表 4.2.5　基本 RS 触发器测试表**

| $\overline{R}$ | $\overline{S}$ | $Q$ | $\overline{Q}$ |
|---|---|---|---|
| 1 | 1→0 | | |
| | 0→1 | | |
| 1→0 | 1 | | |
| 0→1 | | | |
| 0 | 0 | | |

2. 测试 74LS74 D 触发器的逻辑功能.

(1) 实验电路图如图 4.2.5 所示.

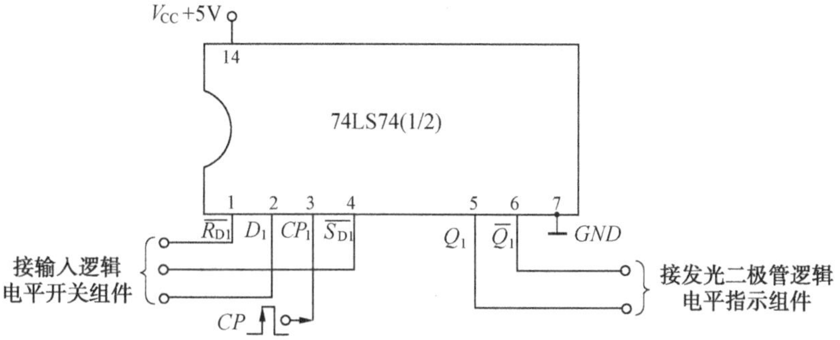


**图 4.2.5　测试 D 触发器逻辑功能的实验电路图**

(2) 直接置"0"端 $\overline{R_D}$、直接置"1"端 $\overline{S_D}$ 的逻辑功能测试,并将实验结果记录在表 4.2.6 中.

**表 4.2.6　D 触发器直接置"0"、直接置"1"功能测试表**

| $CP$ | D | $\overline{R_D}$ | $\overline{S_D}$ | $Q$ | $\overline{Q}$ |
|---|---|---|---|---|---|
| 0 | 0 | 0 | 1 | | |
| | | 1 | 0 | | |
| | 1 | 0 | 1 | | |
| | | 1 | 0 | | |
| 1 | 0 | 0 | 1 | | |
| | | 1 | 0 | | |
| | 1 | 0 | 1 | | |
| | | 1 | 0 | | |

(3) D 触发器逻辑功能的测试:当 $\overline{R_D}=\overline{S_D}=1$ 时,用 $CP$ 脉冲控制 D 触发器,将测试结果记录在表 4.2.7 中.

**表 4.2.7　D 触发器逻辑功能测试表**

| $CP$ | $D$ | $Q^n$ | $Q^{n+1}$ |
|---|---|---|---|
| 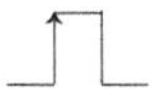 | 0 | 0 | |
| | 0 | 1 | |
| 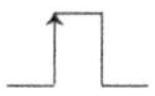 | 1 | 0 | |
| | 1 | 1 | |

3. 测试 74LS76 JK 触发器的逻辑功能.

(1) 实验电路图如图 4.2.6 所示.

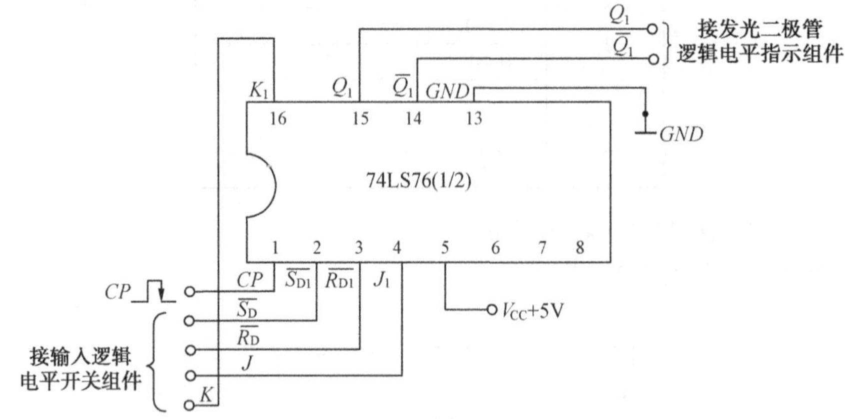


图 4.2.6　测试 JK 触发器逻辑功能的实验电路图

(2) 直接置“0”端$\overline{R_D}$、直接置“1”端$\overline{S_D}$的逻辑功能测试,将实验结果记录在表 4.2.8 中.

**表 4.2.8　JK 触发器直接置“0”、直接置“1”端的逻辑功能测试表**

| $\overline{R_D}$　$\overline{S_D}$ | J　K | $Q^n$ | $Q^{n+1}$ |
|---|---|---|---|
| 0　1 | ×　× | | |
| 1　0 | ×　× | | |

(3) JK 触发器逻辑功能的测试: 当$\overline{R_D}=\overline{S_D}=1$时,用 CP 脉冲控制 JK 触发器,将测试结果记录在表 4.2.9 中.

**表 4.2.9　JK 触发器逻辑功能测试表**

| CP | J　K | $Q^n$ | $Q^{n+1}$ | $Q^{n+1}$结论 |
|---|---|---|---|---|
| 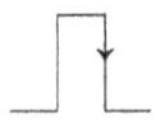 | 0　0 | 0 | | |
| | | 1 | | |
| | 0　1 | 0 | | |
| | | 1 | | |
| | 1　0 | 0 | | |
| | | 1 | | |
| | 1　1 | 0 | | |
| | | 1 | | |

## 四、实验仪器与器件

1. 通用板——可插接标准双列直插插座的实验电路板(1 块).
2. 输入逻辑电平开关组件(见附录).
3. 发光二极管逻辑电平指示组件(见附录).
4. 可调直流稳压电源(供电 +5V)(1 台).
5. 万用表(1 只).

6. 函数信号发生器(1 台).
7. 双踪示波器(1 台).
8. 实验器件：74LS74、74LS76、74LS00(各 1 片).

## 五、实验报告要求

1. 列表记录并整理各类触发器的逻辑功能，并说明直接置“0”端 $\overline{R_D}$、直接置“1”端$\overline{S_D}$的作用.

2. 对实验结果及相关数据进行分析.

## 六、实验预习要求

1. 复习有关触发器的基本知识.

2. 熟悉基本 RS 触发器、D 触发器、JK 触发器、T 触发器、T′触发器的基本构成、特性方程、特性表及状态转换图.

## 七、思考题

1. 主从型触发器在 $CP=1$ 期间对输入端 $J$、$K$ 的信号有何要求？为什么？
2. 在实验中，$\overline{R_D}$、$\overline{S_D}$应处于什么状态？
3. 对 74LS74，在 $CP=1$、$D=0$ 的条件下，如何使触发器置“1”？
4. 比较主从型触发器、维持阻塞型触发器的特点.

# 中级篇：各种触发器之间的转换

## 一、实验目的

1. 了解各类触发器的逻辑功能.
2. 掌握各类触发器之间的转换.

## 二、实验原理

不同类型的触发器之间可以相互转换. 由于市售产品多为 JK 触发器和 D 触发器，而数字电路中各种类型的触发器电路都需要，掌握了转换方法，则可充分发挥手中器件的作用. 利用特性表、特性方程可实现触发器之间的转换. 以 JK 触发器为例，若要将 JK 触发器转换为 D 触发器，其转换方法如下：

D 触发器的特性方程为：$Q^{n+1}=D=D\cdot(Q^n+\overline{Q^n})=D\cdot\overline{Q^n}+D\cdot Q^n$.

而 JK 触发器的特性方程为：$Q^{n+1}=J\cdot\overline{Q^n}+\overline{K}\cdot Q^n$.

比较以上两式可知，若取 $J=D$、$\overline{K}=D$，则上面两式相等，即 JK 触发器就转换成了 D 触发器. 由此，可画出其转换电路，如图 4.2.7 所示.

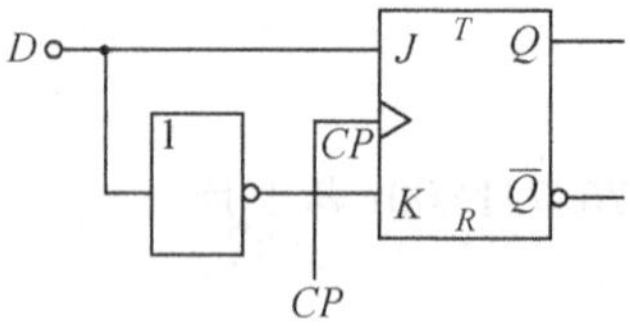


图 4.2.7　JK 触发器转换为 D 触发器

其他触发器之间的转换可用类似的方法得到.

## 三、实验内容

1. 由 JK 触发器构成 T 触发器,并测试 T 触发器的逻辑功能,将实验结果记录下来.
2. 由 JK 触发器构成 D 触发器,并测试 D 触发器的逻辑功能,将实验结果记录下来.
3. 由 D 触发器构成 JK 触发器,并测试 JK 触发器的逻辑功能,将实验结果记录下来.
4. 由 D 触发器构成 T′触发器,并测试 T′触发器的逻辑功能,将实验结果记录下来.

## 四、实验仪器与器件

1. 通用板——可插接标准双列直插插座的实验电路板(1 块).
2. 可调直流稳压电源(供电 +5V)(1 台).
3. 函数信号发生器(1 台).
4. 万用表(2 只).
5. 示波器(1 台).
6. 实验器件:74LS74、74LS76、74LS00(各 1 片).

## 五、实验报告要求

1. 画出实验内容中各触发器相互转换的实现电路图,并以列表的方式记录其相应的逻辑功能.
2. 对实验结果及相关数据进行分析.

## 六、实验预习要求

1. 复习各类触发器的逻辑功能.
2. 掌握各类触发器之间转换的方法,并画出逻辑图.
3. 画好记录表格.

## 七、思考题

1. 能否用 D 触发器构成 RS 触发器? 如果可以,这个 RS 触发器的约束条件有变化吗?

2. 触发器都有相应的特性方程和状态转换图,如果根据你自己的设想设计一个新的状态转换图,能否由此构成一个新的触发器? 能否用已有市售触发器加以实现?

# 高级篇：集成触发器的参数测试及应用设计

要求学生根据实验题目及提要，自己设计实验方案，组织实验并写出完整的实验报告.

## 一、集成触发器74LS76的参数测试

1. 功耗 $P_K$（或空载电源总电流 $I_{CC}$）.
2. 低电平输入电流 $I_{IL}$.
3. 高电平输入电流 $I_{IH}$.

## 二、用D触发器构成两位异步二进制加法、二进制减法计数器

用 74LS74 D 触发器构成两位异步二进制加法、二进制减法计数器. 观察、记录并分析结果.

## 三、用JK触发器构成两位异步二进制加法、二进制减法计数器

用 74LS76 JK 触发器构成两位异步二进制加法、二进制减法计数器. 观察、记录并分析结果.

## 四、N分频器电路

用 D 触发器或 JK 触发器实现 N 分频器电路. N 可任意设置.

## 五、自行设计

自行设计一个观察同步 RS 触发器抗干扰性能的实验方案.

## 六、实验仪器与器件

1. 通用板——可插接标准双列直插插座的实验电路板（1 块）.
2. 可调直流稳压电源（1 台）.
3. 输入逻辑电平开关组件（见附录）.
4. 发光二极管逻辑电平指示组件（见附录）.
5. 万用表（1 只）.
6. 双踪示波器（1 台）.
7. 实验器件：74LS74、74LS76、74LS00（各 1 片）.

# 4.3 实验2 移位寄存器

## 基础篇：移位寄存器逻辑功能的测试

### 一、实验目的

1. 验证集成4位双向移位寄存器逻辑功能.
2. 学习74LS194的基本使用方法.

### 二、实验原理

本实验选用的是4位双向通用移位寄存器,型号为74LS194,逻辑符号及引脚排列如图4.3.1所示.

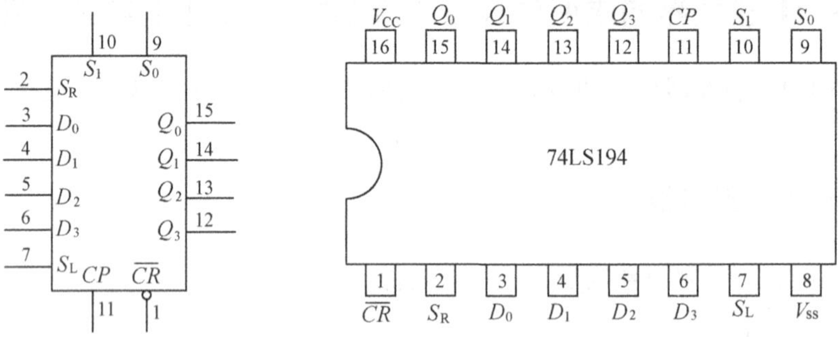


图4.3.1 74LS194的逻辑符号及引脚排列

其中$D_3$、$D_2$、$D_1$、$D_0$为并行输入端;$Q_3$、$Q_2$、$Q_1$、$Q_0$为并行输出端;$S_R$为右移串行输入端,$S_L$为左移串行输入端;$S_1$、$S_0$为操作模式控制端;$\overline{CR}$为直接清零端;$CP$为时钟脉冲输入端.

74LS194有5种不同的操作模式,即并行输入寄存、右移(方向由$Q_3 \to Q_0$)、左移(方向由$Q_0 \to Q_3$)、保持及清零.

74LS194的功能表如表4.3.1所示.

表4.3.1 74LS194的功能表

| $CP$ | $\overline{CR}$ | $S_1$ | $S_0$ | 功能 | $Q_0Q_1Q_2Q_3$ |
|---|---|---|---|---|---|
| × | 0 | × | × | 清除 | $\overline{CR}=0$,使$Q_0Q_1Q_2Q_3=0000$. 寄存器正常工作时,$\overline{CR}=1$. |
| ↑ | 1 | 0 | 0 | 保持 | $CP$上升沿作用后寄存器内容不变. $Q_0Q_1Q_2Q_3=Q_0^nQ_1^nQ_2^nQ_3^n$. |
| ↑ | 1 | 0 | 1 | 右移 | 串行数据送至右移输入端$S_R$,在$CP$上升沿时进行右移. $Q_0Q_1Q_2Q_3=S_RQ_0Q_1Q_2$. |

续表

| $CP$ | $\overline{CR}$ | $S_1$ | $S_0$ | 功能 | $Q_0Q_1Q_2Q_3$ |
|---|---|---|---|---|---|
| ↑ | 1 | 1 | 0 | 左移 | 串行数据送至左移输入端 $S_L$，在 $CP$ 上升沿时进行左移. $Q_0Q_1Q_2Q_3=Q_1Q_2Q_3S_L$. |
| ↑ | 1 | 1 | 1 | 送数(并行输入) | $CP$ 上升沿作用后，并行输入数据送入寄存器. $Q_0Q_1Q_2Q_3=D_0D_1D_2D_3$，此时串行数据($S_R$、$S_L$)被禁止. |
| 0 | 1 | × | × | 保持 | $Q_0Q_1Q_2Q_3=Q_0^nQ_1^nQ_2^nQ_3^n$. |

## 三、实验内容

测试 74LS194 的逻辑功能.

按图 4.3.2 接线，$\overline{CR}$以及 $S_1$、$S_0$、$S_L$、$S_R$、$D_3$、$D_2$、$D_1$、$D_0$ 分别接至输入逻辑电平开关组件；$Q_3$、$Q_2$、$Q_1$、$Q_0$ 接至 LED 逻辑电平显示插口组件；$CP$ 端接单次脉冲源插口组件. 按表 4.3.2所规定的输入状态，逐项进行测试.

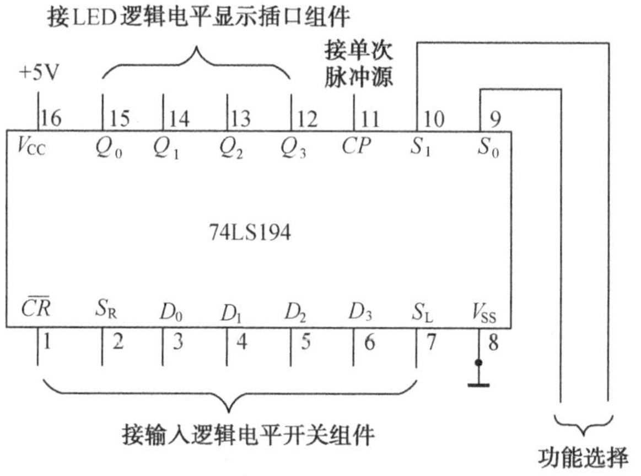


图 4.3.2　74LS194 逻辑功能测试连接图

1. 清零：令$\overline{CR}=0$，其他输入($D_3D_2D_1D_0$)均为任意态，这时寄存器输出 $Q_3$、$Q_2$、$Q_1$、$Q_0$ 应均为 0，清零后，置$\overline{CR}=1$.

2. 送数(并行输入)：令$\overline{CR}=S_1=S_0=1$，送入任意 4 位二进制数，如 $D_3D_2D_1D_0=dcba$，加 $CP$ 脉冲，观察 $CP=0$、$CP$ 由 0→1、$CP$ 由 1→0 三种情况下寄存器输出状态的变化，观察寄存器输出状态变化是否发生在 $CP$ 脉冲的上升沿.

3. 右移：清零后，令$\overline{CR}=1$，$S_1=0$，$S_0=1$，由右移输入端$S_R$送入二进制数码如 0100，由 $CP$ 端连续加 4 个脉冲，观察输出情况，记录之.

4. 左移：先清零或预置，再令$\overline{CR}=1$，$S_1=1$，$S_0=0$，由左移输入端 $S_L$送入二进制数码如 1101，连续加 4 个 $CP$ 脉冲，观察输出端情况，记录之.

5. 保持：寄存器预置任意 4 位二进制数码 $dcba$，令$\overline{CR}=1$，$S_1=S_0=0$，加 $CP$ 脉冲，观察寄存器输出状态，记录之.

表 4.3.2 可供参考的实验记录表格

| 清除 | 模式 | | 时钟 | 串行 | | 输入 | 输出 | 功能总结 |
|---|---|---|---|---|---|---|---|---|
| $\overline{CR}$ | $S_1$ | $S_0$ | $CP$ | $S_L$ | $S_R$ | $D_3D_2D_1D_0$ | $Q_3Q_2Q_1Q_0$ | |
| 0 | × | × | × | × | × | ×××× | | |
| 1 | 1 | 1 | ↑ | × | × | $d\ c\ b\ a$ | | |
| 1 | 0 | 1 | ↑ | × | 0 | ×××× | | |
| 1 | 0 | 1 | ↑ | × | 1 | ×××× | | |
| 1 | 0 | 1 | ↑ | × | 0 | ×××× | | |
| 1 | 0 | 1 | ↑ | × | 0 | ×××× | | |
| 1 | 1 | 0 | ↑ | 1 | × | ×××× | | |
| 1 | 1 | 0 | ↑ | 1 | × | ×××× | | |
| 1 | 1 | 0 | ↑ | 0 | × | ×××× | | |
| 1 | 1 | 0 | ↑ | 1 | × | ×××× | | |
| 1 | 0 | 0 | ↑ | × | × | ×××× | | |

## 四、实验仪器与器件

1. 通用板——可插接标准双列直插插座的实验电路板(1 块).
2. 可调直流稳压电源(供电 +5V)(1 台).
3. 输入逻辑电平开关组件(见附录).
4. 单次脉冲源组件(见附录).
5. 发光二极管逻辑电平指示组件(见附录).
6. 万用表(1 只).
7. 实验器件: 74LS194(1 片).

## 五、实验报告要求

用实验中实际测得的数据完成表 4.3.2,分析表中实验结果,总结移位寄存器 74LS194 的逻辑功能并写入表格功能总结一栏中. 总结表中任意项对输出及功能的影响.

## 六、实验预习要求

1. 查阅 74LS194 逻辑电路,熟悉其逻辑功能及引脚排列.
2. 复习移位寄存器的核心组成单元触发器的结构和原理.

## 七、思考题

1. 在对 74LS194 进行送数后,若要使输出端改成另外的数码,是否一定要使寄存器清零?
2. 74LS194 的保持功能是如何实现的?

# 中级篇：移位寄存器及其应用

## 一、实验目的

1. 熟悉移位寄存器的典型应用.
2. 学习用移位寄存器构成串行累加器和环形计数器.

## 二、实验原理

移位寄存器是具有移位功能的寄存器，寄存器中的代码能够在移位脉冲的作用下依次左移或右移. 既能左移又能右移的称为双向移位寄存器. 根据移位寄存器存取信息的方式不同可分为：串入串出、串入并出、并入串出、并入并出4种形式.

本实验选用的是4位双向通用移位寄存器，型号为74LS194或40194，两者功能相同，可互换使用，其逻辑符号及引脚排列如图4.3.1所示.

移位寄存器的应用范围很广，可构成移位寄存器型计数器、顺序脉冲发生器、串行累加器；可用作数据转换，即把串行数据转换为并行数据，或把并行数据转换为串行数据等. 本实验研究移位寄存器用作环形计数器和串行累加器的电路构成及其原理.

1. 环形计数器.

把移位寄存器的输出反馈到它的串行输入端，就可以进行循环移位，如图4.3.3所示，把输出端$Q_3$和右移串行输入端$S_R$相连接，设初始状态$Q_0Q_1Q_2Q_3=1000$，则在时钟脉冲作用下$Q_0Q_1Q_2Q_3$将依次变为0100→0010→0001→1000→…，可见它是一个具有4个有效状态的计数器，这种类型的计数器通常称为环形计数器. 此图电路可以由各个输出端输出在时间上有先后顺序的脉冲，因此也可作为顺序脉冲发生器.

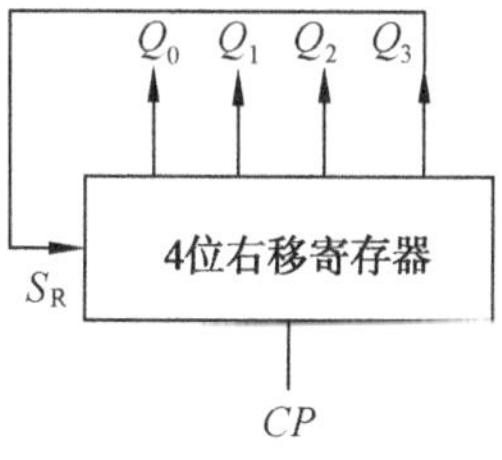


图4.3.3　环形计数器

2. 串行累加器.

累加器是由移位寄存器和全加器组成的一种求和电路，它的功能是将本身寄存的数和另一个输入的数相加，并存放在累加器中.

图4.3.4是由两个右向移位寄存器、一个全加器和一个进位触发器组成的串行累加器.

设开始时，被加数$A=A_{N-1}\cdots A_0$和加数$B=B_{N-1}\cdots B_0$已分别存入N+1位累加和移位寄存器与N+1位加数移位寄存器. 再设进位触发器D已被清零.

在第一个$CP$脉冲到来之前，全加器各输入、输出端的情况为：$A_n=A_0, B_n=B_0, C_{n-1}=0, S_n=A_0+B_0+0=S_0, C_n=C_0$.

当第一个$CP$脉冲到来后，$S_0$存入累加和移位寄存器的最高位，$C_0$存入进位触发器$D$端，且两个移位寄存器中的内容都向右移动1位. 全加器输出为：$S_n=A_1+B_1+C_0=S_1$，$C_n=C_1$.

在第二脉冲到来后，两个移位寄存器的内容又右移1位，$S_1$存入累加和移位寄存器的最高位，原先存入的$S_0$进入次高位，$C_1$存入进位触发器$Q$端. 全加器输出为：$S_n=A_2+B_2+$

$C_1 = S_2$，$C_n = C_2$.

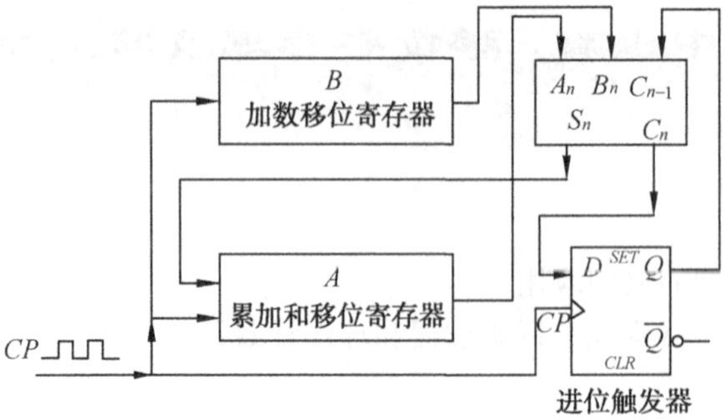


图 4.3.4 串行累加器结构框图

按此顺序进行，到第 N+1 个 CP 时钟脉冲后，不仅原先存入两个移位寄存器中的数已被全部移出，且 A、B 两个数相加的和及最后的进位 $C_{n-1}$ 也被全部存入累加和移位寄存器中. 若需继续累加，则加数移位寄存器中需再一次存入新的加数.

集成电路移位寄存器，其位数往往以 4 位居多，当需要的位数多于 4 位时，可把几片移位寄存器用级连的方法来扩展位数.

## 三、实验内容

1. 循环移位.

在图 4.3.2 基础上改接电路如图 4.3.3 所示. 用并行送数法预置寄存器为某二进制数码(如 0100)，然后进行右移循环，观察寄存器输出端状态的变化，记入表 4.3.3 中.

表 4.3.3 循环移位(即环行计数器)数据记录表

| $CP$ | $Q_3$ | $Q_2$ | $Q_1$ | $Q_0$ |
|---|---|---|---|---|
| 0 | 0 | 1 | 0 | 0 |
| 1 | | | | |
| 2 | | | | |
| 3 | | | | |
| 4 | | | | |

2. 累加运算.

按图 4.3.4 连接实验电路. $\overline{CR}$、$S_1$、$S_0$ 接输入逻辑电平开关组件，CP 接单次脉冲源，由于逻辑开关的数量有限，两寄存器并行输入端 $D_3$、$D_2$、$D_1$、$D_0$ 可根据实验设备现有条件进行接线. 两寄存器的输出端接至 LED 逻辑电平显示插口组件.

(1) 触发器置零.

在 74LS74 的 $\overline{R_D}$(清零端)加负单次脉冲.

(2) 送数.

令 $\overline{CR} = S_1 = S_0 = 1$，用并行送数方法把 3 位被加数 $A_2$、$A_1$、$A_0$ 和 3 位加数 $B_2$、$B_1$、$B_0$ 分别送入累加和移位寄存器 A 和加数移位寄存器 B 中. 然后进行右移，实现加法运算. 连续输入 4 个 CP 脉冲，观察两个寄存器输出状态变化，记入表 4.3.4 中.

表 4.3.4　累加计算数据记录表

| CP | B 寄存器 | | | | A 寄存器 | | | |
|---|---|---|---|---|---|---|---|---|
| | $Q_3$ | $Q_2$ | $Q_1$ | $Q_0$ | $Q_3$ | $Q_2$ | $Q_1$ | $Q_0$ |
| 0 | | | | | | | | |
| 1 | | | | | | | | |
| 2 | | | | | | | | |
| 3 | | | | | | | | |
| 4 | | | | | | | | |

3. 扩展功能.

用 2 片 74LS194 接成 8 位双向移位寄存器. 连接图如图 4.3.5 所示. 若 LED 有限,可用七段译码管显示 8 位寄存器的实验结果,检验逻辑功能.

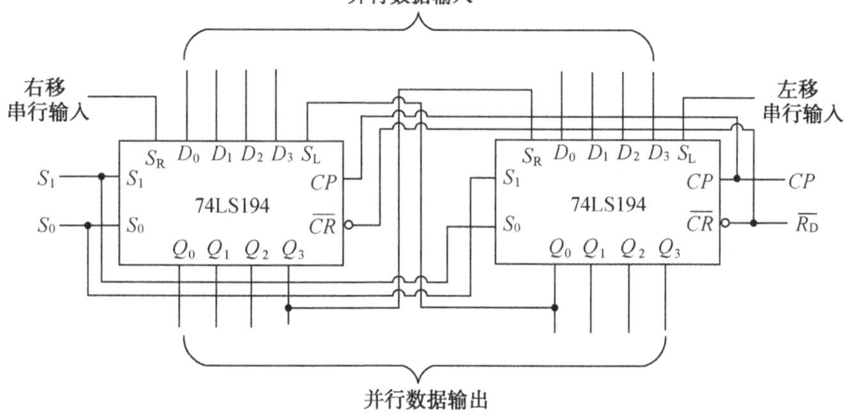


图 4.3.5　8 位双向移位寄存器

## 四、实验仪器与器件

1. 通用板——可插接标准双列直插插座的实验电路板(1 块).
2. 可调直流稳压电源(供电 +5V)(1 台).
3. 输入逻辑电平开关组件(见附录).
4. 单次脉冲源组件(见附录).
5. 发光二极管逻辑电平指示组件(见附录).
6. 万用表(1 只).
7. 实验器件: 74LS194(2 片),74LS283、74LS74(各 1 片).

## 五、实验报告要求

1. 根据实验内容 1 的结果,画出 4 位环形计数器的状态图及波形图.
2. 分析累加运算所得结果的正确性.
3. 依据表 4.3.2,重新设计 8 位双向移位寄存器的实验记录表格,并做记录.

## 六、实验预习要求

1. 在对 74LS194 进行送数后，若要使输出端改成另外的数码，是否一定要使寄存器清零？

2. 使寄存器清零，除采用$\overline{CR}$外，可否采用右移或左移的方法？可否使用并行送数法？若可行，如何进行操作？

## 七、思考题

若进行循环左移，图 4.3.3 该如何改接？

# 高级篇：用移位寄存器设计一个随机脉冲发生器

## 一、内容提要

图 4.3.6 所示是使用 6 位静态移位寄存器和异或门组成的随机脉冲发生器电路. 用这种环形计数器电路可产生长度为 $2^n-1$ 的随机脉冲序列（$n$ 为移位寄存器的级数）.

试着自己选择器件实现图示电路，做出实验，写出真值表，并写出完整实验报告.

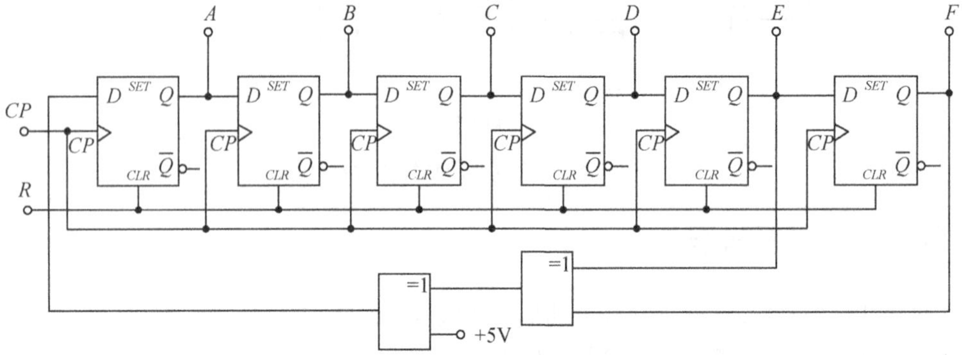


图 4.3.6　6 位静态移位寄存器构成的随机脉冲发生器电路

## 二、实验仪器与器件

1. 通用板——可插接标准双列直插插座的实验电路板（1 块）.
2. 可调直流稳压电源（供电 +5V）（1 台）.
3. 双踪示波器（1 台）.
4. 输入逻辑电平开关组件（见附录）.
5. 单次脉冲源组件（见附录）.
6. 发光二极管逻辑电平指示组件（见附录）.
7. 万用表（1 只）.
8. 实验器件：74LS86（1 片）、74LS74（3 片）.

# 4.4　实验 3　计数器

## 基础篇：计数器逻辑功能的验证

### 一、实验目的

1. 熟悉常用计数器的工作原理、逻辑功能和使用方法.
2. 掌握中规模集成计数器的逻辑功能及使用方法.
3. 了解各种计数器在数字系统中的作用.

### 二、实验原理

计数器是在数字系统中使用最多的时序电路. 计数器不仅能用于对时钟脉冲计数，而且还能用于定时、分频、产生节拍脉冲和脉冲序列以及进行数字运算等.

计数器的种类很多. 按构成计数器中各触发器是否同时翻转来分，可分为同步计数器和异步计数器. 在同步计数器中，当时钟脉冲输入时触发器的翻转是同时发生的；而在异步计数器中，触发器的翻转有先有后，不是同时发生的. 根据计数进制的不同，可分为二进制计数器、十进制计数器和任意进制计数器. 根据计数过程中计数器的数字增减分类，可分为加法计数器、减法计数器和可逆计数器. 随着计数脉冲的不断输入而做递增计数的叫加法计数器，做递减计数的叫作减法计数器，可增可减的称为可逆计数器.

下面分析 74LS90 二-五-十进制计数器计数、译码与显示的工作过程.

1. 二-五-十进制异步计数器 74LS90(图 4.4.1、图 4.4.2).

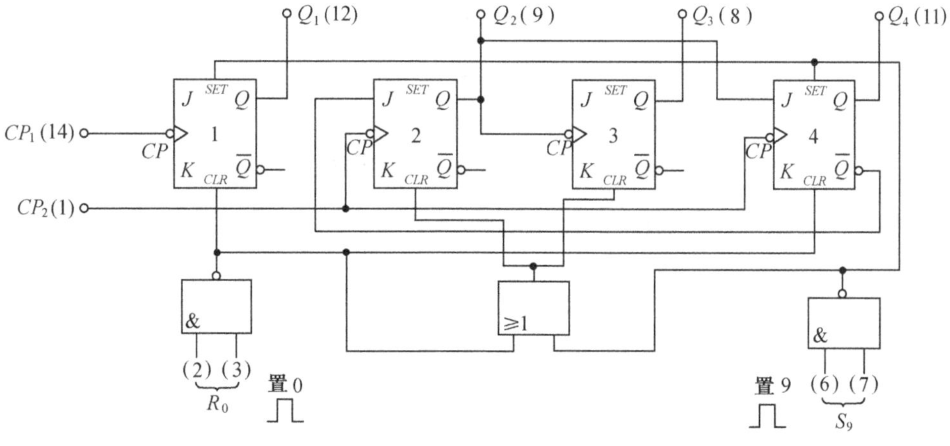


图 4.4.1　74LS90 的逻辑图

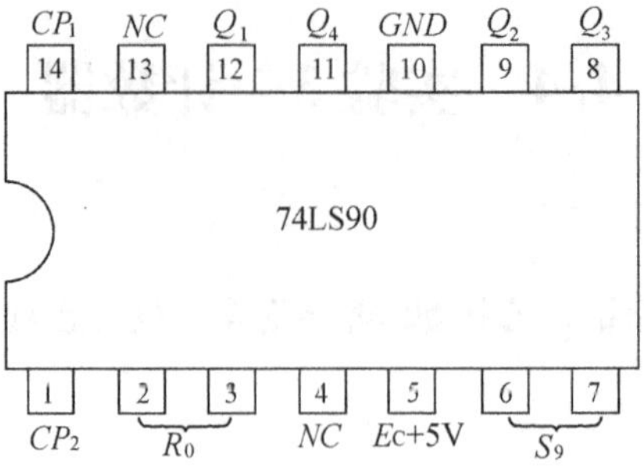


图 4.4.2 74LS90 引脚图

2. 七段译码器 74LS47(图 4.4.3).

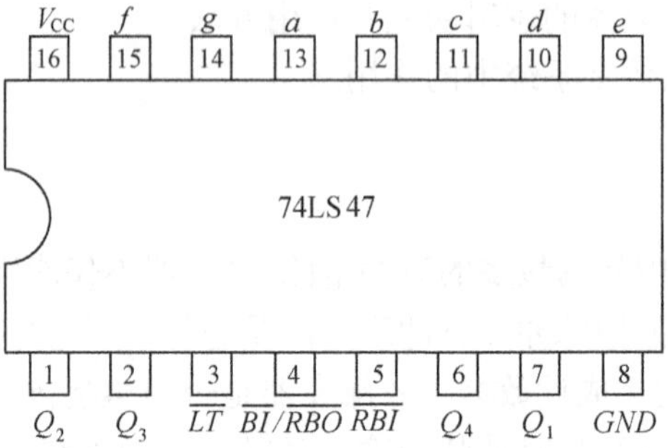


图 4.4.3 74LS47 引脚图

3. 显示器共阳 LED(图 4.4.4).

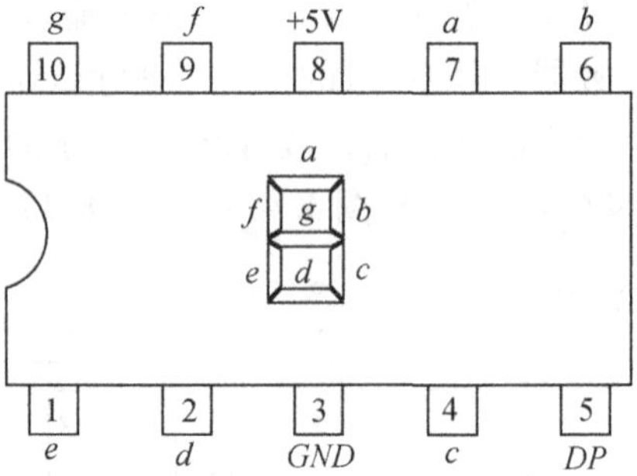


图 4.4.4 显示器共阳 LED 引脚图

4. BCD-十进制译码器 74LS42(图 4.4.5).

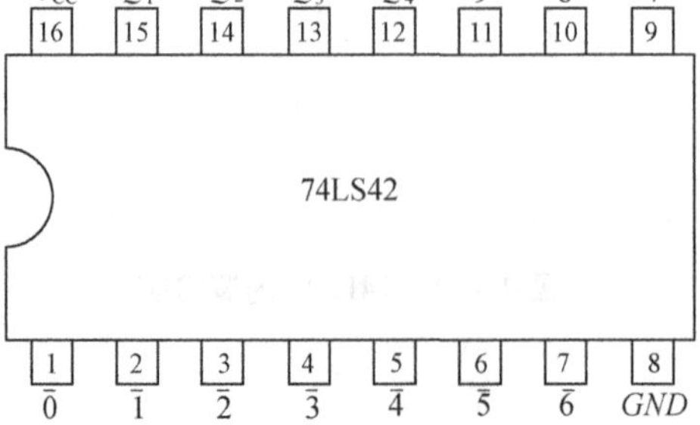


图 4.4.5 BCD-十进制译码器 74LS42 引脚图

5. 实验方框图与原理图(图 4.4.6、图 4.4.7).

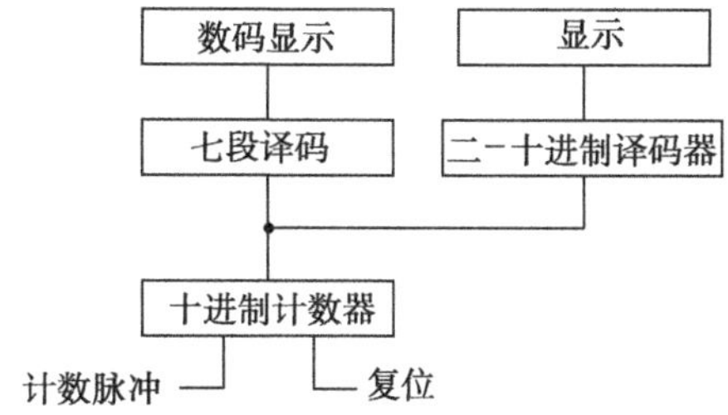


图 4.4.6　实验方框图

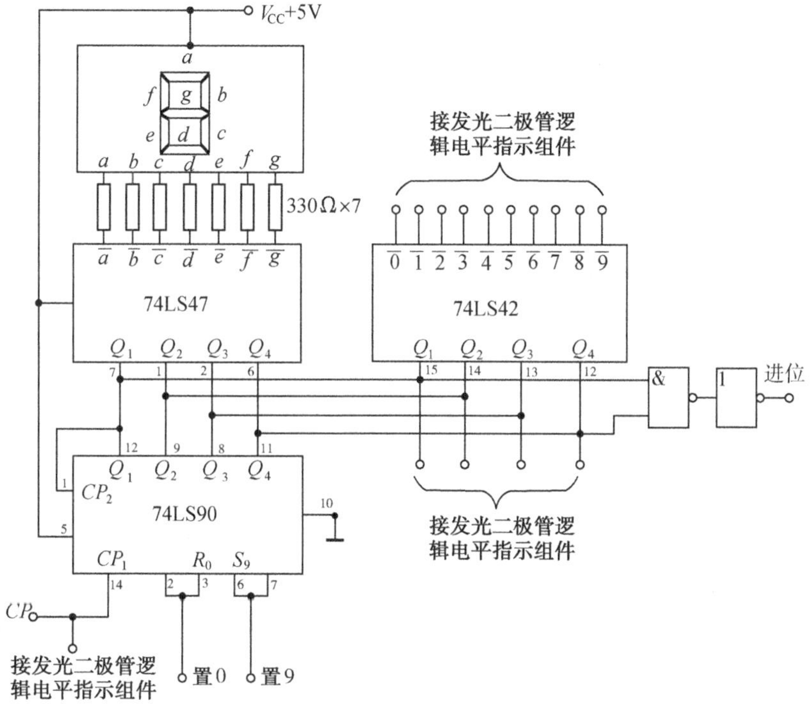


图 4.4.7　实验原理图

## 三、实验内容

74LS90 计数器逻辑功能的测试: 连线图如实验原理图(图 4.4.7)所示.

1. 清零实验.

在 74LS90 置零输入端(2、3 脚)加置零正脉冲,观察计数器、译码器输出端逻辑电平的状态及数码管显示状态.

2. 置 9 实验.

在 74LS90 置 9 端(6、7 脚)加上正脉冲,观察计数器、译码器输出端逻辑电平的状态及数码管显示状态.

3. 计数实验.

(1) 在 74LS90 $CP_1$端输入单脉冲,观察计数器、二-十进制译码器输出端及数码管显示状态的变化规律.

(2) 将单脉冲改为连续信号脉冲(1kHz),用示波器观测 $CP$ 信号及 $Q_1$、$Q_2$、$Q_3$、$Q_4$输出端波形.

(3) 将 $CP$ 信号从 $CP_2$输入(与 $Q_1$断开),重复上面的实验,观察五进制计数器的计数规律.

## 四、实验仪器与器件

1. 通用板——可插接标准双列直插插座的实验电路板(1 块).
2. 可调直流稳压电源(供电 +5V)(1 台).
3. 输入逻辑电平开关组件(见附录).
4. 七段 LED 数码显示组件(见附录).
5. 单次脉冲源组件(见附录).
6. 函数信号发生器(1 台).
7. 示波器(1 台).
8. 万用表(1 只).
9. 实验器件.

(1) 74LS90、74LS42、74LS47、74LS00(各 1 片).

(2) 七段数码管(共阳)(1 只).

(3) 电阻:330Ω(7 只).

## 五、实验报告要求

1. 列表记录单脉冲输入时计数器、七段译码器、二-十进制译码器输出端状态.
2. 画出用示波器观测到的 1kHz 时钟脉冲输入时 74LS90 计数器内各触发器输出端及二-十进制译码器各输出端波形.
3. 画出 $CP$ 信号从 $CP_2$输入后 74LS90 计数器输出端及二-十进制译码器输出端波形.
4. 对实验结果进行分析.

## 六、实验预习要求

1. 复习计数器的工作原理及使用方法.
2. 复习 74LS90 计数器的工作原理及逻辑功能.

## 七、思考题

1. 将 74LS90 用作五进制计数器时,时钟脉冲信号应从何处输入?
2. 用示波器观察计数器中各触发器输出端的波形为什么采用外触发脉冲同步信号?为什么同步信号要选用计数器进位信号 $Z = Q_1Q_4$?
3. 74LS90 为时序电路,74LS47、74LS42 为组合逻辑电路,它们在电路中各起什么作用?在逻辑功能和电路结构上各有何特点?

# 中级篇：计数器的设计

## 一、实验目的

1. 掌握用触发器设计计数器的方法.
2. 掌握任意进制计数器的构成方法.

## 二、实验原理

1. 用 D 触发器构成异步二进制加/减计数器(图 4.4.8).

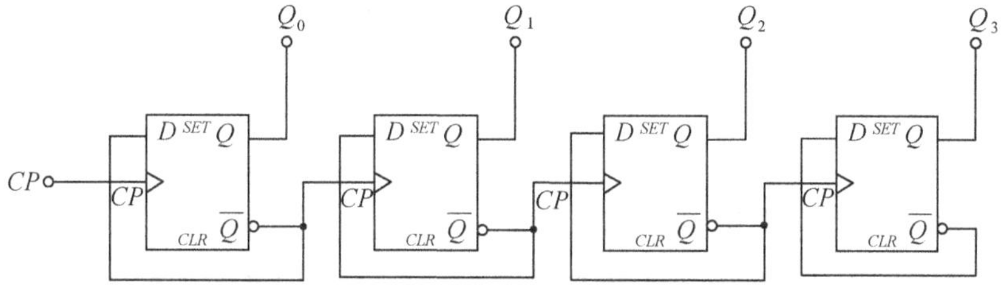


图 4.4.8 用 D 触发器构成异步二进制加法计数器

用 4 只 D 触发器构成的 4 位二进制异步加法计数器，它的连接特点是将每只 D 触发器接成 T′触发器，再由低位触发器的反相输出端 $\overline{Q}$ 与相邻高位触发器的 $CP$ 端相连接.

若将上面的连接方法稍做改动，即将低位触发器的 $Q$ 端与相邻高位触发器的 $CP$ 端相连接，即构成了 4 位二进制异步减法计数器.

2. 用触发器设计同步计数器.

(1) 逻辑抽象，得出电路的状态转换图或状态转换表.

分析给定的逻辑问题，确定输入变量、输出变量以及电路的状态数，一般取原因(或条件)作为输入逻辑变量，取结果作为输出逻辑变量；然后定义输入、输出逻辑状态和每个电路状态的含义，并将电路状态顺序编号；最后按题意列出电路的状态转换表或画出电路的状态转换图.

由于计数器的工作特点是在时钟信号作用下自动地依次从一个状态转为下一个状态，因此在通常情况下，它没有输入逻辑变量，只有进位输出信号，但对于可逆计数器，则有一个控制信号作为输入信号.

(2) 状态化简及状态分配.

若两个电路状态在相同的输入下有相同的输出，并且转换到同样一个次态，则称这两个状态为等价状态. 状态化简的目的就是将等价状态合并，以求得最简的状态转换图.

状态分配即状态编码. 时序逻辑电路的状态是用触发器状态的不同组合来表示的. 首先需要确定触发器的数目；其次为每个电路状态规定对应的触发器状态组合. 每组触发器的状态组合都是一组二值代码，即进行状态编码.

由于计数器的工作特点，不需进行状态化简，状态分配也是按照自然二进制数的顺序编码.

(3) 确定触发器的类型,求出电路的状态方程、驱动方程和输出方程.

(4) 根据得到的三组方程式画出逻辑图.

(5) 检查设计的电路能否自启动.

3. 任意进制计数器的构成.

集成电路的定型产品必须有足够大的批量,因此,目前常见的计数器集成电路在计数进制上只做成应用较广的几种类型,而在实际应用中所需要的进制往往没有现成的集成电路,在需要其他任意一种进制的计数器时,可以用已有的计数器产品经过外电路的不同连接方式得到,这就必须掌握计数器进制转换的方法.

如果已有 $N$ 进制计数器,需要构成 $M$ 进制计数器,这时有 $M<N$ 和 $M>N$ 两种情况.

(1) $M<N$ 的情况.

计数器的进制转换方法有两种: 清零法和置数法. 这两种方法是在计数器工作时,使它运行到特定状态时执行清零或置数的动作,从而打破计数器原有的状态循环,达到改变进制的目的.

① 清零法(复位法).

清零法从根本上来说,是要在预定清零状态时,使计数器集成电路的清零控制端有效.

实现模数 $M$ 计数器的通用方法:选用或构造一个模数为 $N(N>M)$ 的计数器,将预定清零状态所有为 1 的输出端连入一个多输入端与非门电路,将门电路的输出连接到计数器的清零控制端.

预定清零状态的确定:若所用计数器是同步清零,则 $M-1$ 状态为预定清零状态;若所用计数器是异步清零,则 $M$ 状态为预定清零状态.

② 置数法.

置数法从根本上来说,是在预定状态时使计数器集成电路的置数控制端有效. 方法与清零法的方法一致. 当然,只有具有置数控制端的计数器才能使用置数法,并且与预置数的初始值有关. 还要注意该计数器是同步置数还是异步置数.

(2) $M>N$ 的情况.

对 $M>N$ 的情况,必须用多片 $N$ 进制计数器组合起来才能构成 $M$ 进制计数器. 各片之间的连接方式可分为串行进位方式、并行进位方式、整体置零方式和整体置数方式几种.

若 $M$ 可以分解为两个小于 $N$ 的因数相乘,即 $M=N_1\times N_2$,则可采用串行进位方式或并行进位方式将一个 $N_1$ 进制计数器和一个 $N_2$ 进制计数器连接起来,构成 $M$ 进制计数器. 在串行进位方式中,以低位片的进位输出信号作为高位片的时钟输入信号;在并行进位方式中,以低位片的进位输出信号作为高位片的工作状态控制信号(计数的使能信号),两片的 $CP$ 输入端同时接计数输入信号.

当 $M$ 为大于 $N$ 的素数时,不能分解成 $N_1$ 和 $N_2$ 两个数相乘,上面的方法就不行了,这时必须采用整体置零方式或整体置数方式构成 $M$ 进制计数器. 整体置零方式是首先将两片 $N$ 进制计数器按最简单的方式接成一个大于 $M$ 进制的计数器(如 $N\times N$ 进制),然后在计数器计为 $M$ 状态时译出置零信号为 0,将两片 $N$ 进制计数器同时置零,这种方式的基本原理和 $M<N$ 时的置零法是一样的. 而整体置数方式的原理与 $M<N$ 的置数法也类似,首先将两片 $N$ 进制计数器用最简单的连接方式接成一个大于 $M$ 进制的计数器,然后在选定的某一状态下译出预置数信号为 0,将两个 $N$ 进制计数器同时置入适当的数据,跳过多余状态,获得 $M$

进制计数器. 采用这种方法要求已有的 $N$ 进制计数器本身必须具有预置数功能.

## 三、实验内容

1. 用 D 触发器构成异步二进制加法/减法计数器,观察输出状态的变化,并用示波器观察时序波形,记录之.

2. 用触发器设计一个模四同步可逆计数器,并予以验证.

3. 任意进制计数器的构成.

用 74LS90 构成十进制以内的任意进制计数器. 进制数可任选,构成方法也可任选. 用示波器观察任意进制计数器的计数规律.

## 四、实验仪器与器件

1. 通用板——可插接标准双列直插插座的实验电路板(1 块).
2. 可调直流稳压电源(供电 +5V)(1 台).
3. 函数信号发生器(1 台).
4. 示波器(1 台).
5. 万用表(1 只).
6. 输入逻辑电平开关组件(见附录).
7. 单次脉冲源组件(见附录).
8. 实验器件: 74LS90、74LS74、74LS47(各 1 片).

## 五、实验报告要求

1. 列表记录异步二进制加法/减法计数器的逻辑功能,画出用示波器观察到的时序波形图.

2. 写出实验内容 2 中的设计过程,画出实现电路图及用示波器观察到的时序波形图.

3. 写出用 74LS90 计数器构成的任意进制计数器的实现方法及过程,画出连接图及用示波器观测到的相应输出端的波形图.

4. 对实验结果进行分析.

## 六、实验预习要求

1. 复习用触发器设计计数器的方法.
2. 复习任意进制计数器的构成方法.

## 七、思考题

1. 如何用计数器构成分频电路?
2. 移位寄存器怎样构成计数器? 有什么特点?
3. 查阅资料,看看计数器在计算机中起什么作用.

# 高级篇：计数器的应用

## 一、实验内容

要求学生根据实验题目及提要,自己设计实验方案,组织实验并写出完整的实验报告.

1. 用两片 74LS90 构成六十进制计数器.
2. 试设计一个电子秒表,最大计时为 59.99 秒.
3. 用计数器和 3 线-8 线译码器 74LS138 构成 8 位顺序脉冲发生器.
4. 用计数器和八选一数据选择器构成 8 位序列信号发生器.

## 二、推荐的实验仪器与器件

1. 通用板——可插接标准双列直插插座的实验电路板(1 块).
2. 可调直流稳压电源(供电 +5V)(1 台).
3. 函数信号发生器(1 台).
4. 示波器(1 台).
5. 万用表(1 只).
6. 输入逻辑电平开关组件(见附录).
7. 单次脉冲源组件(见附录).
8. 实验器件: 74LS90(2 片),74LS151、74LS138、74LS08(各 1 片).

# 第五章　脉冲产生与整形电路

## 5.1　脉冲产生与整形电路概述

在数字系统中，常需要各种不同类型的脉冲信号. 脉冲电路就是产生不同脉冲信号和进行脉冲信号变换的电路.

1. 常见的脉冲波形.

在数字系统中，常常需要各种不同频率、不同宽度和不同幅值的脉冲信号. "脉冲"含有脉动和短促的意思. 在电子技术中，脉冲是指作用时间极短的电压或者电流. 通常广义地把各种非正弦波都称为脉冲信号. 脉冲信号可以是周期的，也可以是非周期的.

(1) 常见的脉冲波形.

常见的脉冲波形有方波、矩形波、锯齿波、阶梯波、钟形波、尖顶波等. 不同的脉冲信号有着不同的用途，方波、矩形波和尖顶波可以作自动控制系统中的开关信号或者触发信号；锯齿波可以作电视、雷达、示波器等设备中的扫描信号；钟形波可以作导航信号；阶梯波可以作阶梯扫描仪的扫描信号等.

各种脉冲波形的形成，需要有相应的脉冲电路来产生. 本章限于介绍矩形脉冲波形的产生和整形电路.

(2) 矩形脉冲波形的参数.

在同步时序电路中，作为时钟信号的矩形脉冲控制和协调着整个系统的工作. 因此，时钟脉冲的特性直接关系到系统能否正常地工作. 为了定量描述矩形脉冲的特性，通常给出如图 5.1.1 所标注的几个主要参数.

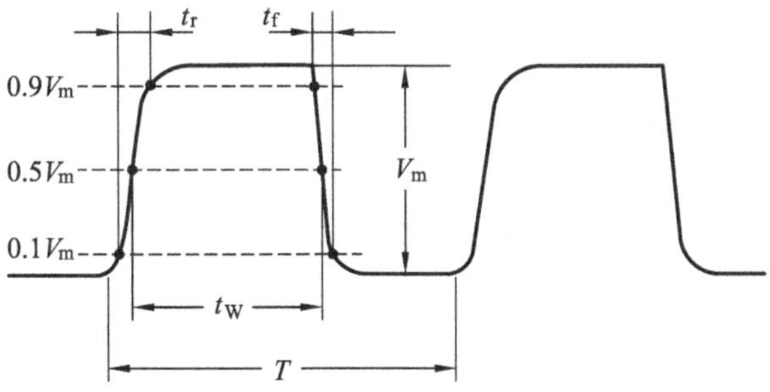


**图 5.1.1　描述矩形脉冲特性的主要参数**

这些参数是：

脉冲周期 $T$：周期性重复的脉冲序列中，两个相邻脉冲之间的时间间隔. 有时也使用频率 $f=\frac{1}{T}$表示单位时间内脉冲重复的次数.

脉冲幅度 $V_m$：脉冲电压的最大变化幅度.

脉冲宽度 $t_w$：从脉冲前沿到达 $0.5V_m$ 起，到脉冲后沿到达 $0.5V_m$ 为止的一段时间.

上升时间 $t_r$：脉冲上升沿从 $0.1V_m$ 上升到 $0.9V_m$ 所需要的时间.

下降时间 $t_f$：脉冲下降沿从 $0.9V_m$ 下降到 $0.1V_m$ 所需要的时间.

占空比 $q$：脉冲宽度与脉冲周期的比值，即 $q = t_w/T$.

2．获取矩形脉冲波形的途径.

获取矩形脉冲波形的途径有两种：一是利用各种形式的多谐振荡器电路直接产生所需要的矩形脉冲；另一种则是通过整形电路的方法将已有的周期性变化波形变换为符合要求的矩形脉冲. 在采用整形的方法获取矩形脉冲时，是以能够找到频率和幅度都符合要求的一种已有电压信号为前提的.

3．常用的脉冲整形电路.

施密特触发器和单稳态触发器是最常用的两种脉冲整形电路.

施密特触发器在性能上有两个重要的特点：

(1) 输入信号从低电平上升的过程中电路状态转换时对应的输入电平，与输入信号从高电平下降过程中对应的输入转换电平不同.

(2) 在电路状态转换时，通过电路内部的正反馈过程使输出电压波形的边沿变得很陡峭.

利用这两个特点不仅能将边沿变化缓慢的信号波形整形为边沿陡峭的矩形波，而且可以将叠加在矩形脉冲高、低电平上的噪声有效地清除.

单稳态触发器有三个主要特点：

(1) 它有稳态和暂稳态两个不同的工作状态.

(2) 在外界触发脉冲作用下，能从稳态翻转到暂稳态，在暂稳态维持一段时间以后，再自动返回稳态.

(3) 暂稳态维持时间的长短取决于电路本身的参数，与触发脉冲的宽度和幅度无关.

由于具备以上特点，单稳态触发器被广泛应用于脉冲整形、延时（产生滞后于触发脉冲的输出脉冲）以及定时（产生固定时间宽度的脉冲信号）等.

4．脉冲产生电路.

自激的脉冲振荡器，不需要外加输入信号，只要接通供电电源，就可以自动产生矩形脉冲信号. 从工作原理上可以分为两种类型：一是利用闭合回路的正反馈产生振荡的. 对称式多谐振荡器、非对称式多谐振荡器以及石英晶体多谐振荡器都属于这一种. 二是靠闭合回路的延迟负反馈作用产生振荡的. 环形振荡器和用施密特触发器组成的振荡器都属于这一种.

5．555 定时器.

555 定时器是一种将模拟电路和数字电路集成于一体的中规模集成器件，利用它能非常方便地构成施密特触发器、单稳态触发器和多谐振荡器. 由于使用灵活、方便，所以 555 定时器在波形的产生与变换、测量与控制、家用电器、电子玩具等领域中得到了应用.

# 5.2　实验1　脉冲信号产生电路

## 基础篇：多谐振荡器电路

### 一、实验目的

1. 学习振荡器的工作原理及定时元件对振荡频率的影响.
2. 学会用示波器测量脉冲波形与周期.

### 二、实验原理

1. RC 环形多谐振荡器.

在数字系统中,经常需要各种宽度、幅度且边沿陡峭的脉冲信号,如时钟脉冲 *CP*. 获取 *CP* 的方法有多种,其中之一就是利用多谐振荡器直接产生. 多谐振荡器可以利用闭合回路中的延迟负反馈产生自激振荡,也可以利用闭合回路中的正反馈产生自激振荡. 环形振荡器就是利用延迟负反馈产生振荡的. 最简单的环形振荡器由奇数个反相器首尾相连而组成,利用门电路的传输延迟时间 $t_{pd}$ 产生自激振荡. 振荡周期为 $T=2nt_{pd}$. 由于门电路的传输延迟时间 $t_{pd}$ 很小,产生的自激振荡的频率会很高,并且不易调节. 为此可在门电路环路中插入 RC 延迟环节,如图 5.2.1 所示,这样不仅增加了延迟时间,还可以通过改变 RC 实现频率调节.

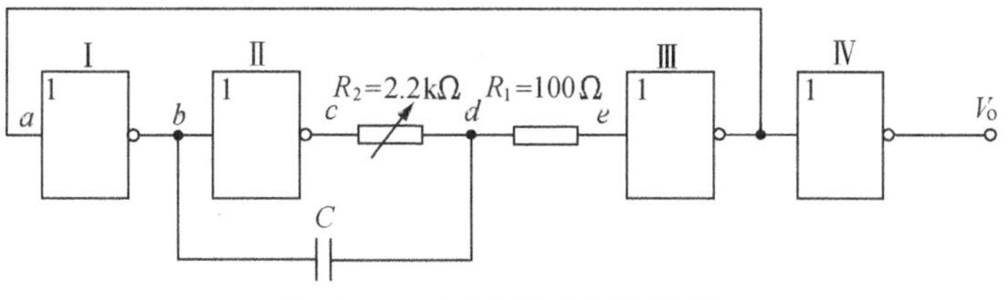

图 5.2.1　RC 环形多谐振荡器

2. 石英晶体多谐振荡器.

由于带 RC 延迟环节的多谐振荡器的电路转换时间取决于电容充放电时间,这就使振荡频率与电阻电容的稳定性、电源电压的稳定性以及门电路转换电平的稳定性有关,所以在频率稳定性要求较高的场合,需要采用石英晶体多谐振荡器. 图 5.2.2 是石英晶体多谐振荡器电路图,它由两个反相器交叉耦合而成正反馈电路. 石英晶体不仅频率稳定性好,而且选频特性也非常好,这个电路中只有频率为石英晶体串联谐振频率 $f_0$ 的信号最容易通过,而其他频率信号都会大大衰减. 所以石英晶体多谐振荡器的振荡频率就是石英晶体的谐振频率,而与外接电阻、电容参数无关. 其频率稳定度也基本不受门电路特性和电源电压波动的影响.

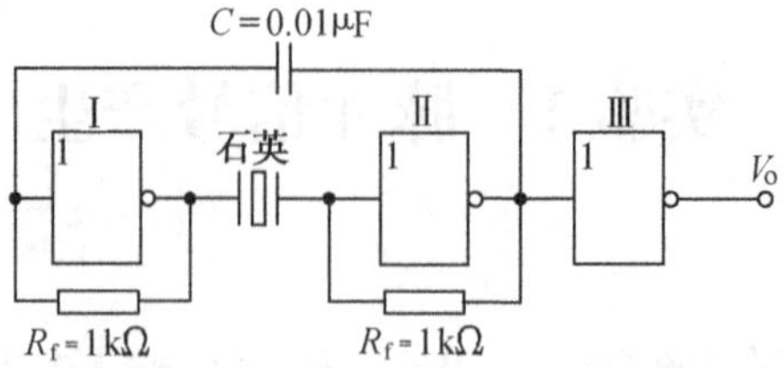


注：振荡频率 $f_0=f_s$（石英晶体串联谐振频率）

**图 5.2.2　石英晶体多谐振荡器电路**

## 三、实验内容

1. 带 RC 延迟电路的环形振荡器.

环形振荡器如图 5.2.1 所示. 其中 $R_1=100\Omega$，电位器 $R_2=2.2\text{k}\Omega$，按表 5.2.1 电阻、电容值测量并填写输出脉冲的宽度 $t_p$ 和振荡周期 $T$.

**表 5.2.1　环形振荡器测量表**

| $C$ / $t_p, T$ | 1000pF | 0.1μF | 10μF |
|---|---|---|---|
| $R_{2\min}$ | | | |
| $R_{2\max}$ | | | |

取 $C=1\mu\text{F}$，改变电阻值，测量 $R_1+R_2$ 为多少时振荡器会停振.

2. 石英晶体多谐振荡器波形与周期测定（$V_{CC}=5\text{V}$）.

## 四、实验仪器与器件

1. 通用板——可插接标准双列直插插座的实验电路板（1 块）.
2. 可调直流稳压电源（1 台）.
3. 双踪示波器（1 台）.
4. 万用表（1 只）.
5. 实验器件.

（1）74LS04 或 74LS00（1 片）.

（2）电容：0.1μF、0.01μF、1μF、10μF（各 1 只）.

（3）电阻：100Ω（1 只）、1kΩ（2 只）.

（4）电位器：2.2kΩ（1 只）.

（5）石英晶体（1 块）.

## 五、实验报告要求

1. 当 $C=1\mu F, R_2=2.2k\Omega$ 时，测量记录环形振荡器电路构成多谐振荡器中 $a$、$b$、$c$、$d$ 点和输出端的电压波形(注意对准时间关系).

2. 列表记录石英晶体多谐振荡器振荡周期，绘制各点电压波形.

## 六、实验预习要求

1. 描述矩形脉冲波形特征有哪几个主要参数.
2. 用示波器测量脉冲波形时垂直增益及扫描如何校正?
3. 请问 $R_1+R_2$ 最大值是多少时振荡器会停振？如何计算？

## 七、思考题

1. 本实验用 TTL 组成环形振荡器，请问输出上限频率受什么参数影响？为什么？

2. 如何用 CMOS 门电路构成对称多谐振荡器？相应的电路采用的是正反馈还是负反馈？

# 中级篇：555 时基电路及其应用

## 一、实验目的

1. 熟悉 555 时基电路的电路结构、工作原理及其特点.
2. 掌握 555 时基电路的基本应用.
3. 学会用示波器测量脉冲波形与周期.

## 二、实验原理

1. 555 时基电路的工作原理.

555 时基电路的功能如表 5.2.2 所示，其电路的内部电路结构如图 5.2.3 所示.

**表 5.2.2　555 时基电路的功能表**

| $\overline{RD}$ | $\overline{TL}$ | $TH$ | $V_O$ | $C_C$ |
|---|---|---|---|---|
| L | × | × | L | On |
| H | $<\frac{1}{3}V_{CC}$ | × | H | Off |
| H | $>\frac{1}{3}V_{CC}$ | $>\frac{2}{3}V_{CC}$ | L | On |
| H | $>\frac{1}{3}V_{CC}$ | $<\frac{2}{3}V_{CC}$ | 不变 | 不变 |

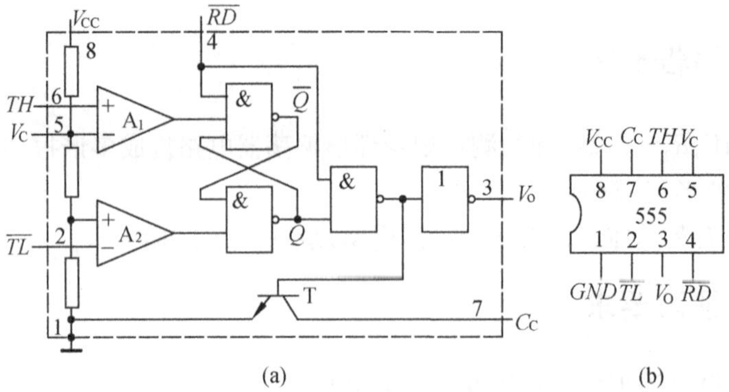


图 5.2.3　555 定时器内部框图及引脚排列

555 时基电路含有两个电压比较器，一个基本 RS 触发器，一个放电开关管 T，比较器的参考电压由三个 5kΩ 的电阻器构成分压器提供. 它们分别使高电平比较器 $A_1$ 的同相输入端和低电平比较器 $A_2$ 的反相输入端的参考电平为 $\frac{2}{3}V_{CC}$ 和 $\frac{1}{3}V_{CC}$. $A_1$ 与 $A_2$ 的输出端控制 RS 触发器状态和放电管状态. 当输入信号由 6 脚触发输入并超过参考电平 $\frac{2}{3}V_{CC}$ 时，触发器复位，555 的输出端由 3 脚输出低电平，同时放电开关管导通；当输入信号由 2 脚输入并低于 $\frac{1}{3}V_{CC}$ 时，触发器置位，555 的 3 脚输出高电平，同时放电开关管截止；而当 6 脚的输入信号小于参考电平 $\frac{2}{3}V_{CC}$，2 脚的输入信号大于参考电平 $\frac{1}{3}V_{CC}$ 时，触发器处于保持状态，3 脚输出原来的电平.

$\overline{R_D}$ 是复位端，当 $\overline{R_D}=0$ 时，555 定时器输出低电平. 正常工作时 $\overline{R_D}$ 端开路或接 $V_{CC}$.

$V_C$ 是控制电压端（5 脚），平时输出 $\frac{2}{3}V_{CC}$ 作为比较器 $A_1$ 的参考电平，当 5 脚外接一个输入电压，即改变了比较器的参考电平，从而实现对输出的另一种控制，通常接一个 0.01μF 的电容器到地，起滤波作用，确保参考电平的稳定.

T 为放电管，当 T 导通时，将给接在 7 脚的电容器提供低阻放电通路.

555 定时器主要是与电阻、电容构成充放电电路，并由两个比较器来检测电容器上的电压，以确定输出电平的高低和放电开关的通断. 这就能很方便地构成从微秒到数十分钟的延时电路，或构成单稳态触发器、多谐振荡器、施密特触发器等脉冲产生或波形变换电路.

2. 555 定时器的应用.

（1）构成多谐振荡器.

如图 5.2.4(a) 所示，由 555 定时器和元件 $R_1$、$R_2$、$C_1$ 构成多谐振荡器，脚 2 与脚 6 直接相连. 电路没有稳态，仅存在两个暂稳态，利用电源通过 $R_1$、$R_2$ 向 $C_1$ 充电，以及 $C_1$ 通过 $R_2$ 向放电端 $C_c$ 放电，使电路产生振荡. 电容 $C_1$ 在 $\frac{1}{3}V_{CC}$ 和 $\frac{2}{3}V_{CC}$ 之间充电和放电，其波形如图 5.2.4(b) 所示. 输出信号的时间参数是 $T=T_{W1}+T_{W2}$，$T_{W1}=0.7(R_1+R_2)C_1$，$T_{W2}=0.7R_2C_1$.

为使 555 电路稳定工作，一般要求 $R_1$ 与 $R_2$ 均应大于或等于 1kΩ，但 $R_1+R_2$ 应小于 3.3MΩ.

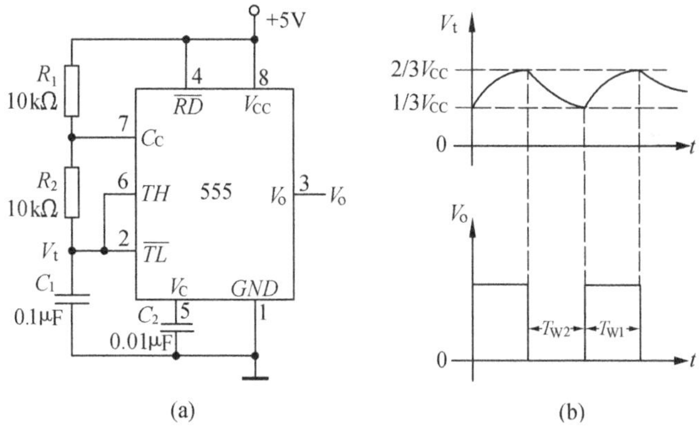


图 5.2.4 555 定时器构成多谐振荡器

（2）构成占空比可调的多谐振荡器.

电路如图 5.2.5 所示，它比图 5.2.4 所示电路增加了一个电位器和两个引导二极管. $D_1$、$D_2$用来决定电容充、放电电流流经电阻的途径（充电时 $D_1$导通，$D_2$截止；放电时 $D_2$导通，$D_1$截止）.

$$占空比\ q=\frac{T_{W1}}{T_{W1}+T_{W2}}\approx\frac{0.7R_AC_1}{0.7C_1(R_A+R_B)}=\frac{R_A}{R_A+R_B}$$

可见，若取 $R_A=R_B$，该电路即可输出占空比 50% 的方波信号.

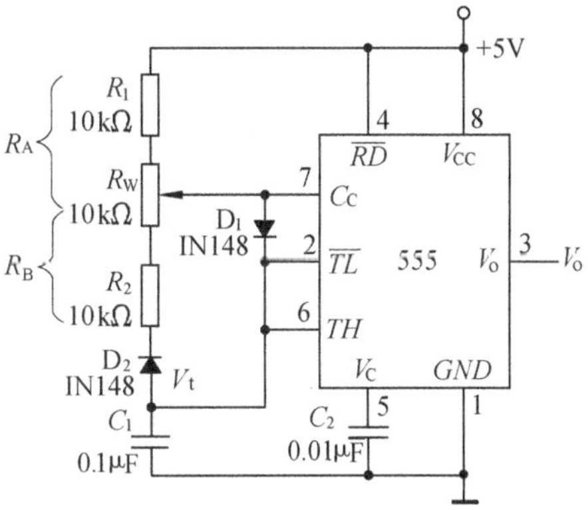


图 5.2.5 占空比可调的多谐振荡器

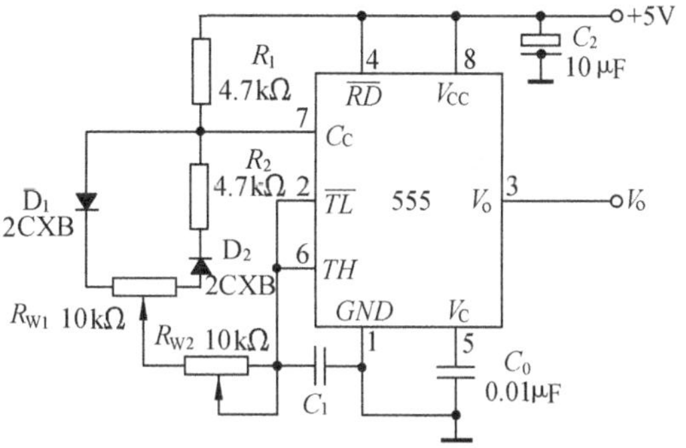


图 5.2.6 占空比连续可调的多谐振荡器

（3）组成占空比连续可调并能调节振荡频率的多谐振荡器.

电路如图 5.2.6 所示. 对 $C_1$充电时，充电电流通过 $R_1$、$D_1$、$R_{W2}$和 $R_{W1}$；放电时通过 $R_{W1}$、$R_{W2}$、$D_2$、$R_2$. 当 $R_1=R_2$，$R_{W1}$调至中心点，因放电时间基本相等，其占空比约为 50%，此时调节 $R_{W2}$仅改变频率，占空比不变. 如 $R_{W1}$调至偏离中心点再调节 $R_{W2}$，不仅振荡频率改变，而且对占空比也有影响. $R_{W2}$不变，调节 $R_{W1}$，仅改变占空比，对频率无影响.

## 三、实验内容

1. 按图 5.2.4 接线，用双踪示波器观测 $V_t$、$V_o$ 波形，测定频率.
2. 按图 5.2.5 接线，组成占空比为 50% 的方波信号发生器. 观测 $V_t$、$V_o$ 波形，测定波形参数.

3. 按图 5.2.6 接线,通过调节 $R_{W1}$ 和 $R_{W2}$ 来观测输出波形.

## 四、实验仪器与器件

1. 通用板——可插接标准双列直插插座的实验电路板(1 块).
2. 可调直流稳压电源(1 台).
3. 双踪示波器(1 台).
4. 万用表(1 只).
5. 实验器件.

(1) 555 电路(1 片).

(2) 电容、电阻、二极管、电位器(各若干).

## 五、实验报告要求

1. 绘出详细的实验线路图,定量绘出观测到的波形.
2. 分析、总结实验结果.

## 六、实验预习要求

1. 复习有关 555 定时器的工作原理及其应用.
2. 拟定实验中所需的数据、波形表格.
3. 拟定各个实验的步骤和方法.
4. 用示波器测试矩形脉冲波形时,信号输入耦合方式采用 DC 而不用 AC. 为什么?

## 七、思考题

1. 如何调整 555 定时电路多谐振荡器振荡波形的占空比? 如何实现方波输出?
2. 用 555 定时器设计制作一个触摸式定时控制器,要求输出一个正脉冲宽度为 10s 的信号.

# 高级篇:555 定时器电路用于音响发生电路

## 内容提要

图 5.2.7 是使用两个 555 定时器电路构成的音响发生电路,将两个 555 定时器电路分别连成振荡器和压控振荡器,将振荡器调节在几十赫兹的频率上,并把其输出 $V_{01}$ 经积分电路后送入压控振荡器的电压控制端 5 脚,使压控振荡器的输出频率受影响. 调节压控振荡器的输出频率在几百赫兹与几千赫兹之间,其输出端经由一个 100$\Omega$ 电阻推动一个扬声器,从而构成音响电路.

1. 向实验指导老师提交所需实验设备与器件清单,做好准备.

2. 用示波器观察各点波形并写出完整实验报告.
3. 分析各电位器的变化与输出频率、脉宽之间的关系.

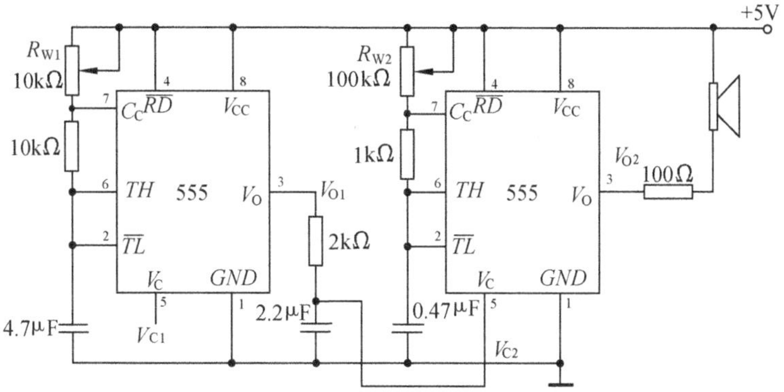


图 5.2.7　555 定时器电路构成的音响发生电路

## 5.3　实验 2　脉冲信号整形电路

### 基础篇 1：集成单稳态触发器的使用

#### 一、实验目的

1. 学会使用集成单稳态触发器 74LS122.
2. 掌握暂态时间设定的方法.

#### 二、实验原理

单稳态触发器的主要功能是利用触发信号调整脉冲出现的时间，利用阻容特性调整脉冲持续时间，从而达到输出所需宽度的矩形脉冲. 单稳态电路可以用门电路设计，也可以直接采用集成单稳态触发器，后者更为简单. 基础篇部分实验要求学生首先学会集成单稳态触发器的使用.

1. 元件引脚(图 5.3.1).
2. 输出脉宽.

$$T_W = 0.32RC\left(1 + \frac{700}{R}\right)(\mathrm{s}),\ R_{in} = 10\mathrm{k}\Omega$$

3. 功能表(表 5.3.1).

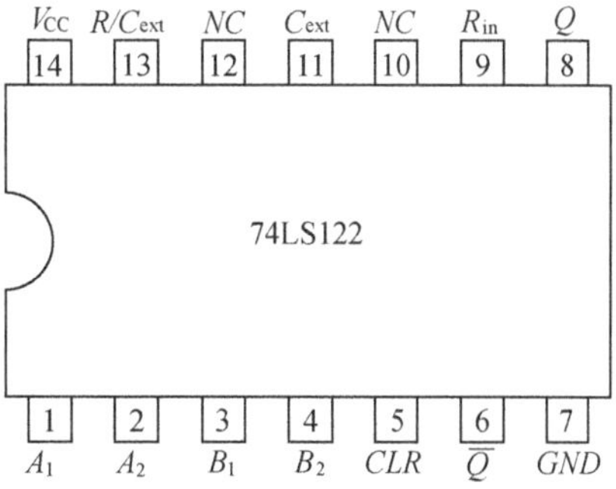


图 5.3.1　74LS122 的引脚排列图

**表 5.3.1　74LS122 的功能表**

| $A_1$ | $A_2$ | $B_1$ | $B_2$ | $Q$ | $\overline{Q}$ |
|---|---|---|---|---|---|
| 0 | × | ↑ | 1 | ⊓ | ⊔ |
| 0 | × | 1 | ↑ | ⊓ | ⊔ |
| × | 0 | ↑ | 1 | ⊓ | ⊔ |
| × | 0 | 1 | ↑ | ⊓ | ⊔ |
| 1 | ↓ | 1 | 1 | ⊓ | ⊔ |
| ↓ | ↓ | 1 | 1 | ⊓ | ⊔ |
| ↓ | 1 | 1 | 1 | ⊓ | ⊔ |

4. 实验电路图(图 5.3.2 ~ 图 5.3.5).

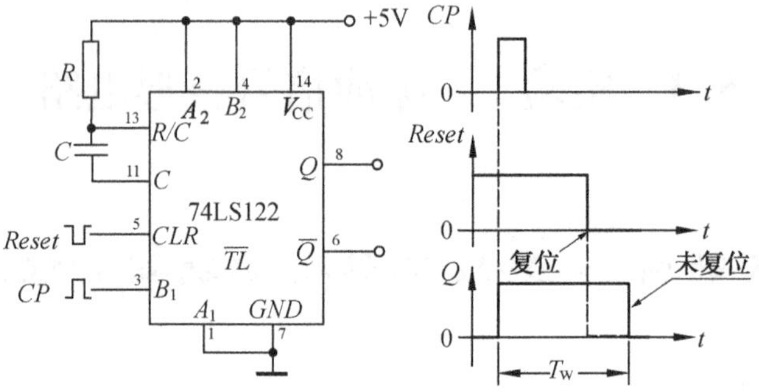


(a)　　(b)

**图 5.3.2　正脉冲触发连接电路图**

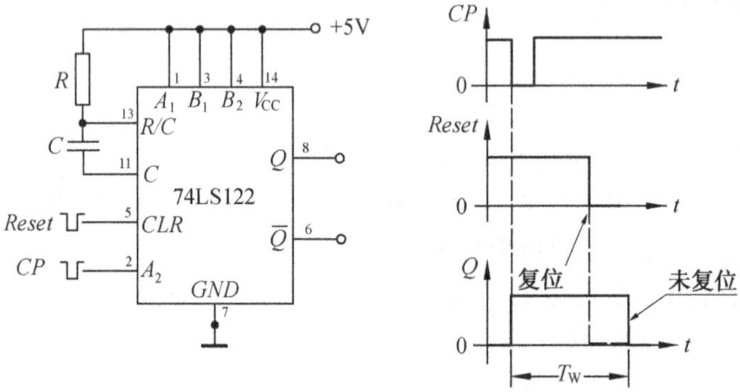


(a)　　(b)

**图 5.3.3　负脉冲触发连接电路图**

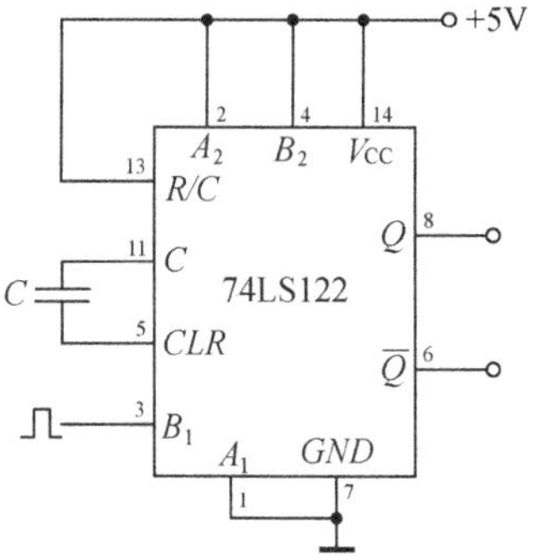


图 5.3.4　采用内部电阻的连接电路图

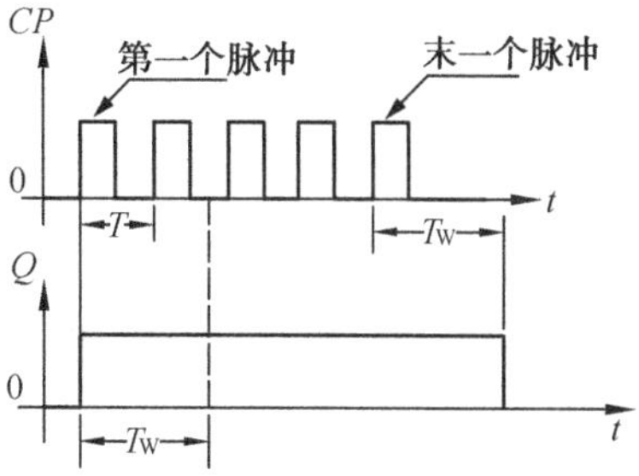


图 5.3.5　重复触发示意图$T < T_W$

## 三、实验内容

1. 按正脉冲触发连接电路,接入 $CP(f \approx 3\text{kHz})$.

(1) $C = 0.047\mu\text{F}$,分别取 $R = 4.7\text{k}\Omega$、$10\text{k}\Omega$,观察记录 $Q$ 端波形.

(2) 检验 $CLR$ 端清零功能.

(3) $C = 0.047\mu\text{F}$,$R = 20\text{k}\Omega$,检验重复触发功能.

2. 按负脉冲触发连接电路,重复上述实验内容步骤.

3. 采用内部电阻 $R_{in}$,按图 5.3.4 连接,观察记录 $Q$ 端波形.

## 四、实验仪器与器件

1. 通用板——可插接标准双列直插插座的实验电路板(1 块).
2. 可调直流稳压电源(1 台).
3. 万用表(1 只).
4. 双踪示波器(1 台).
5. 脉冲信号源组件.
6. 实验器件.

(1) 74LS122(2 片).

(2) 电容、电阻(各若干).

## 五、实验报告要求

1. 根据实验结果,绘制输入输出波形.
2. 列表比较 $T_W$ 的实测值和理论值.
3. 分析实验结果.

## 六、实验预习要求

1. 为什么单稳态电路存在一个稳态?
2. 单稳态电路稳态时各点电压值是多少?

## 七、思考题

1. 集成单稳态触发器与由门电路组成的单稳态触发器相比,有什么特点?
2. 可重复触发的单稳态触发器与一般单稳态触发器相比,有什么特点?

# 基础篇 2:集成施密特触发器电路的使用

## 一、实验目的

1. 学习集成施密特触发器电路的应用.
2. 学会测量施密特触发器电路的回差.

## 二、实验原理

施密特触发器的主要功能是将输入端缓慢变化的模拟信号整形成输出端边沿陡峭的脉冲信号. 基本原理是利用施密特电路对输入端呈上升或下降的信号具有不同的阈值响应电平,从而在特定时间点输出边沿陡峭的整形信号. 施密特触发器可以用门电路设计,也可以直接采用集成施密特触发器电路,后者更为简单. 基础篇部分的实验要求学生首先学会集成施密特触发器的使用.

1. 实验元件符号、引脚图及特性.

TTL 74LS14 型六施密特反相器引脚排列及传输特性如图 5.3.6 所示.

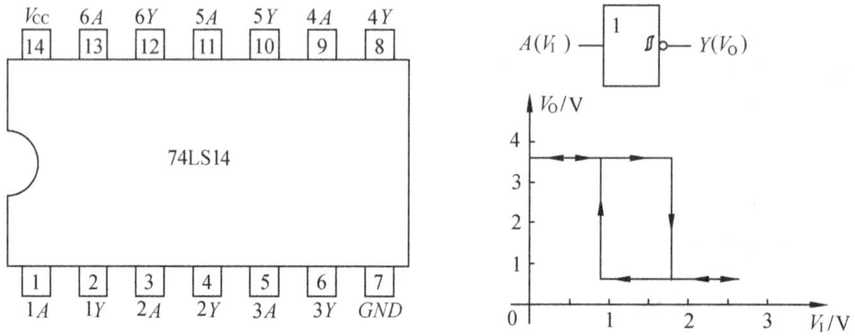


(a) 74LS14 的引脚排列 (b) 74LS14 的传输特性

**图 5.3.6 74LS14 的引脚排列及传输特性**

2. 实验电路原理图.

(1) 用 74LS14 施密特触发器实现整形电路,如图 5.3.7 所示.

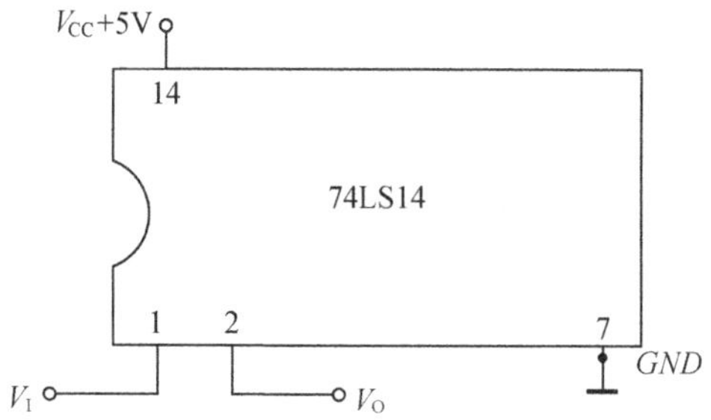


图 5.3.7 用 74LS14 施密特触发器实现整形电路

（2）来自信号源的正弦信号必须经过如图 5.3.8 所示的滤波分压电路.

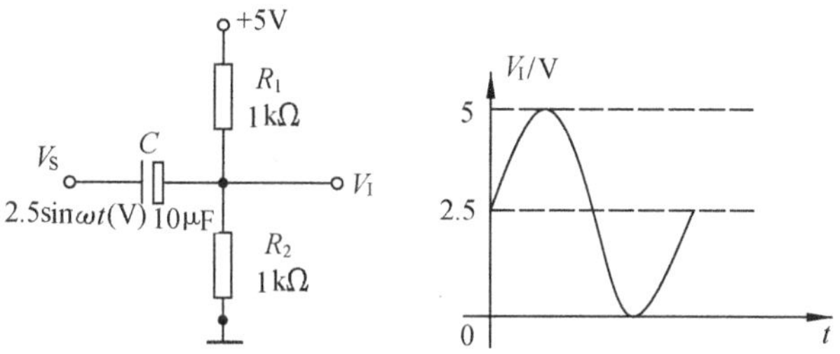


图 5.3.8 滤波分压电路(电平提升)

## 三、实验内容

1. 用双踪示波器观测施密特触发器电路输入输出波形,标出 $V_+$、$V_-$,计算 $\Delta V_T$.
2. 用双踪示波器观测电压传输特性曲线,标出 $V_+$、$V_-$,计算 $\Delta V_T$.
3. 测定回差,并与理论值比较.

## 四、实验仪器与器件

1. 通用板——可插接标准双列直插插座的实验电路板(1 块).
2. 可调直流稳压电源(供电 +5V)(1 台).
3. 万用表(1 只).
4. 函数信号发生器(提供正弦波)(1 台).
5. 实验器件.

(1) 74LS14(1 片).

(2) 电阻、电容(各若干).

## 五、实验报告要求

1. 绘制输入输出电压波形.
2. 测量施密特触发器电路的“回差”,并与理论值比较.

## 六、实验预习要求

1. 为什么施密特触发器是稳态而不是单稳态？
2. 为什么施密特触发器是电平触发而不是脉冲触发？
3. 如何从输入输出电压波形上测定“回差”？

## 七、思考题

1. 施密特触发器用作整形电路与单稳态整形电路有何区别？
2. 施密特触发器为何种类型电压比较器？
3. 为什么输入正弦信号要经过滤波分压电路？

# 中级篇：单稳态触发器与施密特触发器

## 一、实验目的

1. 学习使用集成门电路构成单稳态触发器的基本方法.
2. 熟悉集成单稳态触发器的逻辑功能及其使用方法.

## 二、实验原理

在数字电路中常使用矩形脉冲作为信号源，产生时钟信号来控制和驱动其他电路，使电路各部分协调动作. 脉冲信号产生的方法有两类.一类是利用自激多谐振荡器，即不外加信号直接由自激产生矩形脉冲. 另一类是利用脉冲整形电路得到符合要求的脉冲信号，如单稳态触发器可在外加触发信号的作用下输出具有一定宽度的矩形脉冲信号；又如施密特触发器，可通过正、负阈值调节对输入的正弦波等波形进行整形，输出矩形脉冲信号. 本实验研究第二类电路的构造.

1. 用与非门组成单稳态触发器.

这一类触发器利用与非门作开关，依靠定时元件 RC 电路的充放电时间来控制与非门输出端的开启或闭合. 用与非门组成的单稳态电路有微分型与积分型两大类，这两类触发器对触发脉冲的极性与宽度有不同的要求.

(1) 微分型单稳态触发器如图 5.3.9 所示，其中 $R_1$、$C_1$ 构成输入端微分隔直电路. $R$、$C$ 构成微分型定时电路，定时元件 $R$、$C$ 的取值不同，输出脉宽 $T_W$ 也不同. $T_W \approx (0.7 \sim 1.3)RC$. 该电路为负脉冲触发，适用于触发脉冲宽度小于输出脉冲宽度的情况. 稳态时 $A$ 点为高电平，$G_1$ 导通，$G_2$ 截止（$G_3$ 仅起整形倒相作用）. $V_I$ 负极性时，$V_A \downarrow \rightarrow V_B \uparrow$，由于电容端电压不能跃变，故 $V_D \uparrow \rightarrow V_E \downarrow$，该低电平反馈到 $G_1$ 输入端，使 $V_B$ 高电平得以维持，电路进入暂稳态，此时电容 $C$ 充电，随着充电过程进行，$V_D \downarrow$，当 $V_D = V_T$ 时，电路又翻转成 $G_1$ 导通、$G_2$ 截止的稳定状态. 若 $V_I$ 的脉宽较小时，则输入端就不必加 $R_1$、$C_1$ 微分电路了.

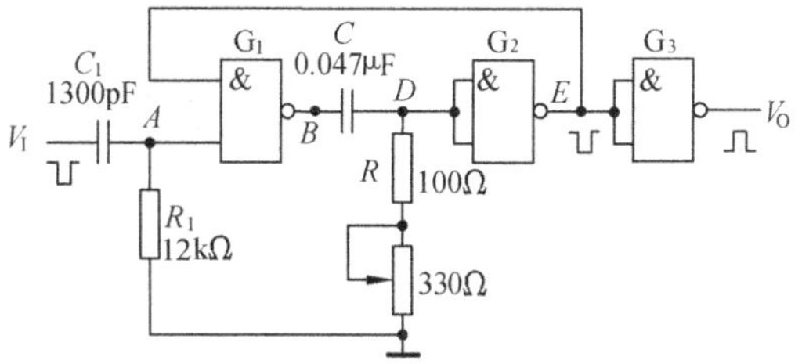


图 5.3.9　微分型单稳态触发器(74LS00)

(2) 积分型单稳态触发器如图 5.3.10 所示. 电路采用正脉冲触发,适用于触发脉冲宽度大于输出脉冲宽度的情况,其工作波形如图 5.3.11 所示. 电路的稳定条件是 $R<1\text{k}\Omega$,输出脉冲宽度 $T_W \approx 1.1RC$. 由于积分型单稳态电路中没有正反馈环节,致使输出波形边沿不够陡峭,暂态时间容易受到外界干扰的影响.

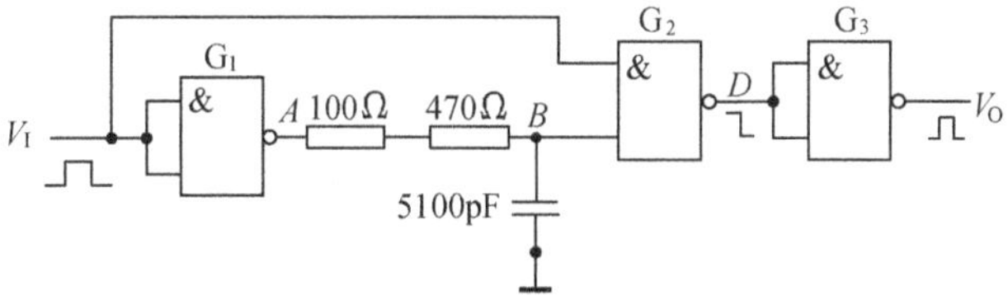


图 5.3.10　积分型单稳态触发器(74LS00)

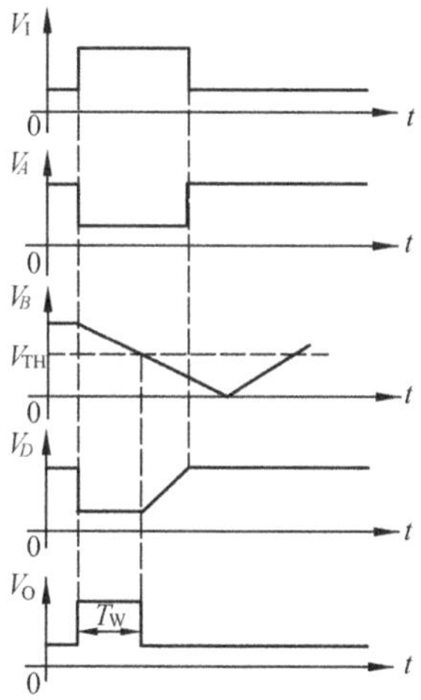


图 5.3.11　积分型单稳工作波形图

单稳态触发器的共同特点是:触发脉冲未加入前,电路处于稳态. 此时,可以测得各门的输入和输出电位. 触发脉冲启动后,电路立刻进入暂稳态,暂稳态的时间,即输出脉冲的宽度 $T_W$ 只取决于 $R$、$C$ 数值的大小,与触发脉冲无关.

2. 用与非门组成施密特触发器.

施密特触发器能对正弦波、三角波等信号进行整形,输出矩形波,图 5.3.12、图 5.3.13 是两种典型的电路. 图 5.3.12 中,门 $G_1$、$G_2$ 是基本 RS 触发器,门 $G_3$ 是反相器,二极管 D 起电平偏移作用,以产生回差电压,其工作情况如下:设 $V_I=0$,$G_3$ 截止,$R=1$,$S=0$,$Q=1$,$\overline{Q}=0$,电路处于原态. $V_I$ 由 0 上升到电路的接通电位 $V_T$ 时,$G_3$ 导通,$R=0$,$S=1$,触发器翻转为 $Q=0$,$\overline{Q}=1$ 的新状态. 此后 $V_I$ 继续上升,电路状态不变. 当 $V_I$ 由最大值降到 $V_T$ 值的时间内,$R$ 仍等于 0,$S=1$,电路状态也不变. 当 $V_I<V_T$ 时,$G_3$ 由导通变为截止,而 $V_S=V_T+V_D$ 为高电平,因而 $R=1$,$S=1$,触发器状态仍保持. 只有 $V_I$ 降至使 $V_S=V_T$,电路才翻回到 $Q=1$,$\overline{Q}=0$ 的原态. 电路的回差 $\Delta V=V_D$. 图 5.3.13 是由电阻 $R_1$、$R_2$ 产生回差的电路. 其正向阈值电压为 $V_{T+}=\left(1+\frac{R_1}{R_2}\right)V_{TH}$,反向阈值电压为 $V_{T-}=\left(1-\frac{R_1}{R_2}\right)V_{TH}$,回差电压为 $\Delta V_T=V_{T+}-V_{T-}$.

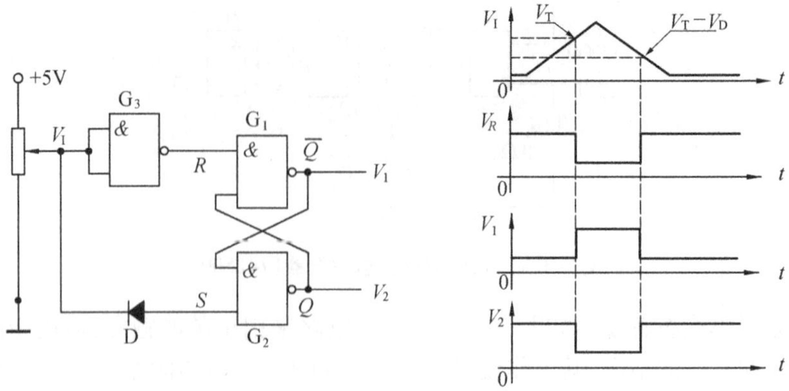


图 5.3.12　由二极管 D 产生回差的电路及工作波形(74*LS*00)

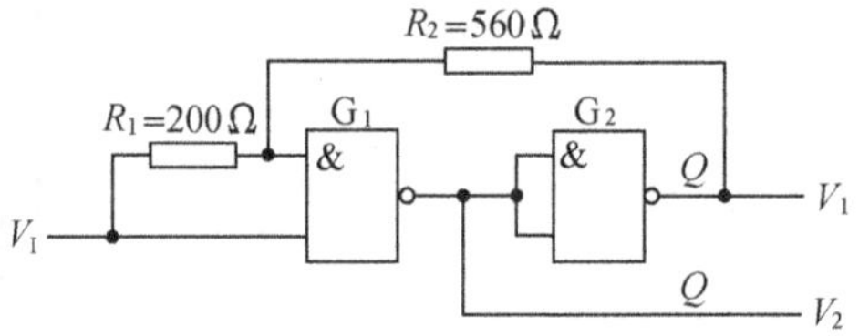


图 5.3.13　由电阻 $R_1$、$R_2$ 产生回差的电路(74LS00)

3. 集成双单稳态触发器 4528(4098)及其应用.

(1) 图 5.3.14 为 4528(4098)的引脚图,图 5.3.15 为 4528(4098)的逻辑符号图,其功能表如表 5.3.2 所示.

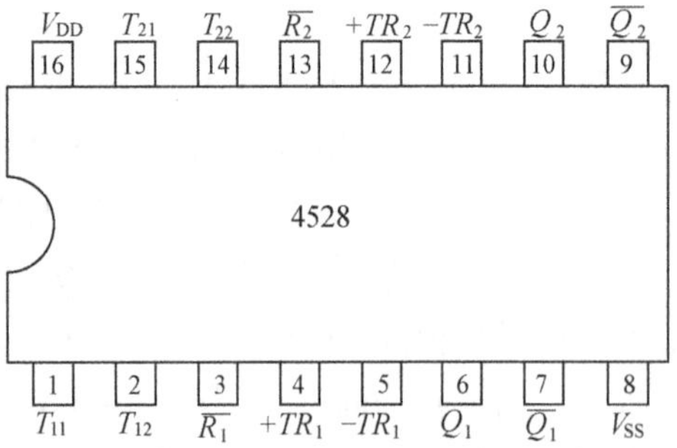


图 5.3.14　4528的引脚图

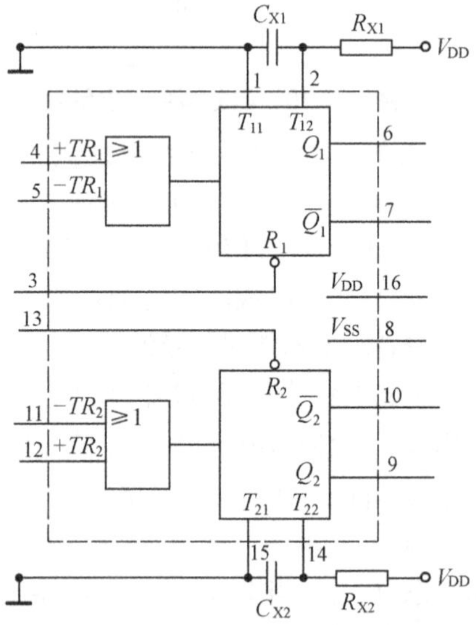


图 5.3.15　由4528电路组成单稳态电路

**表 5.3.2 4528 的功能表**

| 输入 | | | 输出 | |
|---|---|---|---|---|
| $+TR$ | $-TR$ | $R$ | $Q$ | $\overline{Q}$ |
| ↑ | 1 | 1 | ⊓ | ⊔ |
| ↑ | 0 | 1 | 保持 | 保持 |
| 1 | ↓ | 1 | 保持 | 保持 |
| 0 | ↓ | 1 | ⊓ | ⊔ |
| × | × | 0 | 0 | 1 |

该集成电路能提供稳定的单脉冲，脉宽由外部电阻 $R_X$ 和外部电容 $C_X$ 决定，调整 $R_X$ 和 $C_X$ 可使 $Q$ 端和 $\overline{Q}$ 端输出脉冲宽度有一个较宽的范围. 触发端可采用上升沿触发（$+TR$）也可用下降沿触发（$-TR$），为使用带来很大的方便. 在正常工作时，电路应由每一个新脉冲去触发. 当采用上升沿触发时，为防止重复触发，$\overline{Q}$ 必须连到（$-TR$）端. 同样，在使用下降沿触发时，$Q$ 端必须连到（$+TR$）端.

该单稳态触发器的时间周期约为 $T_X = R_X \cdot C_X$.

所有的输出级都有缓冲级，以提供较大的驱动电流.

（2）应用举例.

① 实现脉冲延迟，如图 5.3.16 所示.

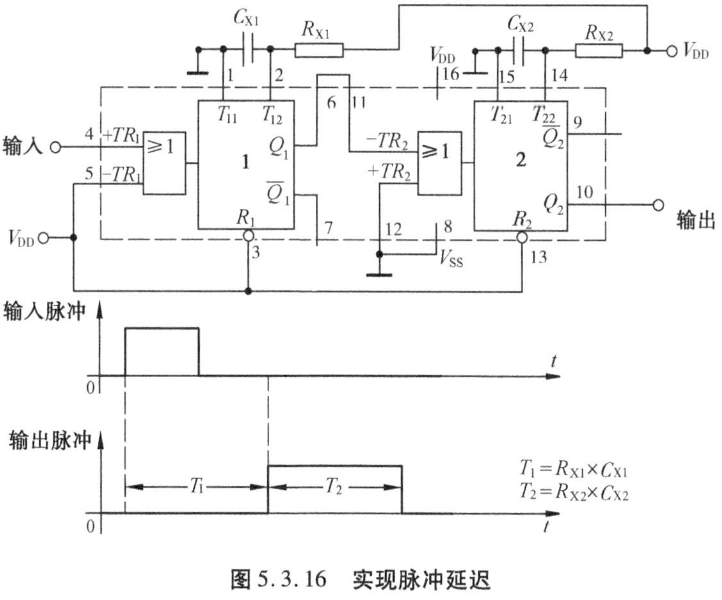


图 5.3.16 实现脉冲延迟

② 实现多谐振荡器,如图 5.3.17 所示.

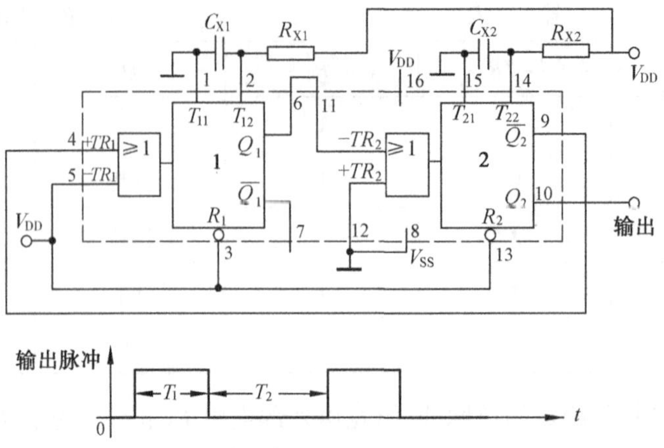


注: $T_1=R_{X1}\times C_{X1}, T_2=R_{X2}\times C_{X2}, f=1/(T_1+T_2)$

**图 5.3.17 实现多谐振荡**

## 三、实验内容

1. 按图 5.3.9 连线,输入 1kHz 连续方波脉冲,用双踪示波器观测 $V_1$、$V_A$、$V_B$、$V_D$、$V_E$及 $V_O$的波形,并记录.

2. 按图 5.3.10 连线,输入 1kHz 连续方波脉冲,用双踪示波器观测 $V_1$、$V_A$、$V_B$、$V_D$ 及 $V_O$ 的波形,并记录.

3. 按图 5.3.12 连线,输入幅度 5V 的 1kHz 三角波,观测 $V_1$、$V_2$波形,测量 $V_+$、$V_-$之值.

4. 按图 5.3.16 连线,选定外接 $R$、$C$,输入连续脉冲(合理选择工作频率),用双踪示波器观测输入、输出波形,测定 $T_1$、$T_2$.

5. 按图 5.3.17 连线,选定外接 $R$、$C$,用示波器观测输出波形,测定振荡频率.

## 四、实验仪器与器件

1. 通用板——可插接标准双列直插插座的实验电路板(1 块).
2. 可调直流稳压电源(供电 +5V)(1 台).
3. 万用表(1 只).
4. 函数信号发生器(提供正弦波)(1 台).
5. 双踪示波器(1 台).
6. 数字频率计(1 台).
7. 实验器件.

(1) 74LS00、4528(各 1 片).

(2) 电阻、电位器、电容(各若干).

## 五、实验报告要求

1. 绘出实验线路图,用方格纸记录波形.

2. 分析各次实验结果的波形,验证有关的理论.
3. 总结单稳态触发器和施密特触发器的特点及其应用.

## 六、实验预习要求

1. 复习有关单稳态触发器和施密特触发器的内容.
2. 画出实验用的详细线路图.
3. 拟定记录实验报告结果的方法、步骤.
4. 拟好记录实验结果所需的数据、波形表格.

## 高级篇:单稳态电路组成的电容测量仪

## 内容提要

图 5.3.18 所示是单稳态电路组成的简易电容测量仪. 利用单稳态电路的输出脉冲宽度与外接部件电阻 $R_X$、电容 $C_X$ 的值成线性比例关系来测量电容值.

1. 试自己确定 $R_X$ 的值,当 $F_{in}$ 取 1kHz 时,用电流表观察 $C_X$ 与输出值之间的关系,并记录数据,写出完整实验报告.

2. 扩大 $F_{in}$ 的范围,分别取 1kHz、100Hz、200Hz,观察 $C_X$ 与输出电流表值之间的关系,记录并分析实验结果.

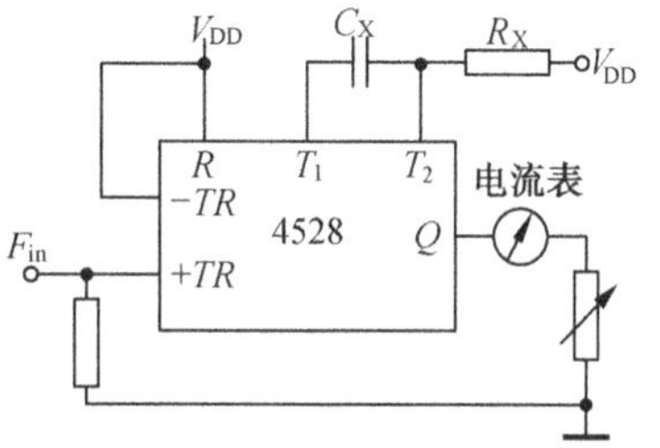


图 5.3.18　单稳态电路组成的简易电容测量仪

# 5.4　实验 3　脉冲信号分配电路

## 基础篇:扭环形计数脉冲顺序分配器

## 一、实验目的

1. 掌握扭环形计数器的工作原理.
2. 熟悉扭环形计数器输出译码器的设计方法.

## 二、实验原理

在数字系统中,有时需要一组在时间上有一定先后顺序的脉冲信号,利用这些信号以事先规定的顺序进行一系列操作,如各种工业控制系统,能够使脉冲在特定的时间出现的电路称为脉冲分配电路. 环形计数器是最简单的脉冲分配电路,它由移位寄存器首尾相接组成,一个 4 位移位寄存器组成的环形计数器可以有一个电路状态从 1000→0100→0010→0001→

1000 的有效循环,状态转换本身就是顺序脉冲输出. 不过这时只使用了 16 个状态中的 4 个,效率较低. 为了较好地利用电路的状态,这里介绍扭环形计数器. 扭环形计数器又称纽带形计数器或约翰逊计数器. 它与环形计数器的区别在于将最高位 $Q$ 的反相端反馈至最低位的输入端 $D$,使输出状态数加倍. 图 5.4.1 是能自启动的扭环形计数器.

用与门等门电路实现如下逻辑关系即可输出顺序脉冲.

“0” $=\overline{Q_0}\cdot\overline{Q_3}$,“1” $=Q_0\cdot\overline{Q_1}$,“2” $=Q_1\cdot\overline{Q_2}$,“3” $=Q_2\cdot\overline{Q_3}$

“4” $=Q_0\cdot Q_3$,“5” $=\overline{Q_0}\cdot Q_1$,“6” $=\overline{Q_1}\cdot Q_2$,“7” $=\overline{Q_2}\cdot Q_3$

注意:与门的两输入端分别接 D 触发器输出 $Q$ 的同相端或反相端,不需要另加反相器.

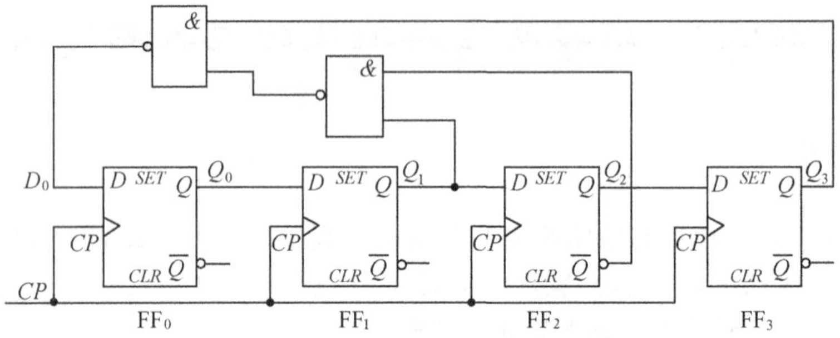


图 5.4.1　能自启动的扭环形计数器

## 三、实验内容

1. 用 74LS74 按上述 8 个状态的 4 级扭环形计数器接线实验. 实验验证所设计的扭环形计数器一定能工作在“有效时序”循环之中.

2. 用 74LS08 按上述逻辑表达式设计上述扭环形计数器输出的译码电路,组成一个 8 位顺序分配器(以原码输出),并将实验结果列表记录.

## 四、实验仪器与器件

1. 通用板——可插接标准双列直插插座的实验电路板(1 块).
2. 发光二极管逻辑电平指示组件.
3. 脉冲信号源组件.
4. 可调直流电源(1 台).
5. 双踪示波器(1 台).
6. 万用表(1 只).
7. 实验器件:74LS74、74LS08(各 2 片),74LS00(1 片).

## 五、实验报告要求

1. 画出扭环形计数器状态转换图.
2. 用方格纸记录脉冲分配器的波形.
3. 总结分析实验结果.

## 六、实验预习要求

1. 复习有关扭环形计数器及脉冲分配器的原理.
2. 拟定记录实验报告结果的方法、步骤.
3. 拟定记录实验结果所需的数据、波形、表格.

## 七、思考题

1. 由5级触发器构成的环形计数器的计数模值是多少?
2. 如果采用扭环形计数器,则计数模值又是多少?
3. 上题中,如果采用普通计数器,则结果又是多少?

# 中级篇:脉冲分配器及其应用

## 一、实验目的

1. 熟悉集成时序脉冲分配器的使用方法及其应用.
2. 学习步进电动机的环形脉冲分配器的组成方法.

## 二、实验原理

1. 脉冲分配器.

脉冲分配器一般由计数器和译码器组成,其作用是产生多路顺序脉冲信号. $CP$ 端上的系列脉冲经 $n$ 位二进制计数器和相应的译码器,可以转变为 $2^n$ 路顺序输出脉冲. 如图5.4.2所示.

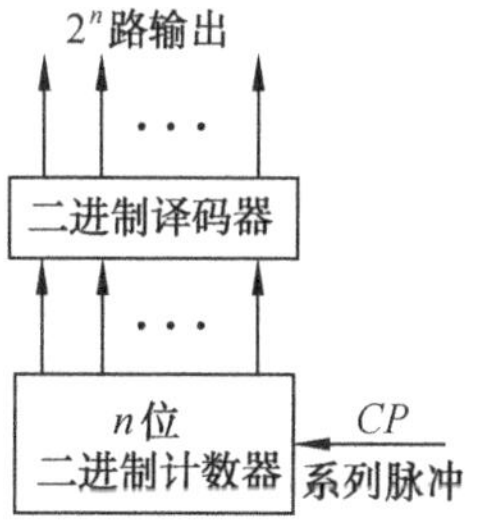


图5.4.2　脉冲分配器的组成

2. CMOS集成时序脉冲分配器4017和4022.

4017是按BCD计数/时序译码器组成的分配器. 4022是按八进制计数/时序译码器组成的分配器. 它们的真值表完全相同,如表5.4.1所示. 其逻辑符号及引脚功能如图5.4.3所示.

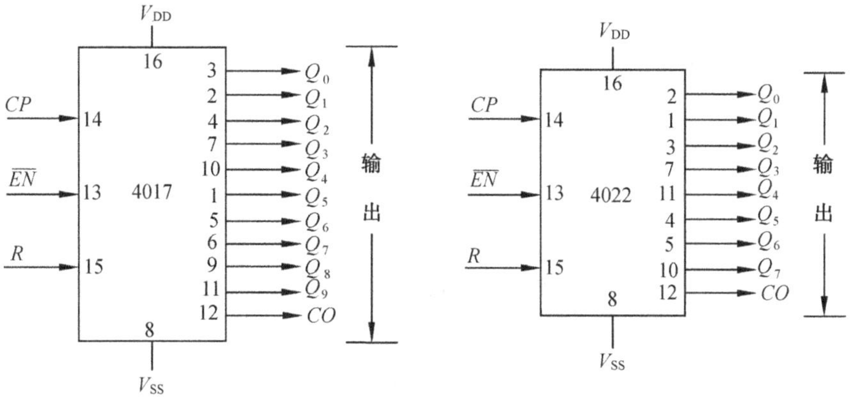


图5.4.3　4017与4022的逻辑符号及引脚图

表 5.4.1 4017 与 4022 的真值表

| $CP$ | $\overline{EN}$ | $R$ | 输出计数 $n$ |
|---|---|---|---|
| 0 | × | 0 | $n$ |
| 1 | 1 | 0 | $n$ |
| ↑ | 0 | 0 | $n+1$ |
| ↓ | 1 | 0 | $n$ |
| 1 | ↓ | 0 | $n+1$ |
| 1 | ↑ | 0 | $n$ |
| × | × | 1 | 0 |

图 5.4.4 为 CMOS 器件 4017 的时序波形图,图 5.4.5 为 60 分频电路图.

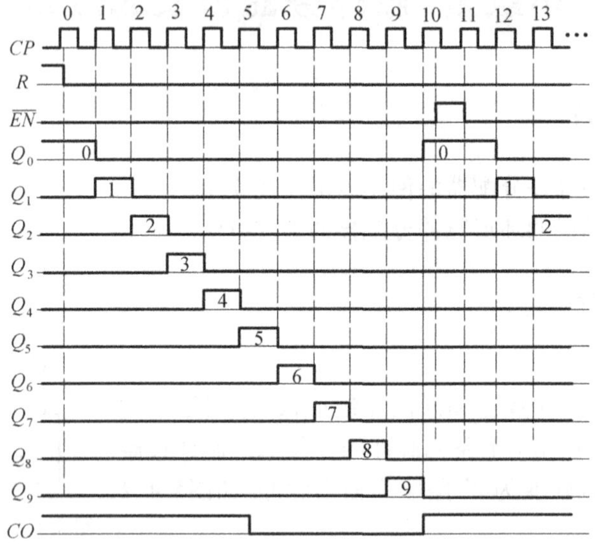


图 5.4.4 CMOS 器件 4017 的时序波形图

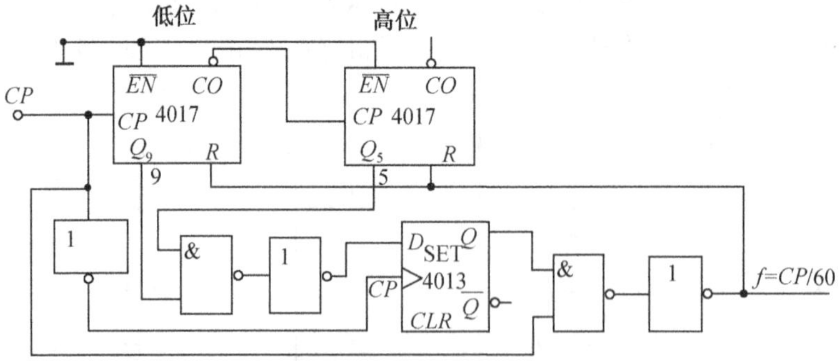


图 5.4.5 60 分频电路图

3. 步进电动机的环行脉冲分配器.

图 5.4.6 为某种三相步进电动机的驱动电路示意图.

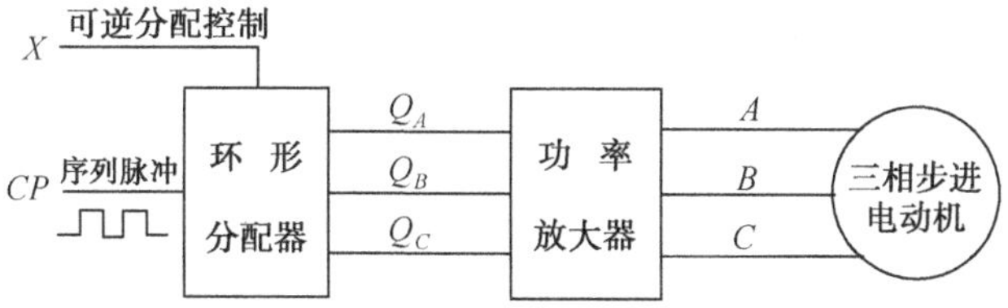


图 5.4.6　三相步进电动机的驱动电路图

$A$、$B$、$C$ 分别表示步进电动机的三相绕组. 步进电动机按三相六拍方式运行,即要求步进电动机正转时,控制端 $X=1$,使电动机三相绕组的通电顺序为

$$A \to AB \to B \to BC \to C \to CA \to A$$

要求步进电动机反转时,令控制端 $X=0$,三相绕组的通电顺序改为

$$A \to AC \to C \to CB \to B \to BA \to A$$

按六拍通电方式的脉冲环形分配器,可由图 5.4.7 所示的三个 JK 触发器构成.

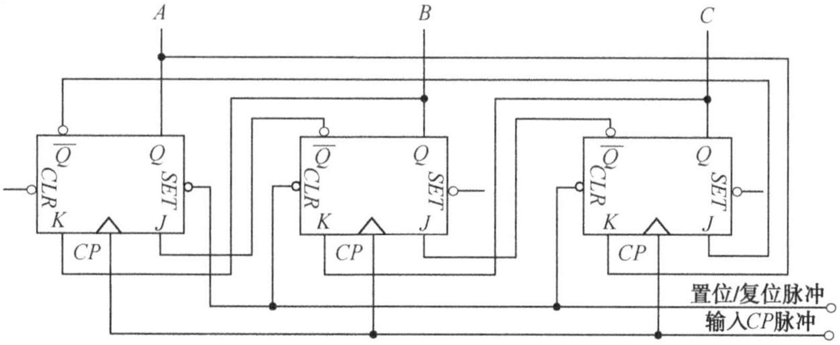


图 5.4.7　六拍通电方式的脉冲环行分配器逻辑图

要使步进电机反转,脉冲分配器应如何连线,请自行考虑. 通常应加有正转脉冲输入控制和反转脉冲输入控制.

## 三、实验内容

1. 4017 逻辑功能的测试.

(1) 用 +5V 供电,$\overline{EN}$、$R$ 接逻辑开关插口. $CP$ 接单次脉冲源,$Q_0 \sim Q_9$10 个输出端接至 LED 逻辑电平显示组件,按真值表要求操作各逻辑开关. 清零后,连续送出 10 个脉冲信号,观察 10 个二极管的显示状态,并列表记录.

(2) $CP$ 改接为 1Hz 连续脉冲,观察并记录输出状态.

2. 按线路接线,自拟实验方案验证 60 分频电路的正确性.

3. 设计一个可逆运行的三相六拍环行分配器线路,并自拟实验观察方案.

## 四、实验仪器与器件

1. 通用板——可插接标准双列直插插座的实验电路板(1 块).

2. 输入逻辑电平开关组件.
3. 发光二极管逻辑电平指示组件.
4. 脉冲信号源组件.
5. 可调直流稳压电源(1台).
6. 双踪示波器(1台).
7. 万用表(1只).
8. 实验器件:74LS74、74LS08、4017(各2片),74LS00、4013、74LS04或74LS14、74LS125(各1片).

## 五、实验报告要求

1. 画出完整的实验线路.
2. 总结脉冲分配器的特点及其应用,分析实验结果.

## 六、实验预习要求

1. 复习有关脉冲分配器的内容.
2. 按实验任务要求,设计实验线路,并拟定实验方案及步骤.

## 七、思考题

1. 试比较模值相同的同步计数器与异步计数器之间的区别,对译码输出顺序脉冲有什么影响?
2. 计数顺序采用循环码有什么好处?

# 高级篇:简易彩灯控制器

## 内容提要

设计一个简易彩灯控制器.彩灯以8只为一组进行控制(即各组的显示规律相同).每组显示规律如下:

1. 彩灯自左至右按顺序亮灭,且循环往复进行.
2. 彩灯亮灭的移动速度每个循环均不相同.要求有8种速度,即移动一位分别为2s、1s、0.5s、0.25s,速度变化从低到高,且循环往复.

试自己选择器件实现该电路,做出实验,写出完整实验报告.

# 第六章　数/模转换与模/数转换电路

## 6.1　数/模转换与模/数转换电路概述

由于数字电子技术的迅速发展,使计算机在自动控制、自动检测、信号的处理和传送以及其他许多领域的应用越来越广泛.例如,在实现计算机的过程控制时,生产过程中遇到的各种物理量大多数都是模拟量,如温度、压力、位移和流量等,这些非电的模拟量首先须经过传感器变换成电信号.这是因为计算机不能识别模拟信号,必须将采集到的被控制的模拟信号转换成数字信号,才能输入计算机进行运算和处理.处理的结果为数字信号,有时还要将数字信号转换成模拟信号,才能控制执行机构,实现实时控制的目的.

我们将从模拟信号到数字信号的转换称为模/数转换,或称为 A/D 转换,而实现这种转换的电路称为 A/D 转换器,简称 ADC;将从数字信号到模拟信号的转换称为数/模转换,或称为 D/A 转换,实现这种转换的电路称为 D/A 转换器,简称 DAC.

A/D 和 D/A 转换器在实际应用中具有十分重要的意义,表现在:

1. A/D 和 D/A 转换器是计算机与外部设备连接不可缺少的电路(也称为接口电路).

2. 在数字测量仪表系统中,A/D 转换器是所有数字测量仪表的核心部件.因为若使模拟量以数字量的形式显示出来,必须先将模拟量转换成数字量.

3. 在数字通信、遥控遥测技术和远距离的信息传输系统中,由于数字信号的抗干扰能力比模拟信号强、保密性能好,因此常需要将模拟信号转换成数字信号发送出去,在接收端再将数字量转换成模拟量.所以 A/D 和 D/A 转换器也是这些系统中不可缺少的重要组成部分.

衡量 A/D 转换器和 D/A 转换器性能优劣的主要标志是转换精度和转换速度.为了保证数据处理结果的准确性,A/D 转换器和 D/A 转换器必须有足够的转换精度.同时,为了适应快速过程的控制和检测的需要,A/D 转换器和 D/A 转换器还必须有足够快的转换速度.

目前常见的 D/A 转换器,有权电阻网络 D/A 转换器、倒 T 形电阻网络 D/A 转换器、权电流型 D/A 转换器、权电容网络 D/A 转换器以及开关树型 D/A 转换器等.

A/D 转换器的类型也有多种,可以分为直接 A/D 转换器和间接 A/D 转换器两大类.在直接 A/D 转换器中,输入的模拟电压信号直接被转换成相应的数字信号;而在间接 A/D 转换器中,输入的模拟信号首先被转换成某种中间变量(例如时间、频率等),然后再将这个中间变量转换为输出的数字信号.

D/A 转换器数字量的输入方式有并行输入和串行输入两种;A/D 转换器数字量的输出方式有并行输出和串行输出两种.当有多个模拟信号需要同时转换测量时,常会使用可编程多路 A/D 转换器.

# 6.2 实验1 数字逻辑接口：数/模转换电路

## 基础篇：数/模转换电路的基本使用

### 一、实验目的

1. 熟悉常用D/A模块的转换原理.
2. 掌握常用D/A模块的基本使用方法.

### 二、实验原理

数字设备只有2个离散电平，而模拟信号则是一种从最小到最大连续变化的电压或电流.它们之间的连接需要转换设备.D/A转换器是一种特殊的译码器，它负责将数字信号转换为模拟信号.

D/A转换的工作原理如下所述.

D/A转换有很多种，最常用的有权电阻或权电流型D/A转换器和倒T形D/A转换器.

1. 权电阻网络D/A转换器.

图6.2.1是4位权电阻网络D/A转换器原理图，它由权电阻网络、模拟开关和求和放大器组成.4个电子开关的状态分别受输入代码的二进制取值控制，代码为1，开关接参考电压，代码为0，开关接地.故$D_i=1$时支路电流$I_i$流向求和放大器，$D_i=0$时支路电流为零.在认为运算放大器输入电流为零的理想条件下，取$R_F=\frac{R}{2}$，可以得到：

$$V_O=-\frac{V_{REF}}{2^4}(D_3 2^3+D_2 2^2+D_1 2^1+D_0 2^0)$$

这表明输出的模拟电压正比于输入的数字量，从而实现了从数字量到模拟量的转换.

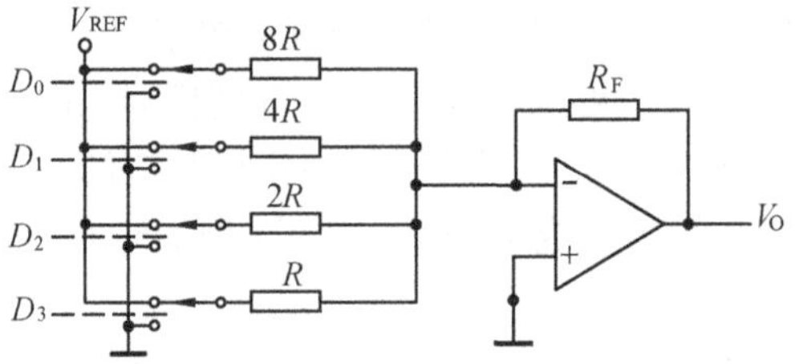


图6.2.1　4位权电阻网络D/A转换器原理图

2. 倒T形电阻网络D/A转换器.

为了克服权电阻网络D/A转换器电阻阻值相差太大的缺点，可以使用倒T形电阻网络D/A转换器.图6.2.2是其原理图.这个电阻网络中只有$R$、$2R$两种阻值的电阻，解决了电阻阻值相差太大的缺点.当代码为1时，开关打向$V_-$；当代码为0时，开关打向$V_+$.由于$V_-$

的电位始终接近零,因此不管开关打向 $V_-$ 还是 $V_+$,总电流 $I=\frac{V_{REF}}{R}$ 不变,流过每个支路的电流始终不变,并依次为 $\frac{I}{2}$、$\frac{I}{4}$、$\frac{I}{8}$ 和 $\frac{I}{16}$,$i_\Sigma=\frac{I}{2}D_3+\frac{I}{4}D_2+\frac{I}{8}D_1+\frac{I}{16}D_0$.

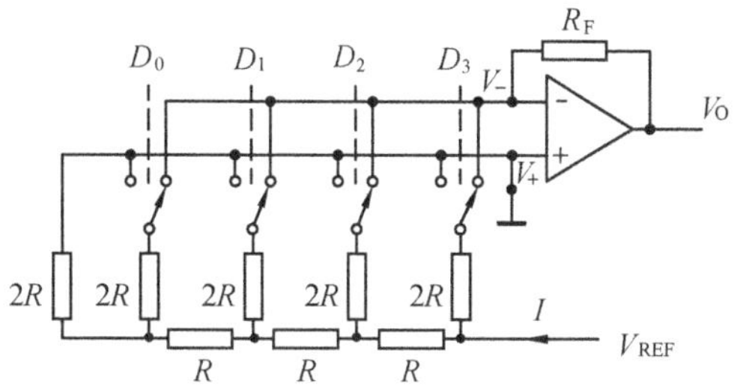


**图 6.2.2　倒 T 形电阻网络 D/A 转换器原理图**

在求和放大器反馈电阻阻值为 $R$ 时,输出电压为:

$$V_O=-R\cdot i_\Sigma=-\frac{V_{REF}}{2^4}(D_3 2^3+D_2 2^2+D_1 2^1+D_0 2^0)$$

可见倒 T 形电阻网络 D/A 转换器和权电阻网络 D/A 转换器具有相同的输出表达形式.

一个实际的倒 T 形电阻网络 D/A 转换器 AD7520 如图 6.2.3 和图 6.2.4 所示. 图 6.2.3 为 AD7520 内部电路图,图 6.2.4 为 AD7520 引脚图. AD7520 是 10 位 CMOS 电流开关型 D/A 转换器,芯片内部只含倒 T 形电阻网络、CMOS 电流开关和 10kΩ 反馈电阻. 使用时必须外接参考电压源和运算放大器.

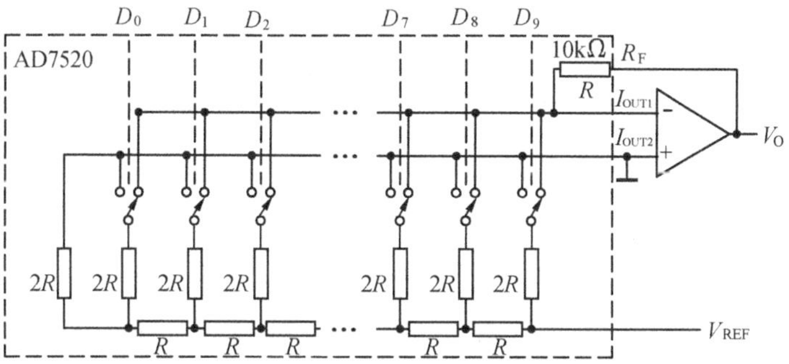


**图 6.2.3　AD7520 内部电路**

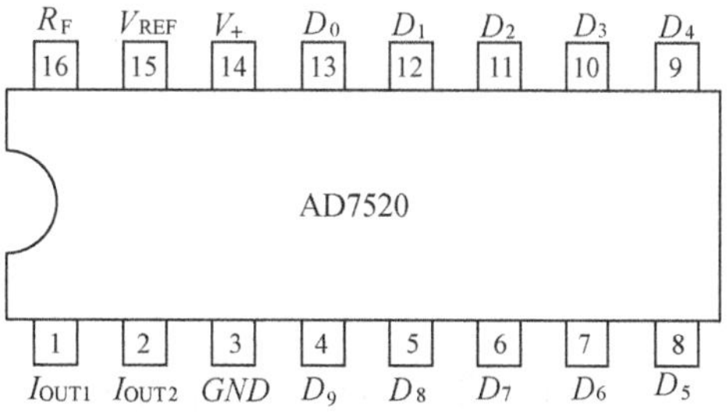


**图 6.2.4　AD7520 引脚图**

## 三、实验内容

1. 二进制权电阻网络 D/A 转换器原理电路构建.

(1) 按图 6.2.5 搭建电路，$D_0$为最小有效数字.

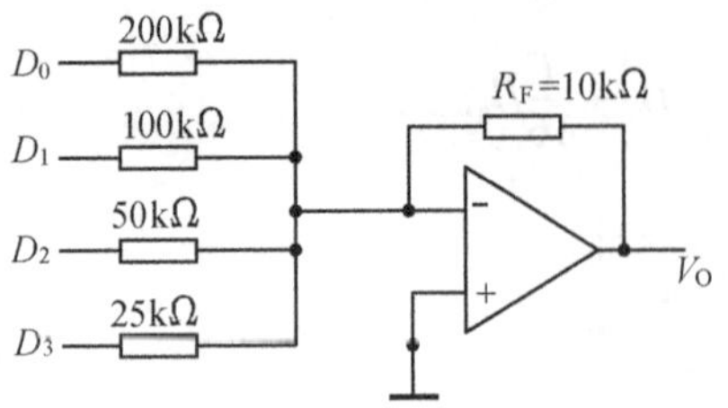


图 6.2.5　权电阻D/A电路

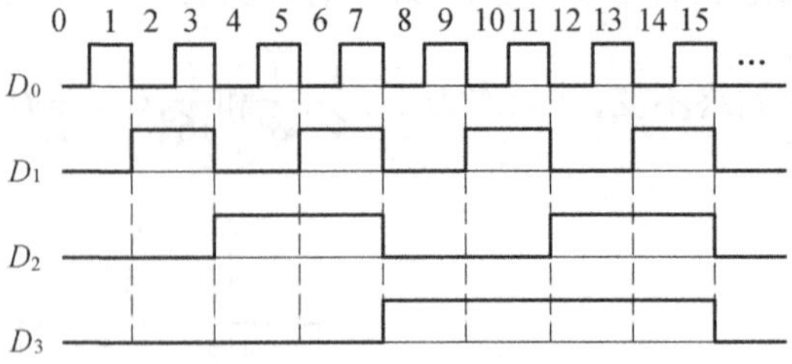


图 6.2.6　D/A电路的输入信号

(2) 在 $D_3D_2D_1D_0$输入端依次输入 1000、0100、0010、0001，记录输出电压. 要注意的是，理论上，$V_O = -\frac{V_{REF}}{2^3} \cdot \frac{R_F}{25000}(D_3 2^3 + D_2 2^2 + D_1 2^1 + D_0 2^0)$.

(3) 在 $D_3D_2D_1D_0$输入端依次重复输入图 6.2.6 波形(用 1kHz 分频)，在示波器上观察输出波形.

(4) 将 $D_3D_2D_1D_0$改为 $D_0D_1D_2D_3$再次重复以上内容.

2. 倒 T 形电阻网络 D/A 转换器 AD7520 的基本使用.

(1) 识别 AD7520 芯片外引脚排列及熟悉其逻辑功能.

(2) 练习 D/A 转换操作过程：连接运算放大器和参考电压(须经教师同意后才可接通电源).

(3) 数码转换：手动改变输入数字电压测输出量(令 $D_9$、$D_8$恒为“0”)，用万用表测量. 改变参考电压和外接 $R_F$，再次观察并将结果记入表 6.2.1 中($V_{REF}$ = 10V/5V).

**表 6.2.1　实验结果**

| 输入数码 | | | | | | | | 输出模拟电压/V |
|---|---|---|---|---|---|---|---|---|
| $D_7$ | $D_6$ | $D_5$ | $D_4$ | $D_3$ | $D_2$ | $D_1$ | $D_0$ | |
| 0 | 0 | 0 | 0 | 0 | 0 | 0 | 0 | |
| 0 | 0 | 0 | 0 | 0 | 0 | 0 | 1 | |
| 0 | 0 | 1 | 1 | 1 | 1 | 1 | 1 | |
| 0 | 1 | 0 | 0 | 1 | 0 | 0 | 0 | |
| 1 | 0 | 0 | 1 | 0 | 0 | 0 | 0 | |
| 1 | 1 | 0 | 0 | 0 | 0 | 0 | 0 | |
| 1 | 1 | 1 | 1 | 1 | 1 | 1 | 1 | |

## 四、实验仪器与器件

1. 函数信号发生器(1 台).
2. 通用板——可插接标准双列直插插座的实验电路板(1 块).
3. 输入逻辑电平开关组件(见附录).
4. 示波器(1 台).
5. 可调双直流稳压电源(供电 ±5V, ±10V)(1 台).
6. 万用表(1 只).

7. 实验器件.

(1) LM324、74LS161、AD7520(各 1 片).

(2) 电阻：10kΩ、25kΩ、50kΩ、100kΩ、200kΩ(各 1 只).

## 五、实验报告要求

1. 二进制权电阻网络 D/A 转换器原理电路构建.

(1) 列表记录输入数字量与相应的模拟量输出,并分析产生误差的原因.

(2) 画出观察到的波形图,注意标注输出电压的极性和大小.

2. 倒 T 形电阻网络 D/A 转换器 AD7520 的基本使用.

(1) 列表记录输入数字量与相应的模拟量输出,并分析产生误差的原因.

(2) 改变 $V_{REF}$ = 10V/5V 和 $R_F$,再列表记录.

## 六、实验预习要求

1. 列表表示通道地址与模拟量输入端的关系.

2. D/A 实验中如何改变输入端数字电压?

## 七、思考题

1. 在自然界,量值通常以什么形式出现?

2. 阐述 D/A 转换的基本目的.

3. 权电阻网络 D/A 转换器的缺点是什么?

4. 4 位 D/A 转换器的分辨率是多少?

# 中级篇：数模转换电路的测试电路

## 一、实验目的

1. 进一步了解 D/A 模块的转换原理.

2. 了解 D/A 模块的测试方法和故障检查方法.

## 二、实验原理

基本的 D/A 测试包括检查模块的性能特性,如单调性、线性度和增益误差、漂移误差等.

1. 非单调性：是非线性的一种表现. 例如,输入为 0010 时,输出应该为模拟量 2,但却输出 0. 这可能由输出短路引起.

2. 差分非线性：某个输入码的对应输出电压大于或小于正常输出值. 这通常由某一位对应的权值过小或过大引起.

3. 增益误差：增益过大,转换输出模拟电压大于正常值;增益过小,转换输出模拟电压小于正常值.

4. 漂移误差：当输入为0000时，输出模拟电压不为0，例如$\Delta V$. 同时对任何一个输入，都存在这样一个增量，这称为漂移误差. 漂移误差通常由运放零点漂移引起.

## 三、实验内容

1. D/A转换器的测试.

测试电路框图见图6.2.7，其中D/A用一个4位权电阻网络D/A转换器搭建. 首先设计一个二进制测试序列信号源，在时钟作用下周期性地产生$0 \sim 2^n - 1$的二进制序列，加到D/A输入端，用于测试D/A的好坏. 然后用示波器观察D/A输出端信号. 随着二进制序列的增加，理想的输出应为线性阶梯波. $n$越大，分辨率越改善. 如果输出信号不理想，试分析原因.

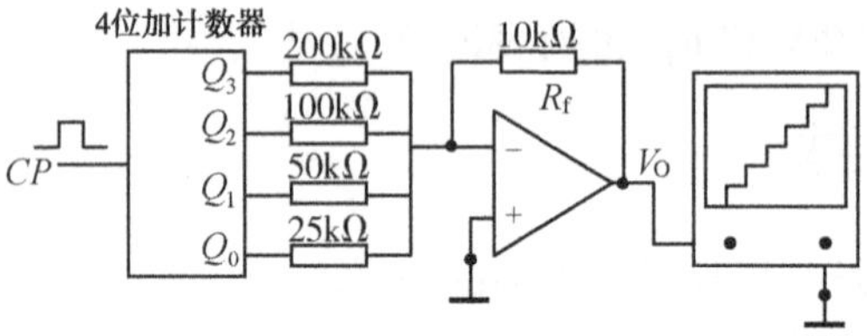


图6.2.7　D/A转换器测试电路框图

2. D/A转换器的故障分析.

(1) 如图6.2.8所示，使用一个可调零的运算放大器(例如OP07)，改变零点，观察输出信号.

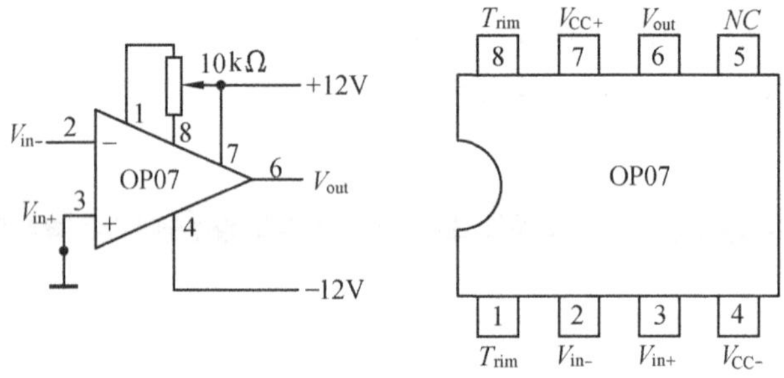


图6.2.8　OP07引脚及外部连线图

(2) 将$R_f = 10\text{k}\Omega$改成可调电阻器，微调$R_f$值，观察输出信号.

(3) 将200kΩ改成可调电阻器，微调200kΩ，观察输出信号.

## 四、实验仪器与器件

1. 函数信号发生器(1台).
2. 通用板——可插接标准双列直插插座的实验电路板(1块).
3. 输入逻辑电平开关组件(见附录).
4. 示波器(1台).
5. 可调双直流稳压电源(1台).
6. 万用表(1只).
7. 实验器件.

（1）LM324、74LS161、OP07（各1片）.

（2）电阻：10kΩ、25kΩ、50kΩ、100kΩ、200kΩ（各1只）.

（3）电位器：10kΩ、200kΩ（各1只）.

## 五、实验报告要求

1. D/A转换器的测试.

（1）根据实际实验电路，画出连线图.

（2）以 $X$ 轴为数字输入，$Y$ 轴为模拟输出，用坐标纸画出示波器上的输入数字波形和输出阶梯波形，进行分析.

2. D/A转换器的故障分析.

（1）根据实际实验电路，画出连线图.

（2）以 $X$ 轴为数字输入，$Y$ 轴为模拟输出，用坐标纸画出示波器上的输入数字波形和输出阶梯波形，根据改变的参数，分别进行分析.

## 六、实验预习要求

1. 预先画出自己设计的连线图.

2. 与同学共同讨论分辨率和转换误差的定义.

## 七、思考题

1. D/A转换器的转换误差与哪些因素有关？

2. 供电电源和参考电源及环境温度的变化对转换精度有什么影响？为什么？

# 高级篇：数模转换电路的应用

## D/A应用的例子——CD播放器

通常多首音乐以凹凸形式数字化地刻录在CD上，激光拾音器读取信号并将其增强成为脉冲信号，再经信号处理成为表示原始语音信号的二进制码序列，这种码序列又经D/A转换为模拟信号，放大后送扩音器，如图6.2.9所示.

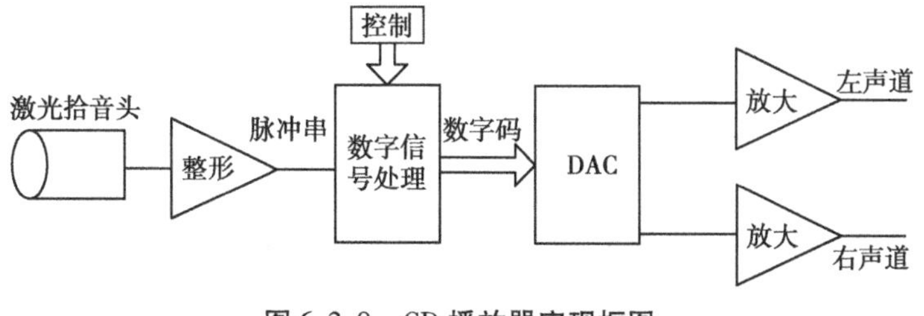


图6.2.9　CD播放器实现框图

以下实验要求学生根据题目及提要，自己设计实验方案，组织实验并写出完整的实验报告.

1. 用 AD7520 组成一个双极性输出的 D/A 转换器(图 6.2.10).

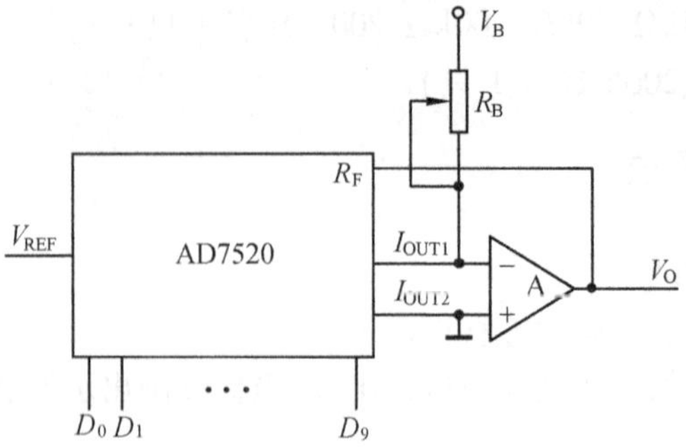


图 6.2.10　双极性输出 D/A 转换器

2. 用 AD7520 组成数字式可编程增益控制电路(衰减)(图 6.2.11).

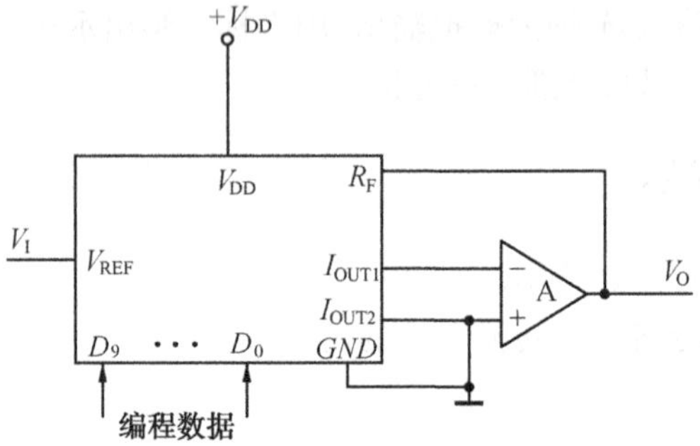


图 6.2.11　数字可编程衰减器

$$A_V = \frac{V_O}{V_I} = -\frac{1}{2^{10}}(D_0 2^0 + D_1 2^1 + \cdots + D_9 2^9)$$

3. 用 AD7520 组成数字式可编程增益控制电路(放大)(图 6.2.12).

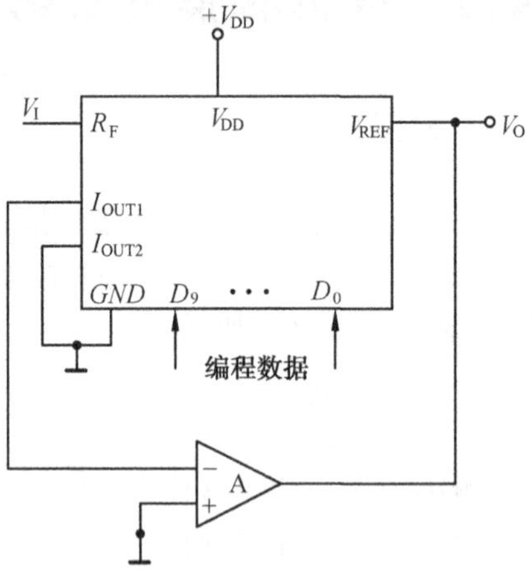


图 6.2.12　数字可编程放大器

$$A_V = \frac{V_O}{V_I} = -\frac{2^{10}}{2^9 D_9 + 2^8 D_8 + \cdots + 2^0 D_0}$$

# 6.3　实验2　数字逻辑接口：模/数转换电路

## 基础篇：模/数转换电路的基本使用

### 一、实验目的

1. 熟悉常用 A/D 模块的转换原理.
2. 掌握常用 A/D 模块的基本使用方法.

### 二、实验原理

在自然界中，许多物理量都是模拟的，例如温度、压力、速度、时间等. 它们可通过传感器表现为模拟电信号. 一般来说，如果要用数字系统来分析、处理或控制这些物理量，系统的输入和输出数字信号就需要与模拟设备连接. 数字设备只有 2 个离散电平，而模拟信号则是一种从最小到最大连续变化的电压或电流. 它们之间的连接需要转换设备. A/D 转换器是一种特殊的编码器，它负责将模拟信号转换为数字信号.

1. A/D 转换器的工作原理.

A/D 转换器有很多种，最常用的有并行比较型 A/D 转换器、双积分型 A/D 转换器和逐次渐近型 A/D 转换器.

(1) 并行比较型 A/D 转换器.

并行比较型 A/D 转换器如图 6.3.1 所示，它利用比较器将输入模拟电压与若干个参考电压进行比较，如果模拟电压超过给定比较器的参考电压，比较器的输出为 1，反之为 0. 然后对比较器的输出进行编码，得到某个模拟量对应的数字输出. 这个电路的最大优点是转换速度快，约在微秒数量级. 并行比较型 A/D 转换器的转换精度主要取决于量化电平的区分，分得越细，精度越高. 一个 $n$ 位的 A/D 转换器，需要 $2^n-1$ 个比较器，这使得电路的规模随着精度急剧膨胀.

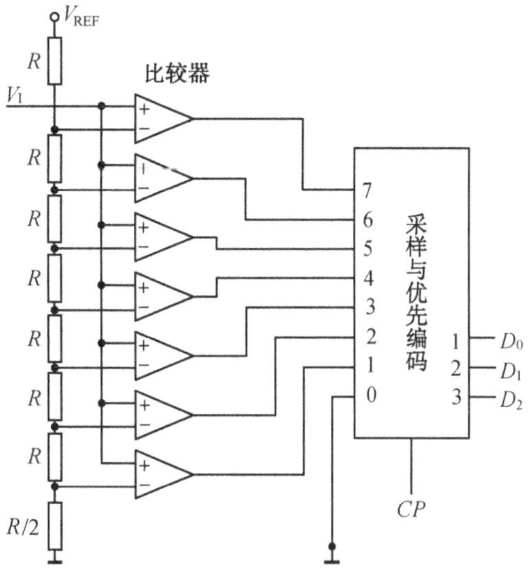


图 6.3.1　并行比较型 A/D 转换器

(2) 双积分型 A/D 转换器.

双积分型 A/D 转换器在数字电压表电路中的使用很普遍. 其原理框图如图 6.3.2 所示. 它包含积分器 $A_1$、比较器 $A_2$、计数器、控制逻辑和时钟信号源几部分. 双积分型 A/D 转换器的优点是工作性能比较稳定，对 $RC$ 参数和时钟信号周期精度要求不高，抗干扰能力较强. 双积分型 A/D 转换器的缺点是工作速度低，转换速度一般为每秒几十次.

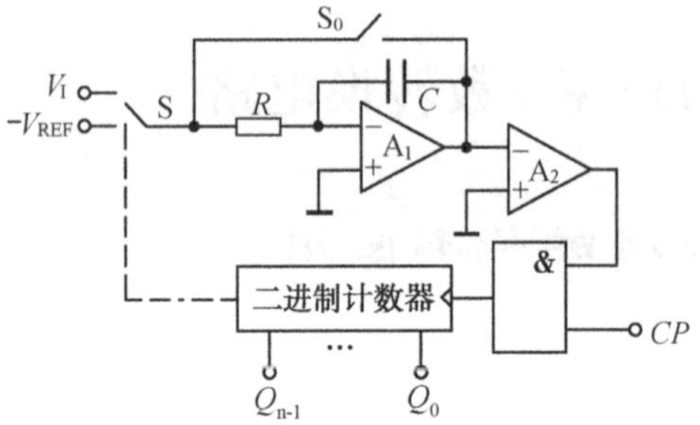


图 6.3.2　双积分型A/D转换器原理图

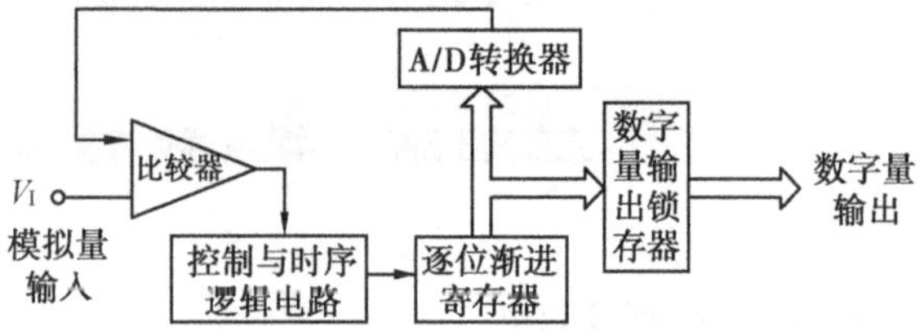


图 6.3.3　逐次渐近型A/D转换器工作原理框图

(3) 逐次渐近型 A/D 转换器.

使用最广泛的 A/D 转换器应该是逐次渐近型 A/D 转换器. 这种 A/D 转换器的转换速度很快,仅次于并行比较型 A/D 转换器,无论模拟输入信号是大还是小,都有固定的转换时间. 图 6.3.3 是逐次渐近型 A/D 转换器工作原理框图.

2. ADC0809、ADC0808 集成电路内部逻辑框图如图 6.3.4 所示,外部引脚排列图如图 6.3.5 所示.

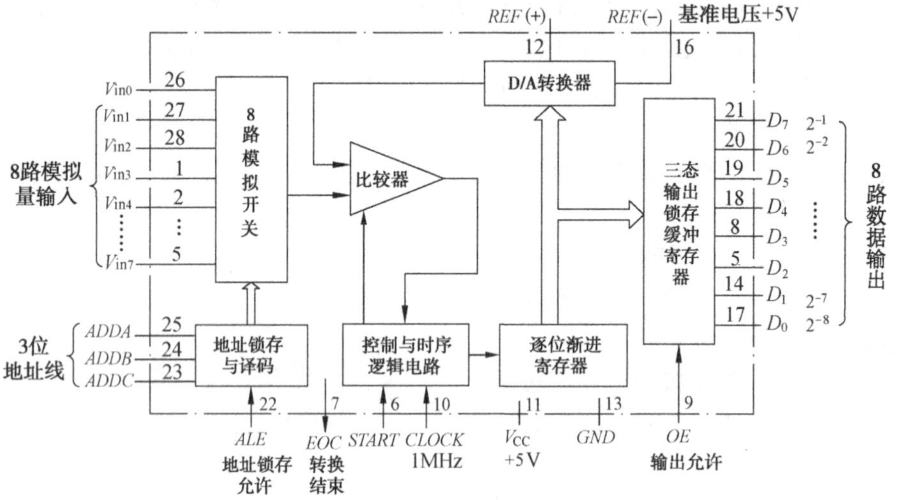


图 6.3.4　ADC0809、ADC0808 集成电路内部逻辑框图

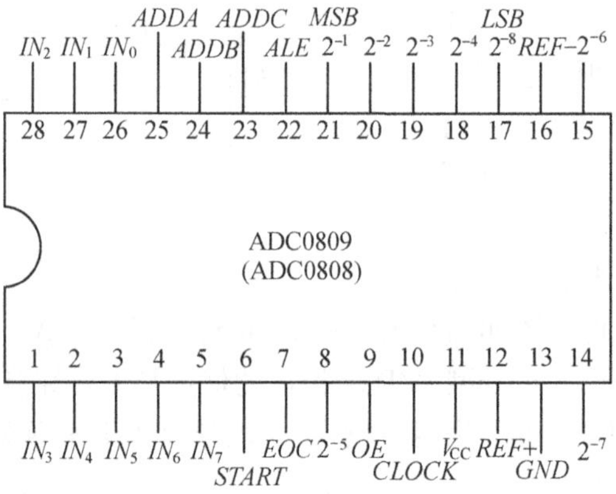


图 6.3.5　ADC0809、ADC0808 集成电路外引脚排列图

3. 基准电压为5V时,8位A/D转换器数码与电压的关系如表6.3.1所示,通道地址如表6.3.2所示.

**表6.3.1　8位A/D转换器数码与电压关系表**

| 数码 | | | | | | | | 电压/V |
|---|---|---|---|---|---|---|---|---|
| 0 | 0 | 0 | 0 | 0 | 0 | 0 | 0 | $<2^{-8}\times 5$ |
| 0 | 0 | 0 | 0 | 0 | 0 | 0 | 1 | $2^{-8}\times 5$ |
| 0 | 0 | 0 | 0 | 0 | 0 | 1 | 0 | $2^{-7}\times 5$ |
| 0 | 0 | 0 | 0 | 0 | 1 | 0 | 0 | $2^{-6}\times 5$ |
| 0 | 0 | 0 | 0 | 1 | 0 | 0 | 0 | $2^{-5}\times 5$ |
| 0 | 0 | 0 | 1 | 0 | 0 | 0 | 0 | $2^{-4}\times 5$ |
| 0 | 0 | 1 | 0 | 0 | 0 | 0 | 0 | $2^{-3}\times 5$ |
| 0 | 1 | 0 | 0 | 0 | 0 | 0 | 0 | $2^{-2}\times 5$ |
| 1 | 0 | 0 | 0 | 0 | 0 | 0 | 0 | $2^{-1}\times 5$ |
| 1 | 1 | 1 | 1 | 1 | 1 | 1 | 1 | $2^{-0}\times 5$ |

**表6.3.2　8位A/D转换器通道地址表**

| *ADDC* | *ADDB* | *ADDA* | $IN_i$ |
|---|---|---|---|
| 0 | 0 | 0 | $IN_0$ |
| 0 | 0 | 1 | $IN_1$ |
| 0 | 1 | 0 | $IN_2$ |
| ⋮ | ⋮ | ⋮ | ⋮ |
| 1 | 1 | 1 | $IN_7$ |

4. 实验电路图如图6.3.6所示.

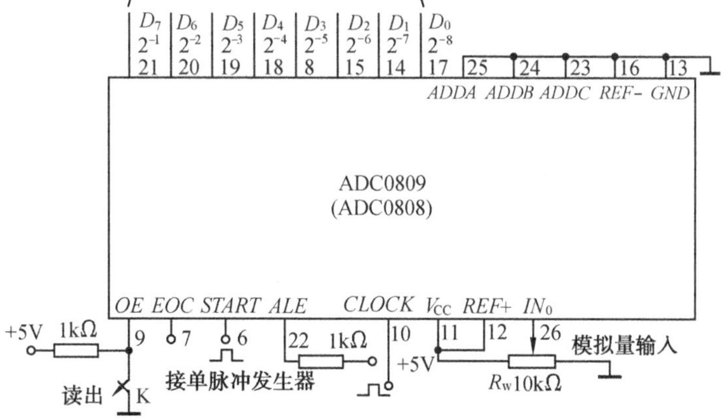


图6.3.6　ADC0808、0809实验电路图

5. 转换过程.

正确连线接通电源后,在*START*端加入启动信号脉冲,此信号上升沿将逐位渐近寄存器(SAR)清零,下降沿开始进行逐位逼近A/D转换,转换结束*EOC*变为高电平. 在*OE*端断

开 K，$OE$ 为高电平，输出允许，此时数字量输出端发光二极管显示数据.

若 $V_{in0}=0V$，LED 全熄，$D_7 \cdots D_0=00000000$.

若 $V_{in0}=5V$，LED 全亮，$D_7 \cdots D_0=11111111$.

## 三、实验内容

1. 逐次渐近型 A/D 转换器 ADC0808 的基本应用.

(1) 识别 ADC0809(ADC0808)芯片外引脚排列及熟悉其逻辑功能.

(2) 练习 A/D 转换操作过程(须经教师同意后才可接通电源).

(3) 数码转换：改变输入模拟电压测输出量，记入表 6.3.3 中.

**表 6.3.3 不同输入模拟电压下的输出数码**

| 输入模拟电压/V | 输出数码 |
|---|---|
| 5 | |
| 2.5 | |
| 1.25 | |
| 0.625 | |
| 0.3125 | |
| 0.15625 | |
| 0 | |

(4) 改变一次通道地址和相应的模拟量输入端，改变模拟电压测输出量.

2. 3 位半双积分 A/D MC14433 的基本应用.

(1) 识别 MC14433 芯片外引脚排列及熟悉其逻辑功能，按图 6.3.7 连接电路.

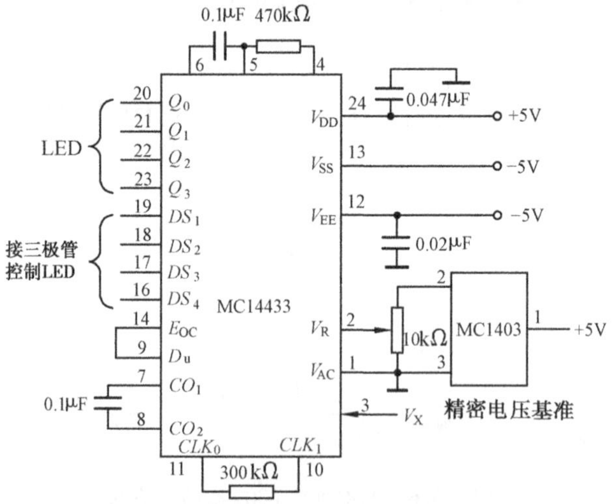


图 6.3.7 MC14433 测试连接图

(2) 根据 MC14433 输出功能表，如表 6.3.4 所示，练习 A/D 转换操作过程(须经教师同意后才可接通电源).

**表 6.3.4　MC14433 的“千”字位输出真值表**

| 千字位代码 | | | | 状态含义 |
|---|---|---|---|---|
| $Q_3$ | $Q_2$ | $Q_1$ | $Q_0$ | |
| 0 | × | × | × | “千”位数 1 |
| 1 | × | × | × | “千”位数 0 |
| × | 1 | × | × | 正极性 |
| × | 0 | × | × | 负极性 |
| × | × | × | 0 | 量程合适 |
| 0 | × | × | 0 | 量程不合适，溢出 |
| 1 | × | × | 1 | 量程不合适，嫌大（<0.180） |

（3）数码转换：改变输入模拟电压测输出量，记入表 6.3.5 中.

**表 6.3.5　不同输入模拟电压下的输出数码**

| 输入模拟电压/V | 输出数码 |
|---|---|
| 2 | |
| 1.5 | |
| 1.0 | |
| 0.75 | |
| 0.5 | |
| 0.25 | |
| 0 | |

## 四、实验仪器与器件

1. 通用板——可插接标准双列直插插座的实验电路板（1 块）.
2. 双踪示波器（1 台）.
3. 高精度数字万用表（1 只）.
4. 可调直流稳压电源（1 台）.
5. 实验主要器件.

（1）ADC0808、MC14433、MC1403（各 1 片）.

（2）电位器多圈电位器：10kΩ（1 只）.

（3）电阻：1kΩ（2 只），470kΩ、300kΩ（各 1 只）.

（4）电容：0.1μF（2 只）.

## 五、实验报告要求

1. 逐次渐近型 A/D 转换器 ADC0808 的基本应用.

（1）列表记录输入模拟量与相应的输出数字量，并分析产生误差的原因.

（2）改变通道地址，再列表记录.

2. 3 位半双积分 A/D MC14433 的基本应用.

列表记录输入模拟量与相应的输出数字量,并分析产生误差的原因.

## 六、实验预习要求

1. A/D 实验中如何改变输入端模拟电压?
2. ADC0808 中 *START* 引脚的作用是什么? 如何使用?

## 七、思考题

1. 阐述 A/D 转换的基本目的.
2. 哪一种 A/D 转换方法速度最快?
3. 逐次渐近型 A/D 转换器的转换时间是固定的吗? 与什么有关?

# 中级篇: 模数转换电路的测试电路

## 一、实验目的

1. 进一步了解 A/D 模块的转换原理.
2. 了解 A/D 模块的测试方法和故障检查方法.

## 二、实验原理

基本的 A/D 测试包括检测不正确或丢失的码字输出以及码字偏移.

1. 丢码: 例如,当输入模拟量从 8 变化到 10 时,输出从 1000 直接变化为 1010,而没有出现 1001. 这称为丢码.

2. 误码: 例如,应该输出 1010 时,却输出 1000,应该输出 0110 时,却输出 0100. 这通常由某一位的输出不正确引起(此处为 $2^1$ 位).

3. 偏差: 例如,转换后的数字输出对应的模拟电压比正常值大或比正常值小. 这通常由内部比较电路出现错误引起.

## 三、实验内容

1. A/D 转换器的测试.

测试电路框图如图 6.3.8 所示,其中使用了一个 D/A(DAC0832)作为该测试电路的一部分. ADC0804 是逐次渐近型 CMOS A/D 转换器,不需要接口可直接与微处理器相连.

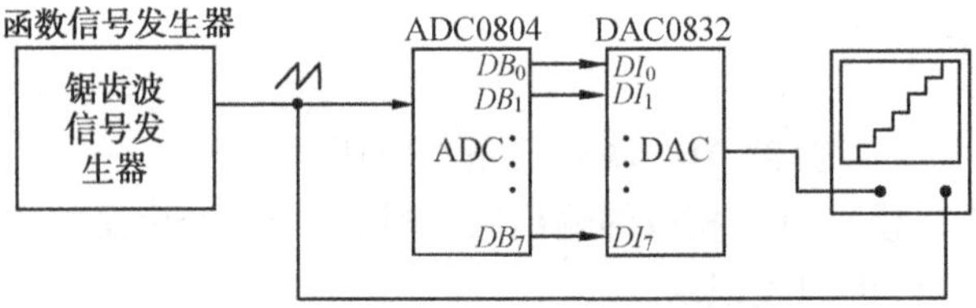


图 6.3.8 A/D 转换器的测试框图

ADC0804 的转换时间小于 100μs. 输入输出都和 TTL 兼容,采用 5V 电源供电,并可处理 6 和 7 脚之间的范围为 0 ~ 5V 的模拟输入信号. ADC0804 在芯片内集成有时钟发生器,片外仅需连接电容和电阻. 图 6.3.9 为 ADC0804 的测试电路接线图.

首先设计一个模拟信号源,例如一个线性度良好的锯齿波发生器(注意输入与参考电压的关系),接入 A/D 模块(ADC0804),A/D 的输出数字信号再次接入 D/A 模块得到相应模拟信号并与原输入模拟信号比较. 理想情况下,输入是一条斜波,输出是与之重合的阶梯波. 如果输出信号不理想,试区分是哪一种错误.

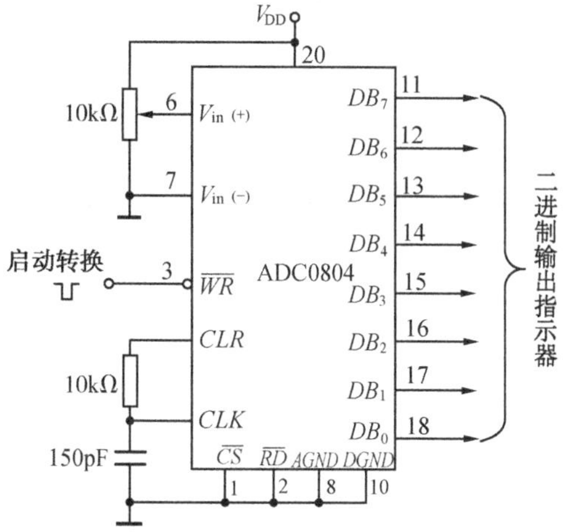


**图 6.3.9　ADC0804 的测试电路接线图**

2. A/D 转换器的故障分析.

如果 ADC0804 的一个数字输出端短路了,示波器上会出现什么现象? 设计并完成这个实验.

## 四、实验仪器与器件

1. 通用板——可插接标准双列直插插座的实验电路板(1 块).
2. 可调双直流稳压电源(供电 15V)(1 台).
3. 函数信号发生器(1 台).
4. 高精度数字万用表(2 只).
5. 双踪示波器(1 台).
6. 实验器件.

(1) ADC0804、DAC0832、LM324(各 1 片).
(2) 电阻: 10kΩ(1 只).
(3) 电容: 0.01μF(1 只).

## 五、实验报告要求

1. 根据实际实验电路,画出连线图.
2. 以 $X$ 轴为数字输入,$Y$ 轴为模拟输出,用坐标纸画出示波器上的输入模拟波形和输出阶梯波形,进行分析.

## 六、实验预习要求

1. 预先画出自己设计的连线图.
2. 与同学共同讨论分辨率和转换误差的定义.

## 七、思考题

1. A/D 转换器的转换误差与哪些因素有关?

2. 供电电源和参考电源及环境温度的变化对转换精度有什么影响？为什么？

## 高级篇：模数转换电路的应用

### A/D应用的例子——电子调温器

室温传感器产生一个正比于温度的模拟电压信号，这个信号通过线性运放放大后加到模数转换器的输入端，被转换成数字编码信号，并被控制逻辑定时采样. 假定采集到的温度为 18℃，转换为数字信号为 00010010，而预先设定的舒适温度是 25℃，相应的数字信号是 00011001，并已保存在存储电路里，控制电路就会比较这两个值，并由于当前温度小于设定温度而输出一个信号命令加温设备工作. 在加温过程中，控制电路通过 A/D 转换器不断监测当前温度，当当前温度达到或超过设定温度时，命令加温设备停止工作. 实际温度和设定温度都可以显示，如图 6.3.10 所示.

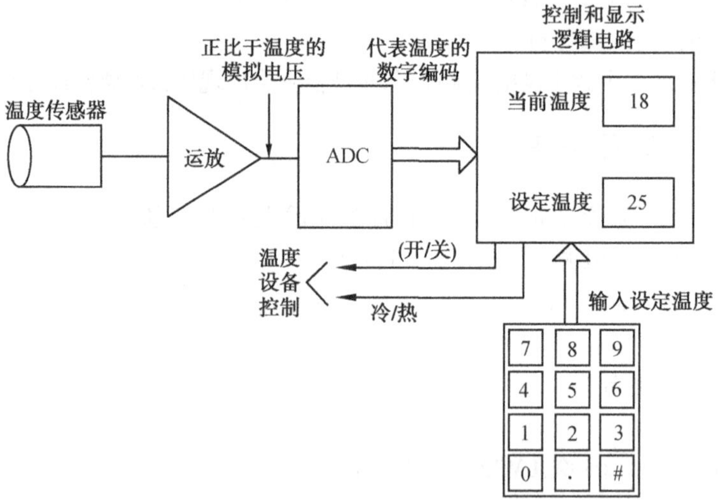


图 6.3.10　电子调温器实现框图

以下实验要求学生根据题目及提要，自己设计实验方案，组织实验并写出完整的实验报告.

如图 6.3.11 所示，用一个分压电路模拟温度变化的传感器输出，用 ADC0804 采集这个信号，并连接到一个最小单片机系统上. 用 $\overline{WR}$(3 脚)控制转换过程的开始，用中断输出 $\overline{INTR}$(5 脚)在 A/D 转换结束时向单片机发出中断信号，用以完成较慢的异步 A/D 转换器和较快的单片机之间的接口. 编一段小程序由单片机完成该输入数字的接收和 BCD 转换.

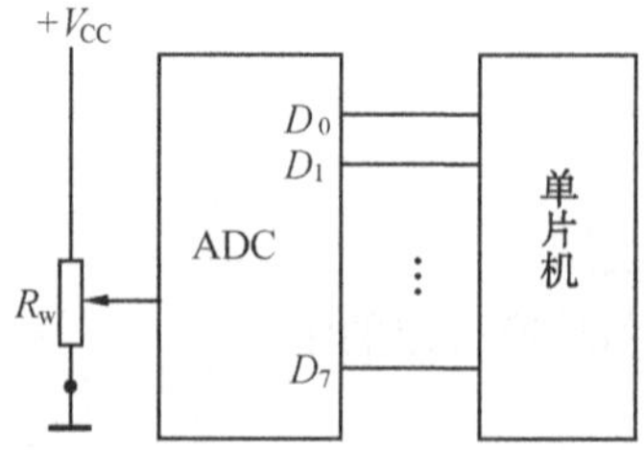


图 6.3.11　ADC 与单片机接口电路框图

# 第七章　数字系统设计

## 7.1　数字系统设计方法概述

数字系统是对以二进制数形式表示的数字信息进行存储、传输及处理的电子系统，是由若干数字电路和逻辑部件构成的逻辑模块/子系统的集合，数字系统中必须包括控制电路.

数字系统在结构上主要包括以下几个部分：数据处理单元，控制单元及输入、输出电路. 其中，输入电路将各种外部信号转换成数字电路可接收的数字信号；输出电路将系统处理后的数字信号转换成外部所需的各种信号. 数据处理单元完成各自特定逻辑功能的功能模块，可按逻辑功能分解为若干子系统. 控制单元是整个系统的控制中心，系统在控制信号的作用下，使各子系统及输入、输出电路按规定的顺序相互配合，协调工作，实现系统预期的功能.

随着数字集成技术和计算机技术的飞速发展，数字系统设计的理论和方法也在不断地发展和变化. 数字系统从中、小规模集成电路发展到了大规模、超大规模集成电路，其设计方法也随之发展.

传统的数字系统设计方法通常利用真值表、卡诺图、状态转换图(表)等工具建立系统模型来进行系统设计. 但是对于一个复杂的数字系统，由于它的输入变量个数、输出变量个数和内部的状态变量很多，如果采用上述传统的设计方法来描述和设计是十分困难甚至无法进行的，因此必须寻求从系统总体出发来描述和设计的方法. 在复杂数字系统设计中，一般采用模块化、层次化的方法，将一个复杂的系统分解为若干规模较小、功能较简单的子系统或功能模块，每个了系统或功能模块完成特定的逻辑功能，各子系统之间通过控制单元的作用协调工作. 常用的数字系统设计方法有自底向上法和自顶向下法.

1. 自底向上法.

自底向上法是根据给定的系统功能要求，凭借设计者对逻辑设计的熟练技巧和经验来构思方案，划分模块，对现有的器件、逻辑部件或相似的系统加以修改、扩大和相互连接，构成能满足用户要求的新系统. 采用自底向上法设计功能模块时，应考虑对现有器件的使用. 自底向上法适用于小型数字系统的设计，对于复杂的数字系统，这种设计方法就不太适用.

自底向上法的基本设计步骤如下：

(1) 分析系统设计要求，确定系统逻辑功能及系统总体方案.

全面分析系统任务，明确系统逻辑功能，确定系统的输入、输出信息及传输方式；确定控制信号的作用及控制关系；确定系统需要完成的具体任务等.

(2) 逻辑单元的划分，确定系统结构及逻辑图.

进行逻辑单元划分时，可将系统分为数据处理单元和控制单元，再按逻辑功能逐一划分. 逻辑单元的大小要适当，以功能比较单一、易于实现且便于进行方案比较为原则.

(3) 电路实现.

将上面划分的逻辑单元进一步分解成若干相对独立的功能部件，以便直接选用集成电路芯片来实现.

连接各个功能模块,绘制总体电路图.

制作 PCB 板,完成电路的物理实现,并对实物电路进行测试.

2. 自顶向下法.

自顶向下的设计方法是一种分层次、分模块的设计方法,是从系统总体功能出发,按一定原则将系统划分为若干子系统,然后将每个子系统分为若干功能块,再将每个模块分成若干更小的模块,直至分成多个基本模块实现.

自顶向下的设计方法是先进行系统级设计,再进行逻辑级设计. 设计时,首先进行系统设计,定义各个功能模块. 然后在功能级对模块进行描述,并通过仿真来验证模块的正确性. 如果仿真结果正确,则把功能级描述转化为门级描述,或者转化为网表文件,应用到具体芯片上进行布局布线. 之后再用软件进行时序仿真,来检查线延时和门延时对系统设计的影响. 如果达不到设计要求,修改设计,再反复验证,直到实现设计要求,并使其在速度、功耗和成本方面达到最佳组合.

自顶向下法的基本设计步骤如下:

(1) 系统设计的描述.

明确设计任务、要求、原理和使用环境;确定外部输入信号、输出信号特性,系统的逻辑功能、技术指标等;确定系统初步方案.

(2) 系统划分.

将系统划分为控制单元和数据处理单元两部分,并给出各单元的逻辑要求. 根据设计的系统功能要求,决定使用的子系统以及这些子系统与控制单元之间的关系. 子系统可逐级分解,须明确每个子系统的逻辑功能,最终得出系统的总体结构. 分解完成后,对各个子系统及控制单元进行功能描述. 此阶段描述和定义的是抽象的逻辑模块,不涉及具体的器件.

(3) 具体电路设计.

传统的设计方法是将上面对各子系统的描述转换成逻辑电路或基本逻辑组件进行设计,以实现电路的功能.

对于现代数字系统,可以使用 EDA 工具来实现电路设计. 可将逻辑功能的描述直接转换成 EDA 工具使用的描述方法,由 EDA 软件完成逻辑描述、逻辑综合及仿真等工作,完成电路设计.

(4) 系统调试验证.

搭建系统,对系统进行调试,以验证设计的正确性.

自顶向下的设计方法遵循"设计—验证—修改设计—再验证"的原则,可设计出完全符合设计要求的数字系统.

## 7.2 实验1 数字钟

### 一、实验目的

1. 熟悉数字钟的工作原理.
2. 掌握用中小规模集成电路设计数字系统的基本方法.

3. 熟悉 VHDL 语言,掌握用可编程逻辑器件设计数字系统的基本方法.

## 二、实验原理

随着半导体技术、集成电路技术和计算机技术的飞速发展,数字系统的设计理念和方法都发生了深刻的变化,传统的数字系统设计方法——以中小规模集成电路采用“搭积木”的设计方式已经无法实现复杂的数字系统的设计. 在现代数字系统设计中,可编程逻辑器件的使用越来越广泛. 与此同时,基于大规模可编程器件的 EDA(Electronics Design Automation)硬件解决方案也被广泛使用,而 VHDL(Very high speed integrated circuit Hardware Description Language)的应用已成为当前及未来 EDA 解决方案的核心,更是复杂数字系统设计的核心.

VHDL 是一种用来描述数字逻辑系统的“编程语言”,是为了描述数字逻辑设计过程中的各种需求而设计的,它能够精确而简明地描述数字电子系统,可用于从系统级到门级的描述,特别是能够以非常抽象的形式反映出系统最本质的性能. VHDL 语言功能强大,覆盖面广,具有良好的可读性及可移植性,设计周期短,成本低,其硬件描述与它的工艺过程无关,还支持层次结构设计. VHDL 可为系统级模拟提供方便的手段,使得系统实现前就可以评价系统的性能.

本实验可采用两种方法实现数字钟:一种是用中小规模集成电路实现数字钟;另一种是采用 VHDL 语言实现数字钟.

1. 数字钟工作原理.

数字钟主要由秒信号产生模块、计数器、译码及显示器等组成. 其中,秒信号产生模块主要由分频器构成,当外围石英晶体振荡器产生一定频率的时钟信号后,通过分频器产生秒信号;这里,分频器用来产生 1Hz 的秒时钟信号和校时用的 4Hz 时钟信号. 计数器包括六十进制计数器和二十四进制计数器,用于时、分、秒计数. 译码及显示模块用于时、分、秒十进制数的显示. 校时控制电路用于数字钟的校时,主要由数据选择器与相应的门电路构成. 数字钟的原理图如图 7.2.1 所示.

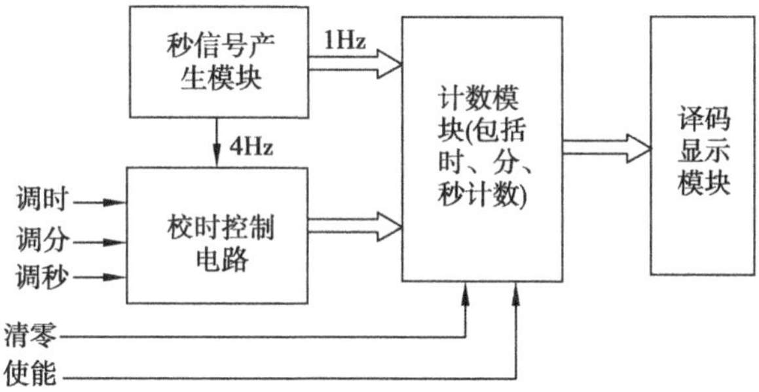


图 7.2.1　数字钟原理图

利用信号源产生的时钟信号,经分频器模块产生 1Hz 信号作为秒信号送入秒的六十进制计数器中进行秒的计数,并通过显示译码电路显示秒(个位和十位),秒计数器的进位信号使分的六十进制计数器计数,并通过译码显示电路显示分(个位和十位),分计数器的进位信号使时的二十四进制计数器计数,并通过译码显示电路显示时(个位和十位). 在校时控制电路的作用下,当按下调时键后,分频器输出的 4Hz 校时信号送入时计数器使其快速地从 0 到 23 递增变化,达到设置时的目的;当按下调分键后,分频器输出的 4Hz 信号送入分计数器使其快速地从 0 到 59 递增变化，达到设置分的目的；同理，可用调秒键调整秒的设置；校时控制电路采用数据选择器和门电路来实现. 清零键用于时、分、秒置零. 使能端用于控制计数器的工作状态.

2. 数字钟的电路原理图.

数字钟的电路原理图如图 7.2.2 所示. 图中 *CLKI* 为输入的时钟脉冲信号，*EN* 为使能控制端，*CLR* 为清零端，*TH*、*TM*、*TS* 分别为调时、调分、调秒控制端.

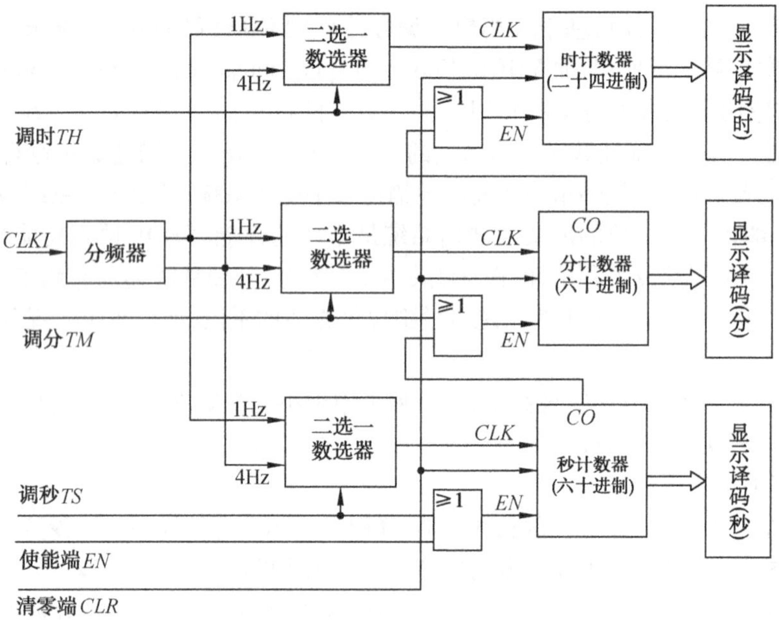


图 7.2.2　数字钟的电路原理图

3. 程序代码.

(1) 8 分频器模块程序.

若取输入信号 *CLKI* 为 8Hz 的时钟信号，输出信号 *CLKO*1 为 4Hz 的时钟信号，*CLKO*2 为 1Hz 的时钟信号. 源程序如下：

```
LIBRARY ieee;
USE ieee.std_logic_1164.all;
USE ieee.std_logic_unsigned.all;
ENTITY divider is
  PORT(CLKI:IN STD_LOGIC;
       CLKO1,CLKO2:OUT STD_LOGIC);
END divider;

ARCHITECTURE a OF divider IS
SIGNAL count:STD_LOGIC_VECTOR(2 DOWNTO 0);
BEGIN
PROCESS(CLKI)
BEGIN
```

```
    IF CLKI'EVENT and clki = '1' THEN
      count <= count + 1;
    END IF;
  END PROCESS;
    CLKO1 <= COUNT(0);
    CLKO2 <= COUNT(2);
END a;
```

(2) 六十进制计数器模块程序.

输入信号 *clr* 为复位信号,*en* 为使能控制端,*clk* 为时钟信号输入端;输出信号 *qbcd*1 为个位二-十进制编码输出(4 位),*qbcd*2 为十位二-十进制编码输出(3 位),*co* 为进位输出信号.源程序如下:

```
LIBRARY ieee;
USE ieee.std_logic_1164.all;
USE ieee.std_logic_unsigned.all;
ENTITY counter60 IS
  PORT(clr,en,clk    : IN STD_LOGIC;
       qbcd1         : OUT STD_LOGIC_VECTOR(3 downto 0);
       qbcd2         : OUT STD_LOGIC_VECTOR(2 downto 0);
       co            : OUT STD_LOGIC);
END counter60;

ARCHITECTURE a OF counter60 IS

   SIGNAL qt1:STD_LOGIC_VECTOR(3 downto 0);
   SIGNAL qt2:STD_LOGIC_VECTOR(2 downto 0);
 BEGIN
  PROCESS(clk,clr)
  BEGIN
    IF clr = '1' THEN
      qt1 <= "0000"; qt2 <= "000";
    ELSE
      IF (clk'event AND clk = '1') THEN
         IF en = '1' THEN
            IF qt1 = "1001" THEN
               qt1 <= "0000";
              IF qt2 = "101" THEN
                 qt2 <= "000";
              ELSE
                 qt2 <= qt2 + 1;
```

```
                END IF;
              ELSE
                qt1 <= qt1 + 1;
              END IF;
            END IF;
          END IF;
        END IF;
          qbcd1 <= qt1;
          qbcd2 <= qt2;
          co <= qt1(0) AND qt1(3) AND qt2(0) AND qt2(2) AND en;
      END PROCESS;
    END a;
```

(3) 二十四进制计数器模块程序.

输入信号 *clr* 为复位信号,*en* 为使能控制端,*clk* 为时钟信号输入端;输出信号 *qbcd*1 为个位二-十进制编码输出(4 位),*qbcd*2 为十位二-十进制编码输出(2 位),*co* 为进位输出信号. 源程序如下:

```
LIBRARY ieee;
USE ieee. std_logic_1164. all;
USE ieee. std_logic_unsigned. all;
ENTITY counter24 IS
  PORT(clr,en,clk    : IN STD_LOGIC;
       qbcd1         : OUT STD_LOGIC_VECTOR(3 downto 0);
       qbcd2         : OUT STD_LOGIC_VECTOR(1 downto 0);
       co            : OUT STD_LOGIC);
END counter24;

ARCHITECTURE a OF counter24 IS

    SIGNAL qt1:STD_LOGIC_VECTOR(3 downto 0);
    SIGNAL qt2:STD_LOGIC_VECTOR(1 downto 0);
  BEGIN
   PROCESS(clk,clr)
   BEGIN
     IF clr = '1' THEN
        qt1 <= "0000"; qt2 <= "00";
     ELSE
       IF (clk'event AND clk = '1') THEN
         IF   en = '1'THEN
           IF qt1 = "1001" THEN
```

```
                    qt1 <="0000";
                    qt2 <= qt2 +1;
                   ELSIF (qt2 ="10" AND qt1 ="0011") THEN
                      qt2 <="00";
                      qt1 <="0000";

                 ELSE
                    qt1 <= qt1 +1;
                 END IF;
              END IF;
           END IF;
         END IF;
           qbcd1 <= qt1;
           qbcd2 <= qt2;
           co <= qt1(1) AND qt1(0)  AND qt2(1)  AND en;
       END PROCESS;
     END a;
```

(4) 二选一数据选择器模块程序.

输入信号 *D*0、*D*1 为两路数据输入端,*S* 为地址控制输入端,*Y* 为数据选择器的输出端.源程序如下:

```
LIBRARY ieee;
USE IEEE. STD_LOGIC_1164. ALL;
ENTITY MUX_2 IS
  PORT(S,D0,D1:IN STD_LOGIC;
       Y      :OUT STD_LOGIC);
END MUX_2;

ARCHITECTURE a OF MUX_2 IS
BEGIN
 -- Y <=(NOT S AND D0) OR (S AND D1);
PROCESS
BEGIN
  IF (S ='0') THEN
     Y <= D0;
  ELSE
     Y <= D1;
  END IF;
END PROCESS;
END a;
```

(5) 顶层文件(图 7.2.3).

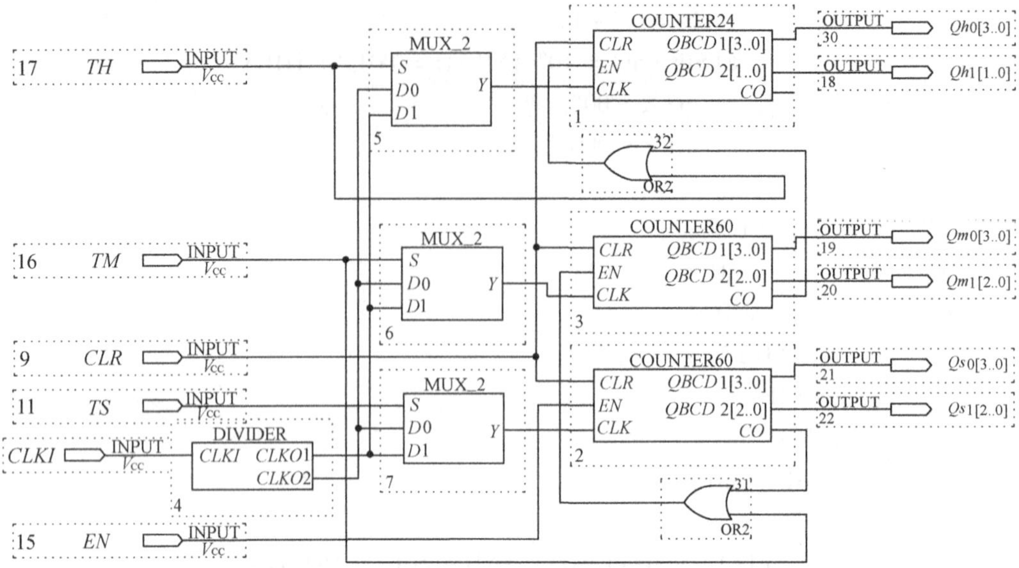


图 7.2.3　数字钟的顶层文件

## 三、实验内容

1. 用中小规模集成电路实现数字钟电路.

在数字钟电路中,其核心部分是计数器电路,对时、分、秒的计时分别采用二十四进制计数器和六十进制计数器来实现. 构成二十四进制计数器或六十进制计数器的方法可参阅"计数器"实验中所介绍的方法,即可用两片十进制计数器通过串行进位或并行进位的方式得到.

例如: 用一块双路二-十进制计数器 CD4518,采用异步清零的方法实现六十进制计数器的实现图如图 7.2.4 所示. 若用十进制计数器 74LS160 也可以,但需用两片该计数器才能构成六十进制计数器. 二十四进制计数器的构成方法相同.

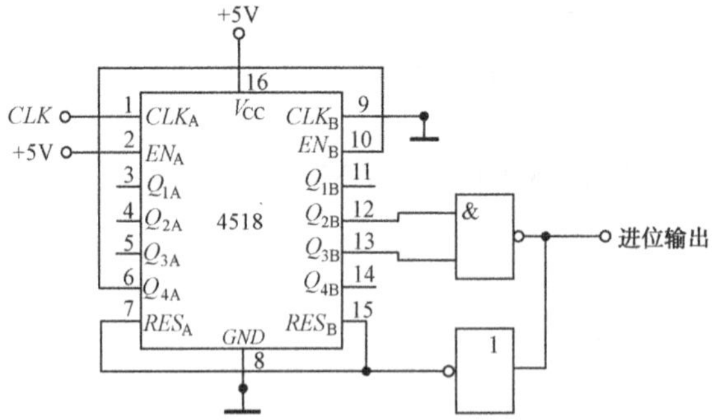


图 7.2.4　用 4518 构成的六十进制计数器电路

2. 根据前面所给样例程序,用 VHDL 语言实现数字钟电路.

## 四、实验仪器与器件

1. 双踪示波器(1 台).
2. EDA 教学实验箱(1 只).
3. 输入输出组件(若干).
4. 实验器件：根据所设计的电路选择相应器件. 如:4518、4060、4511、74LS160、74LS04、74LS00、74LS20 等.

## 五、实验报告要求

1. 根据实验内容 1 的要求,设计相应电路,写出设计过程,画出设计电路图,并记录相应结果.
2. 根据实验内容 2 的要求,编制相应的实现程序,并记录编译及仿真结果.
3. 对实验结果进行分析.

## 六、实验预习要求

1. 复习组合及时序逻辑电路的设计方法及常用器件的原理和使用.
2. 复习可编程器件的基本知识,熟悉可编程器件设计数字系统的方法.
3. 了解 VHDL 语言.
4. 熟悉 EDA 开发环境.

## 七、思考题

1. 如果要实现译码显示电路,VHDL 程序该如何编写?
2. 如果要增加闹钟功能,该如何设计?
3. 如果要实现正计时和倒计时功能,应如何设计?
4. 用可编程器件最大的优点是硬件编程灵活,外围器件少,而本实验输出显示还要加许多(6 片)CD4511,如何在数字钟上实现 LED 动态扫描电路以实现器件优化?

# 7.3　实验 2　简单洗衣机时序电路

——设计洗衣机控制器

## 一、实验目的

1. 掌握常用可编程器件的功能.
2. 学习可编程逻辑器件设计语言 ABEL-HDL 的编程方法.
3. 了解可编程逻辑器件实现数字系统设计的过程.

## 二、实验原理

ABEL-HDL 语言是 Data I/O 公司开发的一种可编程逻辑器件的设计语言，它可支持绝大多数可编程逻辑器件. 现考虑用一片可编程器件实现全自动洗衣机的控制功能.

设全自动洗衣机的工作过程如下：

1. 洗衣：进水—正转—延时—反转—延时（$n1$ 次返回至正转处）—出水.

2. 清洗：进水—正转—延时—反转—延时（$n2$ 次返回至正转处）—出水（$n3$ 次返回至进水处）.

3. 脱水：正转—延时—结束提示.

首先应确定初步方案. 这一步要求得到整个系统控制器的基本操作流程（如图 7.3.1 所示）. 确定系统有多少输入和输出信号，有多少状态变量.

通过仔细分析控制器流程，可知输入变量为：停止信号、启动信号、水放尽、水位到、复位信号、时钟信号. 输出变量为：正转控制、反转控制、进水控制、出水控制、洗衣、清洗、脱水以及结束信号. 状态量可以有 11 个，分别是 S0：初始；S1：洗衣，进水；S2：洗衣，正转；S3：洗衣，反转；S4：洗衣，出水；S5：清洗，进水；S6：清洗，正转；S7：清洗，反转；S8：清洗，出水；S9：脱水，正转；S10：结束. 从而画出系统的粗略框图. 然后列出状态转移图表，根据状态转移图用触发器设计，或直接用硬件描述语言设计. 下面给出了框图和参考程序.

洗衣机工作流程图如图 7.3.1 所示，ISP1016 引脚图如图 7.3.2 所示.

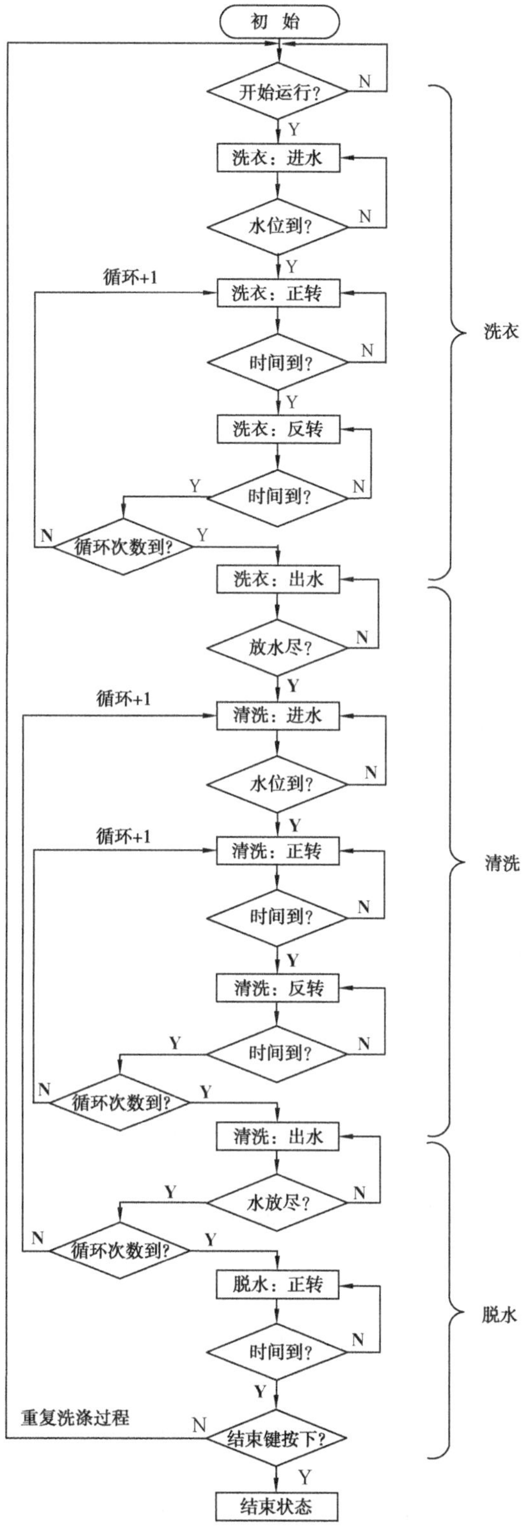


图 7.3.1　洗衣机工作流程图

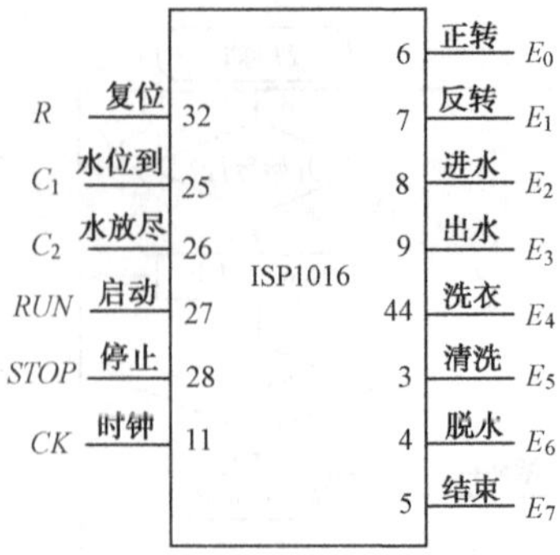


图 7.3.2　ISP1016 引脚图

源程序代码如下：

```
                              MODULE CTR

R,C1,C2,RUN,STOP,CK                      pin 32,25,26,27,28,11;
E0,E1,E2,E3,E4,E5,E6,E7                  pin 6,7,8,9,44,3,4,5 ISTYPE'REG';
D0,D1,D2,D3,D4,D5,D6,D7,D8,D9,D10        node ISTYPE'REG';

PUT = [STOP,RUN,C2,C1,R];                输入控制;
CNT1 =3;                                 洗衣循环次数;
CNT2 =3;                                 清洗循环次数;
CNT3 =2;                                 清洗换水循环次数;
WAIT = [D1,D0];                          延时;
LOOP1 = [D4,D3,D2];                      循环1;计数器1;
LOOP2 = [D7,D6,D5];                      循环2;计数器2;
LOOP3 = [D10,D9,D8];                     循环3;计数器3;

"Count States
s0 =^b00000000; s1 =^b00101000; s2 =^b10001000;
s3 =^b01001000; s4 =^b00011000; s5 =^b00100100;
s6 =^b10000100; s7 =^b01000100; s8 =^b00010100;
s9 =^b10000010; s10 =^b00000001;         状态量,为1表示相应输出Ei有效;

State_Diagram[E0,E1,E2,E3,E4,E5,E6,E7]
State s0: case (PUT ==0):s0;             保持复位;
               (PUT ==8):s1;             运行命令有效,转进水洗衣;
    endcase;
State s1: case (PUT ==0):s1;             保持运行;
               (PUT ==2):s2;             水位到,转正转洗衣;
    endcase;
```

```
State s2: case (WAIT==0):s2;                    延时未到,保持正转洗衣;
    WITH{WAIT:=1;LOOP1:=LOOP1;}                 置延时到,输出循环1次数不变;
    (WAIT==1):s3;                               延时到,反转洗衣;
    WITH{WAIT:=0;LOOP1:=LOOP1;}
    endcase;
State s3: case ((WAIT==0)&(LOOP1!=CNT1)):s3;
                                                延时未到且循环1未到3次,保持反转
                                                洗衣;
    WITH{WAIT:=1;LOOP1:=LOOP1;}                 输出循环1次数不变;
    ((WAIT==1)&(LOOP1!=CNT1)):s2;
                                                延时到,同时循环1未到3次,正转洗衣;
    WITH{WAIT:=0;LOOP1:=LOOP1+1;}
                                                输出洗衣循环1次数加1;
    (LOOP1=CNT1):s4;                            循环1达到计数值n1,转出水;
    WITH{WAIT:=0;LOOP1:=0;}                     洗衣循环数复位;
    endcase;
State s4: case (PUT==0):s4;                     保持出水;
               (PUT==4):s5;                     如果水放尽,转进水清洗;
    endcase;
State s5: case (PUT==0):s5;                     保持进水;
    WITH{LOOP3:=LOOP3;}
    (WAIT==2):s6;                               延迟到,转正转清洗;
    WITH{LOOP3:=LOOP3;}
    endcase;
State s6: case (WAIT==0):s6;                    保持;
    WITH{WAIT:=1;LOOP2:=LOOP2;LOOP3:=LOOP3;}
    (WAIT==1):s7;                               延迟到,转反转清洗;
    WITH{WAIT:=0;LOOP2:=LOOP2;LOOP3:=LOOP3;}
    endcase;
State s7: case ((WAIT==0)&(LOOP2!=CNT2)):s7;
                                                延迟未到且循环2次数未到,保持反转
                                                清洗;
    WITH{WAIT:=1;LOOP2:=LOOP2;LOOP3:=LOOP3;}
    ((WAIT==1)&(LOOP2!=CNT2)):s6;
                                                延迟到且循环2次数未到,转正转清洗;
    WITH{WAIT:=0;LOOP2:=LOOP2+1;LOOP3:=LOOP3;}
    (LOOP2=CNT2):s8;                            循环次数到,转出水清洗;
    WITH{WAIT:=0;LOOP2:=0;LOOP3:=LOOP3;}
    endcase;
```

```
State s8: case ((PUT ==0)&(LOOP3! = CNT3)):s8;
                                        无指令且循环 3 次数未到,保持;
    WITH{LOOP3: = LOOP3;}
    ((PUT ==4)&(LOOP3!  = CNT3)):s5; C2 =1,
                                        水放尽且循环 3 次数未到,转进水清洗;
    WITH{LOOP3: = LOOP3 +1;}            同时循环 3 加 1;
    ((PUT ==0)&(LOOP3!  = CNT3)):s8;
                                        无指令且循环 3 次数未到,保持;
    WITH{LOOP3: =0;}?
    ((PUT ==4)&(LOOP3 = CNT3)):s9;  水放尽且循环 3 次数到,转正转脱水;
    WITH{LOOP3: =0;}                    循环 3 复位;
    endcase;
State s9: case (WAIT ==0):s9;           延迟未到,保持;
    WITH{WAIT: =1;}
    (WAIT ==1):s10;                     延迟到,转结束;
    WITH{WAIT: =0;}
    endcase;
State s10: case (PUT ==0):s10;          无指令,保持;
                (PUT ==16):s1;          STOP 为 1,转初始状态.
    endcase;

EQUATIONS
    [E0..E7].CLK = CK;
    [D0..D10].CLK = CK
END
```

## 三、实验内容

1. 根据对洗衣机控制器的分析和基本操作流程,画出状态转移图.
2. 编写 VHDL 语言程序或修改 ABEL-HDL 参考程序,进行编译调试.
3. 仿真.
4. 编译项目文件生成熔丝图文件.
5. 下载 *.Jed 文件到 ISPLSI1016/1032.
6. 在 SE-2 实验板上验证功能.

## 四、实验仪器与器件

1. SE-2 数字系统实验板(1 块).
2. 微机(1 台).

## 五、实验报告要求

1. 列出状态转移图、原程序及测试向量文件.
2. 记录编译及仿真结果.

## 六、实验预习要求

1. 了解 ISPLSI1016/1032 的功能.
2. 熟悉 ABEL-HDL 语言.

## 七、思考题

1. 如何改变定时时间？如何改变循环次数？
2. 如何在全自动控制器上增加弱洗或强洗功能？

# 7.4　实验 3　交通灯控制器

## 一、实验目的

1. 熟悉交通灯控制电路的工作原理.
2. 掌握用中小规模集成电路设计数字系统的基本方法.
3. 掌握用可编程逻辑器件设计数字系统的基本方法.

## 二、实验原理

交通灯控制电路的功能要求：在十字路口有主干道(A 方向)和支干道(B 方向)，安装有红、黄、绿三色信号灯，指挥车辆安全高效地通行. 红、黄、绿三色灯分别代表禁止通行、公共停车及通行. 主干道(A 方向)的通行时间为 50 秒，支干道(B 方向)的通行时间为 30 秒，公共停车时间(两方向的黄灯信号)为 4 秒(注意：这里的通行时间和停车时间可自行设定). 干道(A 方向)和支干道(B 方向)分别安装有一车辆检测传感器. 当公路有车辆时传感器输出为高电平，否则为低. 当 A、B 两方向只有一个方向有车辆请求通过时，该方向通行. 其他情况下 A、B 两方轮流通行. 在初始状态下 A 方向通行、B 方向禁止. 图 7.4.1为十字路口示意图.

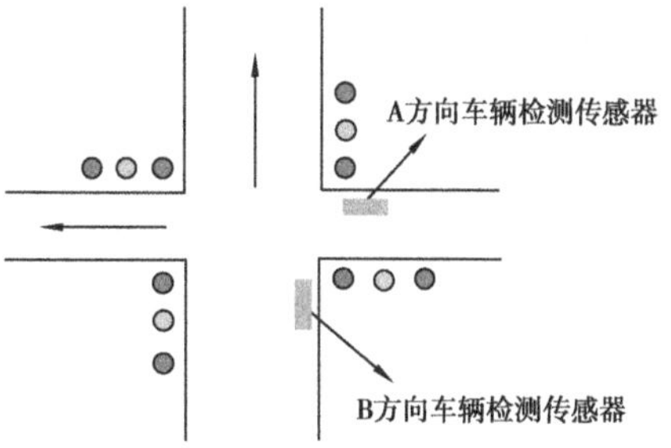


图 7.4.1　十字路口示意图

根据以上分析，可得到交通灯控制电路的系统结构图，如图 7.4.2 所示.

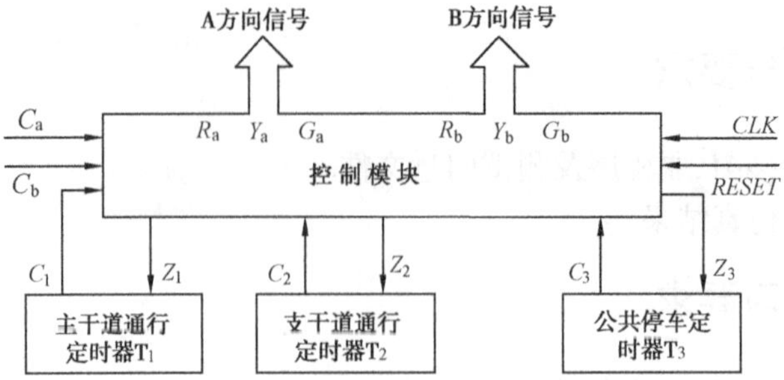


图 7.4.2　交通灯控制器结构图

其中：

$C_a$：主干道(A 方向)车辆检测传感器输出信号. $C_a=1$(即高电平)表示 A 方向有车,反之则表示无车.

$C_b$：支干道(B 方向)车辆检测传感器输出信号. $C_b=1$ 表示 B 方向有车,反之则表示无车.

$R_a$：主干道(A 方向)红灯信号. $R_a=1$ 表示灯亮,反之为 0 表示不亮.

$Y_a$：主干道(A 方向)黄灯信号. $Y_a=1$ 表示灯亮,反之为 0 表示不亮.

$G_a$：主干道(A 方向)绿灯信号. $G_a=1$ 表示灯亮,反之为 0 表示不亮.

$R_b$：支干道(B 方向)红灯信号. $R_b=1$ 表示灯亮,反之为 0 表示不亮.

$Y_b$：支干道(B 方向)黄灯信号. $Y_b=1$ 表示灯亮,反之为 0 表示不亮.

$G_b$：支干道(B 方向)绿灯信号. $G_b=1$ 表示灯亮,反之为 0 表示不亮.

$C_1$：主干道(A 方向)通行定时器输出信号. 50 秒定时时间满后输出高电平 1,否则输出为低电平 0.

$C_2$：支干道(B 方向)通行定时器输出信号. 30 秒定时时间满后输出高电平 1,否则输出为低电平 0.

$C_3$：公共停车定时器输出信号. 4 秒定时时间满后输出高电平 1,否则输出为低电平 0.

$Z_1$：主干道(A 方向)通行定时器 $T_1$的使能信号. 当 $Z_1$为高电平 1 时定时开始,否则 $T_1$不计时.

$Z_2$：支干道(B 方向)通行定时器 $T_2$的使能信号. 当 $Z_2$为高电平 1 时定时开始,否则 $T_2$不计时.

$Z_3$：公共停车时间定时器 $T_3$的使能信号. 当 $Z_3$为高电平 1 时定时开始,否则 $T_3$不计时.

*CLK*：代表时钟信号. 为一系列频率为 1Hz 的脉冲信号.

*RESET*：复位信号. 当 *RESET* 为高电平 1 时系统复位.

在以上定义的各符号中,$C_1$、$C_2$、$C_3$引自于定时器的输出,它们共同作为控制模块的输入信号. 控制模块根据 $C_1$、$C_2$、$C_3$的取值组合来决定对各交通信号灯如何控制,即:使相应的定时器工作或不工作.

根据该系统的设计要求和系统结构图,得出控制系统的算法流程图,如图 7.4.3 所示.

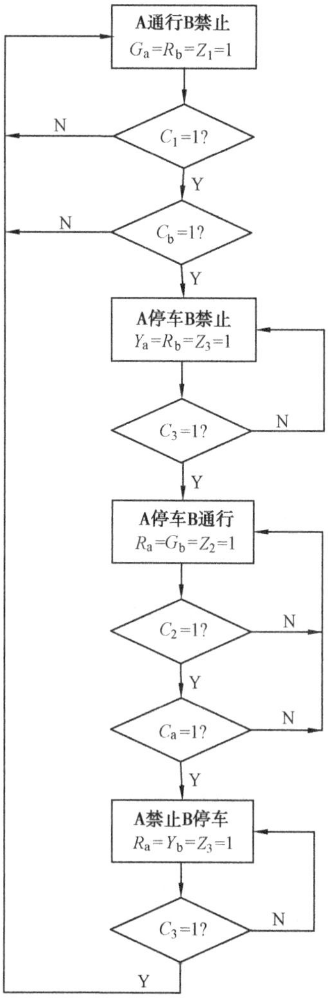


图 7.4.3　交通灯控制器算法流程图

## 三、实验内容

1. 用中小规模集成电路实现交通灯控制电路.
2. 用 VHDL 语言实现交通灯控制电路.

## 四、实验仪器与器件

1. 双踪示波器(1 只).
2. EDA 教学实验箱(1 只).
3. 实验器件：根据所设计的电路选择相应器件.

## 五、实验报告要求

1. 根据实验内容 1 的要求,设计相应电路,写出设计过程,画出设计电路图,并记录相应结果.

2. 根据实验内容2的要求,编制相应的实现程序,并记录编译及仿真结果.
3. 对实验结果进行分析.

## 六、实验预习要求

1. 复习组合及时序逻辑电路的设计方法及常用器件的原理和使用.
2. 复习可编程器件的基本知识,熟悉用可编程器件设计数字系统的方法.
3. 了解 VHDL 语言.
4. 熟悉 EDA 开发环境.

## 七、思考题

1. 是否可以用单片机设计这个交通灯控制电路?
2. 比较以上几种方案,你认为哪种设计效果最好?
3. 数字逻辑系统的一般设计步骤是什么?

# 7.5 实验4 超前进位加法器和算术逻辑单元

## 一、实验目的

1. 进一步掌握超前进位加法器的设计思路.
2. 熟悉算术逻辑单元的工作原理及逻辑功能.
3. 掌握用中小规模集成电路设计数字系统的基本方法.
4. 掌握用可编程逻辑器件设计数字系统的基本方法.

## 二、实验原理

为了提高运算速度,必须设法减少或消除由于进位信号逐级传递所消耗的时间,这就提出了在进行低位的运算前能否直接就知道高位的进位输出的问题.我们知道加到第 $i$ 位的进位输入信号是这两个数第 $i$ 位以前各位状态的函数,所以第 $i$ 位的进位信号 $(C_I)_i$ 一定能够由 $A_{i-1}A_{i-2}\cdots A_0$ 和 $B_{i-1}B_{i-2}\cdots B_0$ 唯一确定.根据这个原理,就可以通过逻辑电路事先得出每一位全加器的进位输入信号,而无须再从最低位开始向高位逐位传递进位信号了,从而有效提高运算速度.采用这种结构形式的加法器就叫作超前进位(Carry Lookahead)加法器.

从全加器真值表中可以看到,在两种情况下会有进位输出信号产生.第一种情况是 $AB=1$,这时 $C_O=1$.第二种情况是 $A+B=1$ 且 $C_I=1$,也产生 $C_O=1$ 的信号,这时可以把来自低位的进位输入信号 $C_I$ 直接传送到进位输出端 $C_O$.事实上,在 $AB=1$ 时同样也可以将 $C_I$ 直接传送到输出端.于是两个多位数中第 $i$ 位相加产生的进位输出 $(C_O)_i$ 可表达为:

$$(C_O)_i=A_iB_i+(A_i+B_i)(C_I)_i$$

若将 $A_iB_i$ 定义为进位生成函数 $G_i$,同时将 $A_i+B_i$ 定义为进位传送函数 $P_i$,则上式可改写为：

$$(C_0)_i = G_i + P_i(C_I)_i$$

展开后得到：

$$\begin{aligned}(C_0)_i &= G_i + P_i(C_I)_i \\ &= G_i + P_i[G_{i-1} + P_{i-1}(C_I)_{i-1}] \\ &= G_i + P_iG_{i-1} + P_iP_{i-1}[G_{i-2} + P_{i-2}(C_I)_{i-2}] \\ &\cdots \\ &\cdots \\ &= G_i + P_iG_{i-1} + P_iP_{i-1}G_{i-2} + \cdots + P_iP_{i-1}\cdots P_1G_0 + P_iP_{i-1}\cdots P_0C_0\end{aligned}$$

用 VHDL 实现 4 位超前进位全加器的主要思想就是基于超前进位原理，即：设定数组 c(0)…c(4)为各位二进制数进位输出.

```
c(0) <= ci;              ——定义 c(0)为低位输入进位信号；
                         ——通过超前进位原理得出其他各位的输出进位信号；
c(1) <= g(0) or (p(0) and ci);
c(2) <= g(1) or (p(1) and g(0)) or (p(1) and p(0) and ci);
c(3) <= g(2) or (p(2) and g(1)) or (p(2) and p(1) and g(0)) or (p(2) and p(1) and
p(0) and ci);
c(4) <= g(3) or (p(3) and g(2)) or (p(3) and p(2) and g(1)) or (p(3) and p(2) and
p(1) and g(0)) or (p(3) and p(2) and p(1) and p(0) and ci);
                         ——c(4)为最高位的输出进位信号，也就是整个 4 位超前进位；
                         ——全加器 ADDER4 的高位进位输出.
```

算术逻辑单元(Arithmetic Logic Units, ALU)是在加法器的基础上发展起来的. 算术逻辑单元不仅能执行多种算术运算操作，而且能执行多种逻辑运算操作. 以 4 位算术逻辑单元为例，它可实现加、减等 16 种算术运算功能及与、与非、或、或非、异或等 16 种逻辑运算功能. 用变量 $M$ 作为方式控制端，当 $M=1$ 时，执行逻辑运算操作；当 $M=0$ 时，执行算术运算操作. 用 $S_3S_2S_1S_0$ 作为功能选择端，利用 $S_3S_2S_1S_0$ 的十六种状态组合可以指定 16 种逻辑运算($M=1$)或 16 种算术运算($M=0$)中的任何一种，具体运算功能如表 7.5.1 所示. $A_0 \sim A_3$ 及 $B_0 \sim B_3$ 是执行操作的两个数；$C_n$ 是来自低位的进位输入端；$C_{n+4}$ 是两数做算术运算时的进位输出端；$F_0 \sim F_3$ 是运算代码输出端；$A=B$ 是比较输出端，当两个运算数相同时输出高电平；$G$ 是进位产生函数输出端；$P$ 是进位传递函数输出端，$G$ 和 $P$ 端用于和快速进位发生器连接，供扩展位数时组间连接使用.

74LS181 算术逻辑单元是一个商品化的带有输入函数发生器的 4 位并行加法器，它可以对两个 4 位二进制数进行 16 种算术运算，也可以对 4 对逻辑变量进行 16 种逻辑运算. 74LS181 引脚图如图 7.5.1 所示，其运算功能表如表 7.5.1 所示.

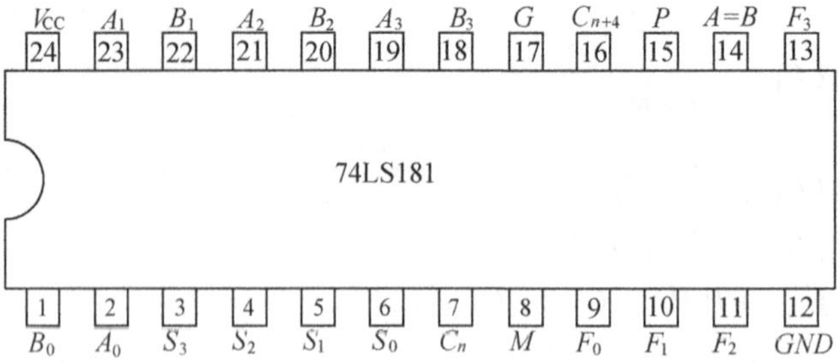


图 7.5.1　74LS181 算术逻辑单元(ALU)的引脚排列

**表 7.5.1　74LS181 算术逻辑单元的运算功能表**

| 功能选择 | | | | $M=1$ 逻辑功能 | $M=0$ 算术运算 | | | |
|---|---|---|---|---|---|---|---|---|
| $S_3$ | $S_2$ | $S_1$ | $S_0$ | | $\overline{C_n}=H$ | 无进位有借位 | $\overline{C_n}=L$ | 有进位无借位 |
| 0 | 0 | 0 | 0 | $F=\overline{A}$ | $F=A$ | | $F=A+1$ | |
| 0 | 0 | 0 | 1 | $F=\overline{A+B}$ | $F=A+B$ | | $F=(A+B)+1$ | |
| 0 | 0 | 1 | 0 | $F=\overline{A}B$ | $F=A+\overline{B}$ | | $F=(A+\overline{B})+1$ | |
| 0 | 0 | 1 | 1 | $F=0$ | $F=-1$(2 的补码) | | $F=0$ | |
| 0 | 1 | 0 | 0 | $F=\overline{AB}$ | $F=A+A\overline{B}$ | | $F=A+A\overline{B}+1$ | |
| 0 | 1 | 0 | 1 | $F=\overline{B}$ | $F=(A+B)+A\overline{B}$ | | $F=(A+B)+A\overline{B}+1$ | |
| 0 | 1 | 1 | 0 | $F=A\oplus B$ | $F=A-B-1$ | | $F=A-B$ | |
| 0 | 1 | 1 | 1 | $F=A\overline{B}$ | $F=A\overline{B}-1$ | | $F=A\overline{B}$ | |
| 1 | 0 | 0 | 0 | $F=\overline{A}+B$ | $F=A+AB$ | | $F=A+AB+1$ | |
| 1 | 0 | 0 | 1 | $F=\overline{A\oplus B}$ | $F=A+B$ | | $F=A+B+1$ | |
| 1 | 0 | 1 | 0 | $F=B$ | $F=(A+\overline{B})+AB$ | | $F=(A+\overline{B})+AB+1$ | |
| 1 | 0 | 1 | 1 | $F=AB$ | $F=AB-1$ | | $F=AB$ | |
| 1 | 1 | 0 | 0 | $F=1$ | $F=A+A$ | | $F=A+A+1$ | |
| 1 | 1 | 0 | 1 | $F=A+\overline{B}$ | $F=(A+B)+A$ | | $F=(A+B)+A+1$ | |
| 1 | 1 | 1 | 0 | $F=A+B$ | $F=(A+\overline{B})+A$ | | $F=(A+\overline{B})+A+1$ | |
| 1 | 1 | 1 | 1 | $F=A$ | $F=A-1$ | | $F=A$ | |

要实现 16 种不同的算术和逻辑运算,需要用到 4 个控制输入端 $S_0$、$S_1$、$S_2$、$S_3$ 和一个在算术与逻辑运算间实现选择的控制输入端 $M$.

分析表 7.5.2 可以定义两个中间变量 $X_i$、$Y_i$,分别由 $S_3$、$S_2$ 和 $S_1$、$S_0$ 控制. 要说明的是输入函数发生器究竟起什么作用. 每位输入函数发生器由两个与或非门组成,见图 7.5.2.

表 7.5.2　加数、被加数与传递函数、生成函数的函数关系

| $S_1$ | $S_0$ | $Y_i(G_i)$ | $S_3$ | $S_2$ | $X_i(P_i)$ |
|---|---|---|---|---|---|
| 0 | 0 | $A_i$ | 0 | 0 | 1 |
| 0 | 1 | $A_i \cdot B_i$ | 0 | 1 | $A_i+\overline{B_i}$ |
| 1 | 0 | $A_i \cdot \overline{B_i}$ | 1 | 0 | $A_i+B_i$ |
| 1 | 1 | 0 | 1 | 1 | $A_i$ |

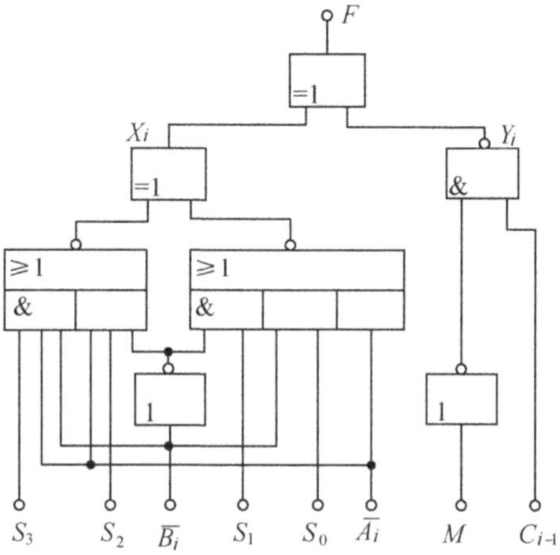


图 7.5.2　加数、被加数与传递函数、生成函数的逻辑关系

在 $S_3S_2S_1S_0$控制下，由输入变量 $A_i$、$B_i$经这两个门产生组合函数 $X_i$、$Y_i$. 所以输入函数发生器将两个操作数 $A$、$B$ 在 $S_3S_2S_1S_0$控制下先进行一次逻辑运算，然后将中间变量 $X_i$、$Y_i$送到加法器进行算术运算($M=0$)或逻辑运算($M=1$). 从表 7.5.2 可知，$X_i$的四种选择之一是 $A_i+B_i$，从而可以提供超前进位加法器中的进位传递函数 $P_i$，而 $Y_i$ 的四种选择之一是$A_iB_i$，从而可以提供超前进位加法器中的进位生成函数 $G_i$. 这样 $X_i$既是送到加法器一个操作数的第 $i$ 位，又是第 $i$ 位的进位传递函数 $P_i$；$Y_i$既是送到加法器另一个操作数的第 $i$ 位，又是第 $i$ 位的进位生成函数 $G_i$，可以省去实现本地进位和传递条件的门电路.

表 7.5.2 中，借助中间变量 $X_i$、$Y_i$ 实现最终输出 $F$，即：

$$F=X_i \oplus Y_i \oplus [\overline{M}C_{i-1}]$$

$M=1$，逻辑运算；$M=0$，算术运算；$C_{i-1}$为运算功能表中的 $C_n$，在算术运算中实现低位进位输入的功能.

从表 7.5.2 中还可以发现，当 $S_3$、$S_2$分别为 1、0 时，$X$ 选中"$A_i+B_i$"；$S_1$、$S_0$分别为 0、1 时，$Y$ 选中"$A_iB_i$"，此时，输出 $F$ 即为全加器中的 $S$.

实现控制流程图如图 7.5.3 所示.

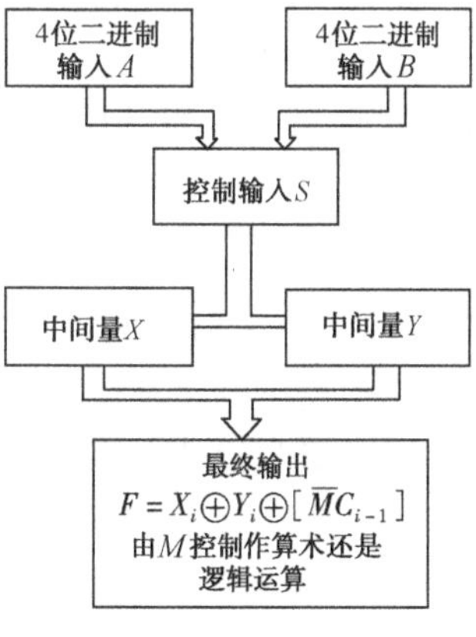


图 7.5.3　算术逻辑单元实现控制流程图

## 三、实验内容

1. 用中小规模集成电路实现简化的算术逻辑单元电路,例如4种功能选择,其关系表如表7.5.3所示,操作数减少至2位.

**表7.5.3 函数关系表**

| $S_1$ | $Y_i$ | $S_3$ | $X_i$ |
|---|---|---|---|
| 0 | $A_i \cdot B_i$ | 0 | 1 |
| 1 | 0 | 1 | $A_i + B_i$ |

2. 用VHDL语言实现4位超前进位加法器.
3. 用VHDL语言实现4位算术逻辑单元电路.

## 四、实验仪器与器件

1. 双踪示波器(1只).
2. EDA教学实验箱(1只).
3. 实验主要器件: 74LS181(1片).

## 五、实验报告要求

1. 根据实验内容1的要求,设计相应电路,写出设计过程,画出设计电路图,并记录相应结果.
2. 根据实验内容2的要求,编制相应的实现程序,并记录编译及仿真结果.
3. 对实验结果进行分析.

## 六、实验预习要求

1. 复习组合逻辑电路的设计方法及常用器件的原理和使用.
2. 复习可编程器件的基本知识,熟悉用可编程器件设计数字系统的方法.
3. 了解VHDL语言.
4. 熟悉EDA开发环境.

## 七、思考题

1. 查阅74LS181的相关资料,理清设计思路,思考能否形成自己的设计方法.
2. 算术逻辑单元通常用在什么地方?
3. 用VHDL设计的算术逻辑单元与74LS181相比有什么不同?

# 7.6　实验5　数字乘法器

## 一、实验目的

1. 熟悉乘法器的工作原理.
2. 掌握用中小规模集成电路设计数字系统的基本方法.
3. 掌握用可编程逻辑器件设计数字系统的基本方法.

## 二、实验原理

在数字系统中,乘法是通过逐项移位相加实现的. 从乘数的最低位开始,若为 1,则被乘数左移 1 位与上一次的和相加;若为 0,则左移 1 位以全零相加,直至乘数的最高位.

以 2 位二进制数为例:被乘数为 $A_2A_1$,乘数为 $B_2B_1$,两数相乘的积为 $S_4S_3S_2S_1$,则:

$S_1 = A_1 \& B_1$

$S_2 = (A_2 \& B_1) + (A_1 \& B_2) + C_1$

$S_3 = (A_2 \& B_2) + C_2$

$S_4 = C_3$

其中: $C_i$ 为第 $i$ 位向高一位的进位.

由以上分析可知,乘法器可以通过移位相加来实现,其核心是用加法器来实现乘法器.

这里介绍实现乘法设计的详细步骤. 两数的原码乘法运算包括两部分,即两数绝对值相乘以及乘积符号的确定. 乘积的符号可以单独处理. 如设定负号用 1 表示,正号用 0 表示. 这时只要把相乘两数的符号进行模 2 加法,就能得到积的符号. 这可以用异或逻辑实现.

二进制乘积的数值是两数绝对值的乘积. 这与十进制是一样的. 其规律为 $0 \times 0 = 0$, $0 \times 1 = 0$, $1 \times 1 = 1$. 这是二进制乘法的基础. 例如:

$X = 0.1011$, $Y = 0.1101$, $X \times Y = 0.10001111$

$$
\begin{array}{r}
0.1011 \\
\times 0.1101 \\
\hline
1011 \\
0000\phantom{0} \\
1011\phantom{00} \\
+\ 1011\phantom{000} \\
\hline
0.10001111
\end{array}
$$

从例子可知,如果相乘的两数各为 $n$ 位,乘积为 $2n$ 位,两数相乘的积等于各部分积之和. 由乘数从低位到高位逐位去乘被乘数,当乘数的相应位为 1 时,则得到的部分积等于被乘数;当乘数的相应位为 0 时,则得到的部分积为 0.

在数字系统中,一般不完全采用这种笔算算法. 这是因为对 $n$ 个数一次相加求和比较困难，还必须用 $n$ 个寄存器存放部分积，用 $2n$ 长度的加法器也不经济. 可以对笔算进行改进，即把每次运算得到的部分积逐次累加起来. 这样每次只有两个部分积相加，所需寄存器的数目减少了，另外，在两个部分积相加时，只是左边 $n$ 位相加，右边的其余部分已不再参加加法运算. 因此，可以固定乘数不移位，而把逐次累加的部分积每次右移一位，然后根据乘数是1，就加被乘数，是0，就加0，同样可以得到正确的结果. 这样只要用一个 $n$ 位加法器就可以实现乘法运算了. 假设用寄存器 $R_1$ 和 $R_2$ 分别存放被乘数和乘数，用 $R_1$ 和 $R_2$ 连起来存放最后的乘积，整个过程如表 7.6.1 所示.

**表 7.6.1　数字系统中实现乘法设计的详细步骤**

| 符号位 | $R_1$ | $R_2$（末位为判断位） | 说　明 |
|---|---|---|---|
| 00<br>+00 | 0000<br>1011（加被乘数） | 1101 | 清 $R_1$，乘数末尾为 1，加被乘数 |
| 00<br>00 | 1011（部分积）<br>0101<br>（不加被加数） | 1101<br>1110（移位） | $R_1R_2$ 右移 1 位，乘数末尾为 0，不加被加数 |
| 00<br>00<br>+00 | 0101<br>0010<br>1011（加被加数） | 1110<br>1111（移位） | 右移 1 位，乘数末尾为 1，加被加数 |
| 00<br>00<br>+00 | 1101（部分积）<br>0110<br>1011（加被乘数） | 1111<br>1111（移位） | 右移 1 位，乘数末尾为 1，加被加数 |
| 01<br>00 | 0001<br>1000 | 1111<br>1111（移位） | 右移 1 位，得到最后乘积. $R_1$ 中为高位，$R_2$ 中为低位 |

图 7.6.1 为一种设计思路的模块图. 图中 ARICTL 是乘法运算控制电路，它的 *START* 信号的上升沿与高电平有两个功能：即 8 位锁存器清零和被乘数 $B[3..0]$ 向移位寄存器 SREG4B 加载；它的低电平则作为乘法使能信号，乘法时钟信号从 ARICTL 的 *CLK* 输入. 当乘数被加载于 4 位右移 SREG4B 后，随着每一时钟节拍，最低位在前，由低位至高位逐项移出. 当为 1 时，与门 ANDARITH 打开，4 位被乘数 $A[3..0]$ 在同一节拍进入 4 位加法器，与上一次锁存在 8 位锁存器 REG8B 中的高 4 位相加，其和在下一时钟节拍的上升沿被锁进此锁存器. 而当乘数的移出位为 0 时，与门全零输出. 如此往复，直至 4 个时钟脉冲后，由 ARICTL 的控制，乘法运算过程自动中止，*ARIEND* 输出高电平，以示乘法结束. 此时 REG8B 的输出值即为最后的乘积.

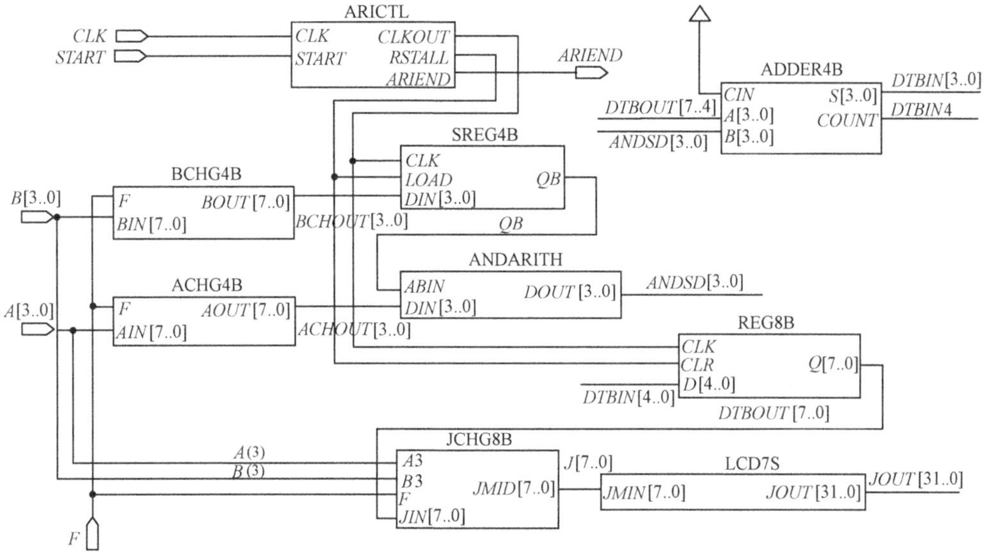


图 7.6.1　数字乘法器结构框图

## 三、实验内容

1. 用中小规模集成电路实现 2 位二进制数乘法器电路.
2. 用 VHDL 语言实现 4 位二进制数乘法器电路.

## 四、实验仪器与器件

1. 双踪示波器(1 只).
2. EDA 教学实验箱(1 只).
3. 实验器件:根据所设计的电路选择相应器件.

## 五、实验报告要求

1. 根据实验内容 1 的要求,设计相应电路,写出设计过程,画出设计电路图,并记录相应结果.

2. 根据实验内容 2 的要求,编制相应的实现程序,并记录编译及仿真结果,确定乘数、被乘数后画出输入输出波形.

3. 对实验结果进行分析.

## 六、实验预习要求

1. 复习组合逻辑电路的设计方法及常用器件的原理和使用.
2. 复习移位寄存器的工作特点.
3. 复习可编程器件的基本知识,熟悉用可编程器件设计数字系统的方法.
4. 了解 VHDL 语言.
5. 熟悉 EDA 开发环境.

## 七、思考题

1. 比较两种设计方法的特点.
2. 如果考虑有符号数相乘,怎么修改设计方案?
3. 查阅资料,看看计算机中是怎么实现乘法运算的.

# 7.7 实验 6 CRC 信道编解码电路

## 一、实验目的

1. 熟悉 CRC 信道编解码的工作原理.
2. 掌握用中小规模集成电路设计数字系统的基本方法.
3. 掌握用可编程逻辑器件设计数字系统的基本方法.

## 二、实验原理

1. CRC 原理.

循环冗余码 CRC,实际上也是一种奇/偶校验码.它是在要传送的信息位后面加上若干校验位,如图7.7.1所示.图中信息位为 $k$ 位,附加的校验位为 $r=n-k$,整个码长为 $n$ 位.这种码又叫$(n,k)$码.若使$n-k$个校验位中的每一位都是由 $k$ 个信息位中某几位线性模 2 加得到,这样的码称为线性码.例如(7,3)码,即码长为 7 位,其中信息位为 3 位,校验位为 4 位.

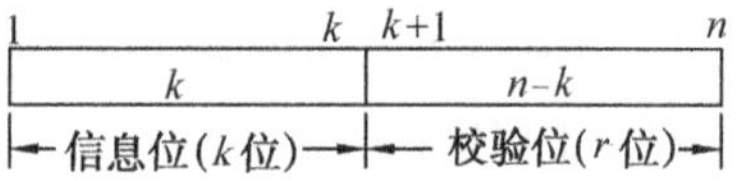


图 7.7.1 循环冗余码结构

在(7,3)码中,设 3 个信息码元为 $C_6C_5C_4$,4 个校验码元为 $C_3C_2C_1C_0$,则可以根据下述原理由信息码元求出校验码元:

$$C_3=C_6\oplus C_4$$

$$C_2=C_6\oplus C_5\oplus C_4$$

$$C_1=C_6\oplus C_5$$

$$C_0=C_5\oplus C_4$$

式中$\oplus$表示模 2 加,即等号左边的校验位是等号右边各位的偶校验位.这 4 个线性关系式,称为一致校验方程组.编出的码字为 7 位,即 $C_6C_5C_4C_3C_2C_1C_0$.

设有一个$(n,k)$线性码 $C$,其中一个码字为:

$$C=(C_{n-1},C_{n-2},\cdots,C_i,\cdots,C_1,C_0)$$

其中,$C_i$为"0"或"1",如果 $C$ 循环右(或左)移 1 位,所得到的码字 $C^{(1)}$ 为:

$$C^{(1)}=(C_0,C_{n-1},\cdots,C_i,\cdots,C_1)$$

仍为线性码 $C$ 的一个码字,则这样的线性码称为循环冗余码.

循环冗余码通常用多项式表示,而把一个码字中的各位看作一个多项式的系数,使每一个码字都对应一个 $n-1$ 次或小于 $n-1$ 次的多项式.如 $C$ 用 $C(x)$ 表示,这里:

$C=(C_{n-1},C_{n-2},\cdots C_1,C_0)$

$C(x)=C_{n-1}x^{n-1}+C_{n-2}x^{n-2}+\cdots+C_1x+C_0$

$C(x)$称为码字 $C$ 的码多项式. 显然,将 $C$ 循环左移 $i$ 位,得到:

$C^{(i)}(x) = C_{n-1-i}x^{n-1}+C_{n-2-i}x^{n-2}+\cdots+C_0x^i+\cdots+C_{n-i+1}x+C_{n-i}$

这也是该码的一个码多项式.

可以证明,一个循环冗余码可以由此循环码中某个码字所对应的码多项式来生成,这个码多项式称为这个循环冗余码的生成多项式,而此循环码的其他码字所对应的码多项式都是生成多项式的倍式.

在一个$(n,k)$循环码中,存在且仅存在一个 $n-k$ 次码多项式:

$g(x)=x^{(n-k)}+g_{(n-k-1)}x^{(n-k-1)}+\cdots+ g_{(1)}x+1$

此循环码中任一码多项式 $C(x)$都是它的倍式. 一个 $n-1$ 次或小于 $n-1$ 次的多项式,只要它是 $g(x)$的倍式,则必定是一个码多项式. 因此,在一个$(n,k)$循环码中,每一个码多项式 $C(x)$都可以表示成如下形式:

$C(x)=m(x)g(x)=(m_{k-1}x^{k-1}+ m_{k-2}x^{k-2}+\cdots+m_1x+m_0)g(x)$

如果 $m(x)$的系数是要编码的 $k$ 个信息位的值(此时 $m(x)$称为信息多项式),那么 $C(x)$就是与之对应的码字的码多项式. 由此可见,对信息进行编码,就是将信息多项式 $m(x)$与 $g(x)$相乘,所得积多项式的系数就是该信息对应的码字. $g(x)$叫作生成多项式. $k$ 位信息到底被编成什么样的循环码,关键在于选择什么样的生成多项式.

不过,由上述这种方法生成的码字,并不像图 7. 7. 1 所列的那样,前 $k$ 位是信息位,后 $n-k$位是校验位. 这种前面是信息位,后面是校验位的码叫系统码. 如何直接从信息多项式和生成多项式得到系统码呢? 请看下面的分析和推导.

由前面的论述知道,一个 $n-1$ 次或小于 $n-1$ 次的多项式,若它能被 $g(x)$整除,就必定是一个码多项式. 据此,可以把信息多项式 $m(x)$乘以 $x^{n-k}$,使其变为一个 $n-1$ 次的多项式 $x^{n-k}(x)$,在这个多项式中,$x$ 的最低次幂大于或等于 $n-k$,它必满足下式所表示的关系:

$x^{n-k}m(x)=q(x)g(x)+r(x)$

这里 $q(x)$为 $x^{n-k}m(x)$除以 $g(x)$所得的商式,$r(x)$为余式,由于 $g(x)$为 $n-k$ 次式,故 $r(x)$为 $n-k-1$ 次或小于 $n-k-1$ 次的多项式. 根据模 2 运算的法则,有:

$x^{n-k}m(x)+r(x)=q(x)g(x)$

即 $x^{n-k}m(x)+r(x)$必为由 $g(x)$生成的码多项式. 在这个码多项式中,前 $k$ 项的系数为信息位,后 $n-k$ 项的系数为校验位.

由此得出,如果生成多项式 $g(x)$给定,要把 $k$ 位信息编为循环冗余码,应按以下步骤进行:

(1) 将信息多项式乘以 $x^{n-k}$.

(2) 将 $x^{n-k}m(x)$除以 $g(x)$.

(3) 将步骤(2)中所得余式与 $x^{n-k}m(x)$相加,所得的多项式即为该信息的码多项式.

2. CRC 的生成及校验.

从上面的分析可知,CRC 的生成可转化为多项式的除法.

如图 7. 7. 2 所示,以生成多项式 $g(x)=x^4+x^2+1$ 为例进行分析. 当 $T_2$为高电平(逻辑"1")时,$S_1$接到位置"A"处,一方面让信息输出(发出去),同时与门打开($T_2$为"1"),信息

被多项式 $x^4+x^2+1$ 连续除. 除法运算在 $T_2$变为“0”时结束,余数此时保留在寄存器中,当 $T_2$变为“0”时,$S_1$接到“B”处,保留在寄存器中的余数,即 CRC 码在时钟的同步下紧接在信息的后面输出.

再回过来看图 7.7.2,在 $M_0$异或门处进行最低位的减法,在 $M_1$异或门处与 $x^2$项进行减法运算,之后又反馈到 $M_0$异或门处进行 $x^4$项的减法.

这一过程与模 2 运算步骤完全一致.

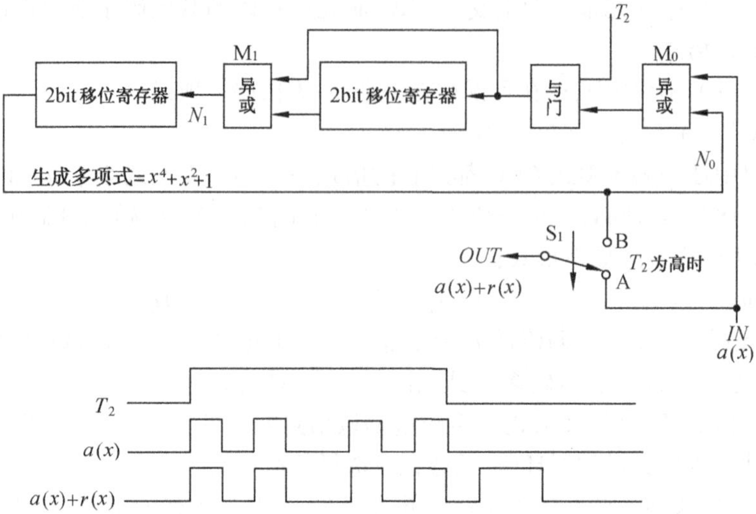


图 7.7.2　一种 CRC 编码的逻辑电路

图 7.7.3 是对应的校验电路. 该电路对 CRC 的校验实际上就是将接收到的信息及 CRC 码值送入该电路与 $x^4+x^2+1$ 进行与编码一样的运算(减法). 相减后的各位值被送到移位寄存器中并在或非门的输出端上给予反映.

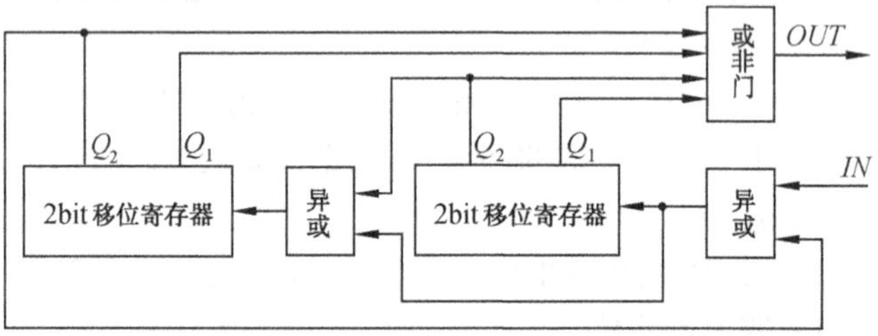


图 7.7.3　一种 CRC 编码的校验电路

刚开始,各移位寄存器中为全零状态,此时 *OUT* 端为“1”;当接收端 *IN* 送入信息到电路中进行减法运算过程时,计算结果破坏了移位寄存器输出端的全零状态时,*OUT* 将由“1”跳变为“0”;当信息全部进入移位寄存器中时,该电路对信息数据的计算工作就算完毕,此时在移位寄存器中仍保留 4 位的数据,假如信息在传输过程中没有出现错误,那么保留在该电路中的这 4 位数据就应当是等于信息之后 CRC 的值. 这样,在信息之后 CRC 输送到该电路的过程中,电路中异或门的两输入端同时输入的则是两组(各 4 位)数据位完全相同的数值,经异或门相减后输入到移位寄存器的数值都是逻辑“0”,4 次移位之后,该电路中的并行输出端同时都为低电平，与此同时，四输入或非门的输出端也随即由低电平跳变为高电平“1”.

若是信息在传输过程中出错，那么在信息完全进入移位寄存器中时，虽然对其运算完毕，但在移位寄存器中所保留的余值却与信息位之后的 CRC 值不一样，很显然也就不可能使电路中的或非门输出端产生正跳变的高电平了.

同样，若 CRC 在传输的过程中也出现了错误，那么也会出现认为信息出现错误的结果.

以上所讲述的是生成多项式为 $x^4+x^2+1$ 的 CRC 生成及校验电路，类似的原理和方法可以构成其他各种生成多项式所对应的 CRC 生成及校验电路.

## 三、实验内容

1. 用中小规模集成电路实现 CRC 信道编解码电路.
2. 用 VHDL 语言实现 CRC 信道编解码电路.

## 四、实验仪器与器件

1. 双踪示波器(1 只).
2. EDA 教学实验箱(1 只).
3. 实验器件：根据所设计的电路选择相应器件.

## 五、实验报告要求

1. 根据实验内容 1 的要求，设计相应电路，写出设计过程，画出设计电路图，并记录相应结果.
2. 据实验内容 2 的要求，编制相应的实现程序，并记录编译及仿真结果.
3. 对实验结果进行分析.

## 六、实验预习要求

1. 复习组合及时序逻辑电路的设计方法及常用器件的原理和使用.
2. 复习可编程器件的基本知识，熟悉用可编程器件设计数字系统的方法.
3. 了解 VHDL 语言.
4. 熟悉 EDA 开发环境.

## 七、思考题

1. 查阅资料，看看 CRC 码用在什么地方.
2. 查阅资料，看看通信中常用的 CRC 生成多项式有哪些.
3. 移位寄存器连接方式与生成多项式有什么关系？

# 附录一　常用数字集成电路

## 一、常用数字集成电路引脚图及逻辑功能

**附表 1.1.1　常用数字集成电路引脚图及逻辑功能表**

| 序号 | 器件型号 | 逻辑功能 | 引　　脚　　图 | 章节 | 可替换芯片 | 电源、引脚数 |
|---|---|---|---|---|---|---|
| 1 | 74LS00<br>54LS00<br>HC/HCT | 四 2 输入与非门 | 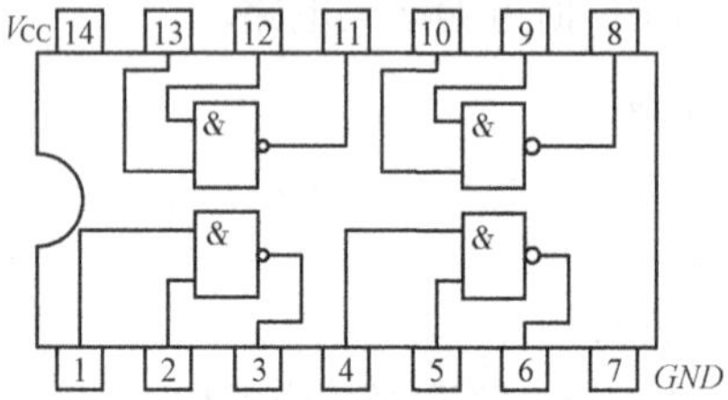 | 2.2 | 01<br>03 | +5V<br>14P |
| 2 | 74LS01 | 集电极开路输出的 2 输入端四与非门 | 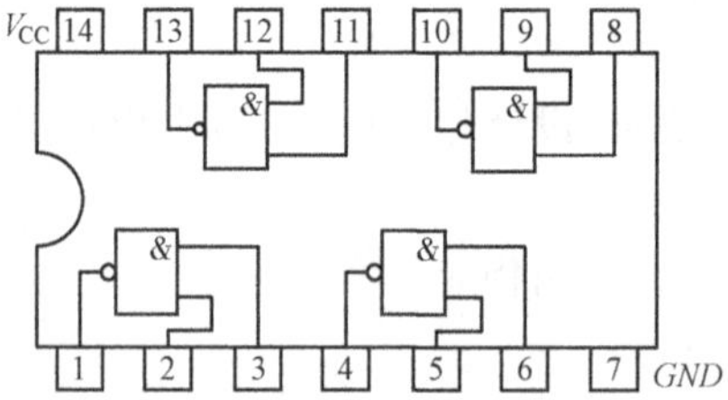 | 2.3 | 03 | +5V<br>14P |
| 3 | 74LS02 | 2 输入端四或非门 | 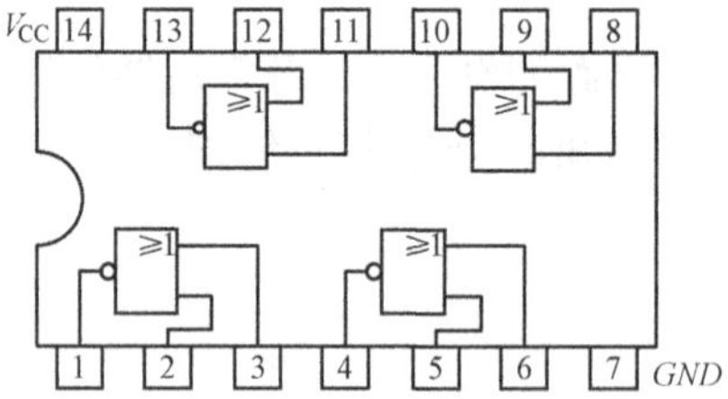 | 2.3 | | +5V<br>14P |
| 4 | 74LS04<br>54LS04<br>74HC04 | 六反相器 | 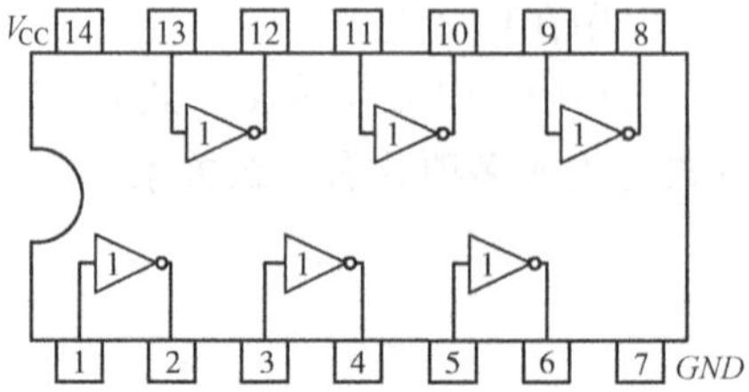 | 2.2 | 14<br>19 | +5V<br>14P |

续表

| 序号 | 器件型号 | 逻辑功能 | 引　脚　图 | 章节 | 可替换芯片 | 电源、引脚数 |
|---|---|---|---|---|---|---|
| 5 | 74LS07 | 集电极开路高压输出的六缓冲器/驱动器 | 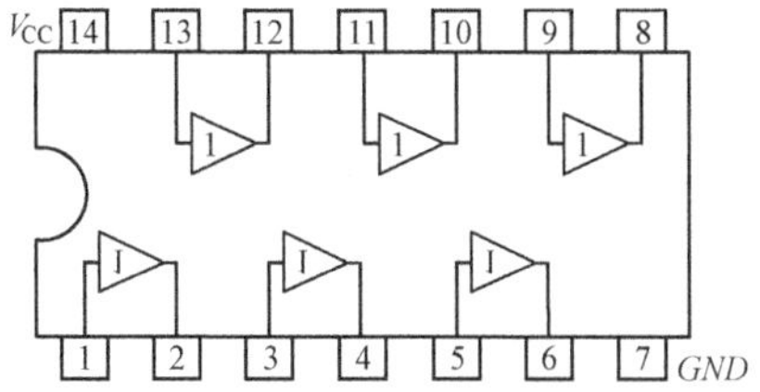 | 2.3 | 06<br>05 | +5V<br>14P |
| 6 | 74LS08 | 2输入端四与门 | 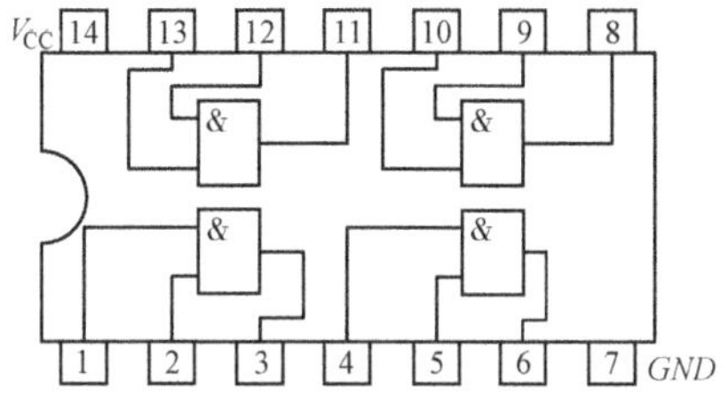 | 4.4<br>5.4 | | +5V<br>14P |
| 7 | 74LS14 | 六反相施密特触发器 | 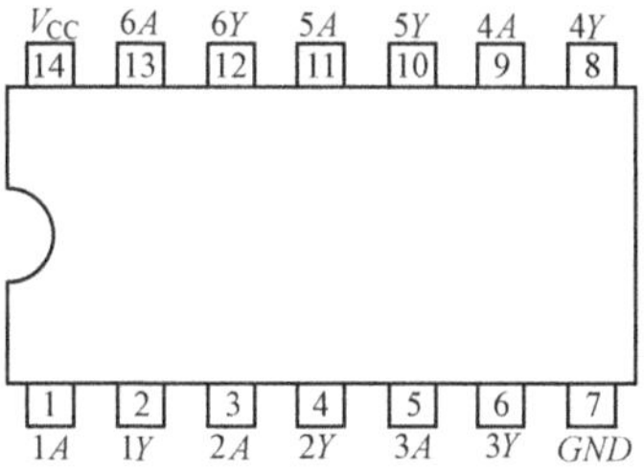  | 5.3 | | +5V<br>14P |
| 8 | 74LS20 | 四输入端双与非门 | 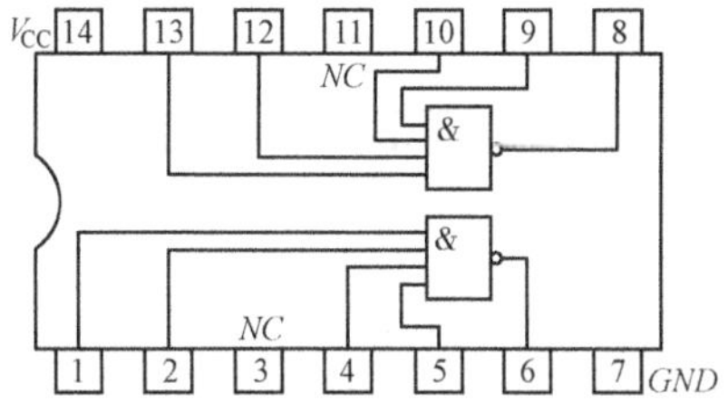 | 3.3 | | +5V<br>14P |
| 9 | 74LS30 | 八输入端与非门 | 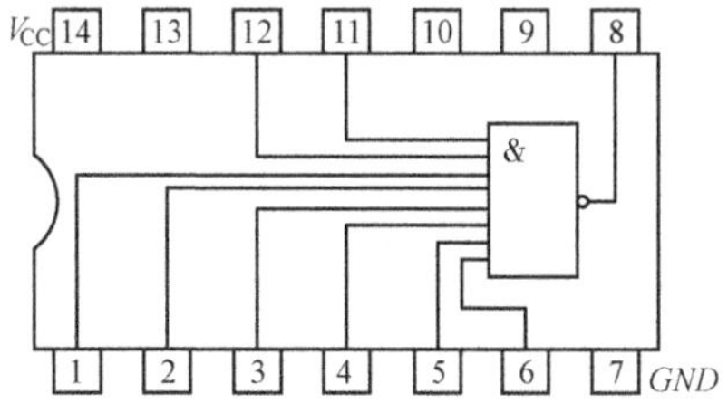 | 3.3 | | +5V<br>16P |
| 10 | 74LS42 | BCD-十进制译码器 | 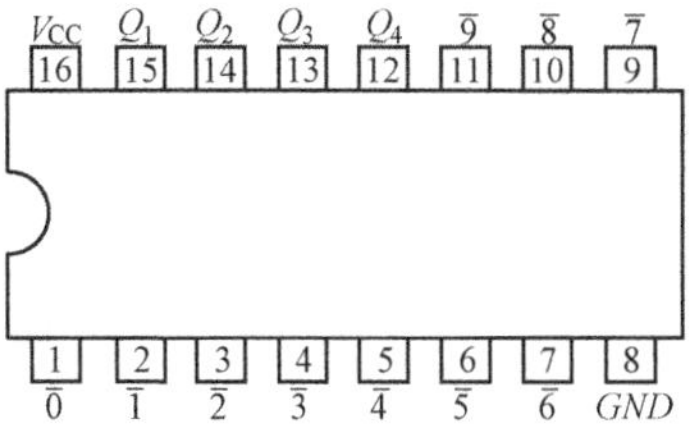  | 3.3 | 41 | +5V<br>16P |

续表

| 序号 | 器件型号 | 逻辑功能 | 引　脚　图 | 章节 | 可替换芯片 | 电源、引脚数 |
|---|---|---|---|---|---|---|
| 11 | 74LS47 | BCD－七段译码器/驱动器 | 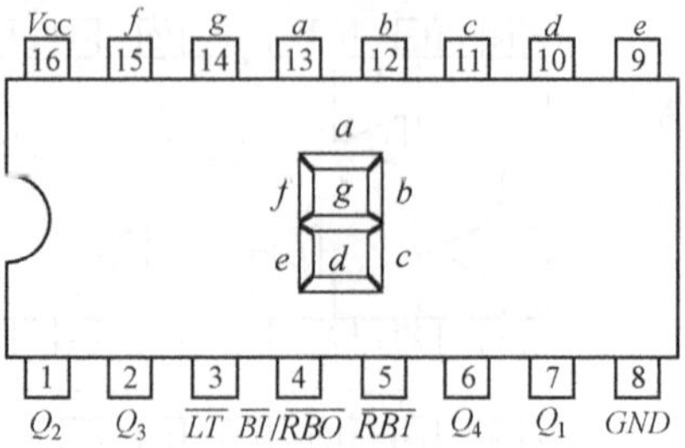 | 4.4 | | +5V 16P |
| 12 | 74LS74 | 双D触发器（带置位、复位，正触发） | 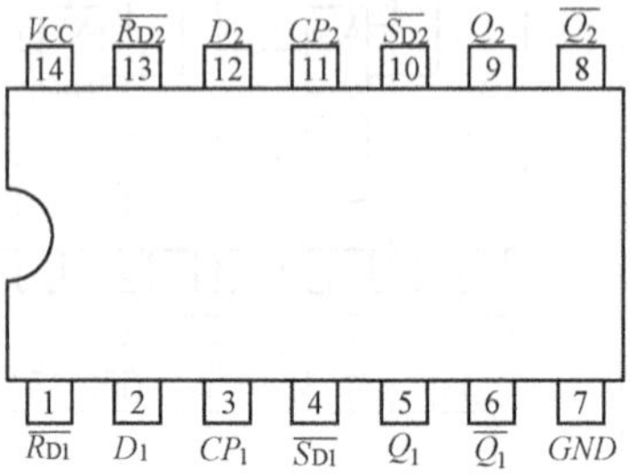 | 4.2<br>2.3 | 4013 | +5V 14P |
| 13 | 74LS76 | JK触发器（带预置和清除端） | 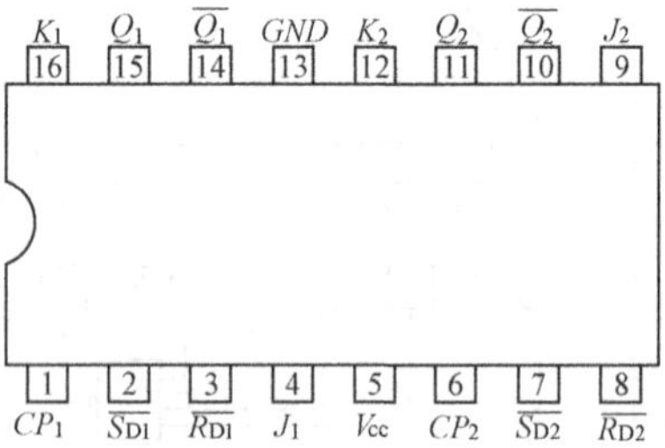 | 4.2 | 4027 | +5V 16P |
| 14 | 74LS86 | 2输入端四异或门 | 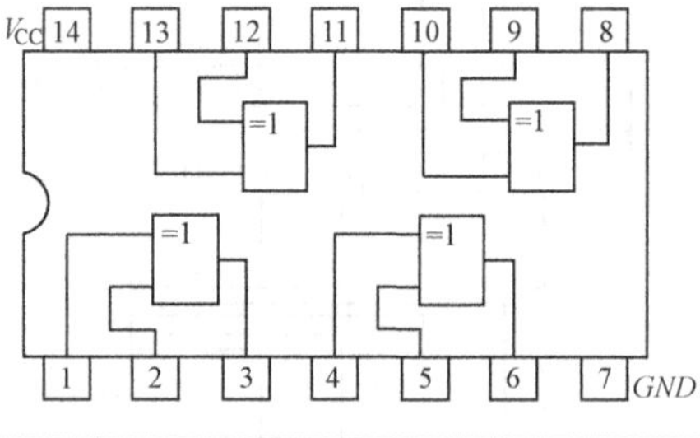 | 4.3<br>4.4 | | +5V 14P |
| 15 | 74LS90 | 十进制计数器 | 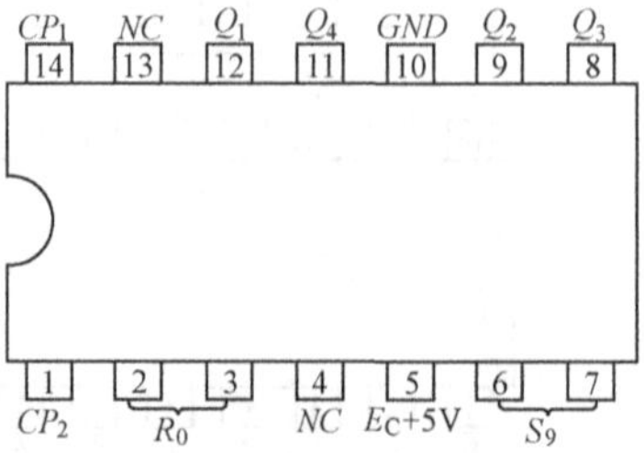 | 4.4 | | +5V 14P |

续表

| 序号 | 器件型号 | 逻辑功能 | 引　脚　图 | 章节 | 可替换芯片 | 电源、引脚数 |
|---|---|---|---|---|---|---|
| 16 | 74LS122 | 可再触发单稳态多谐振荡器 | 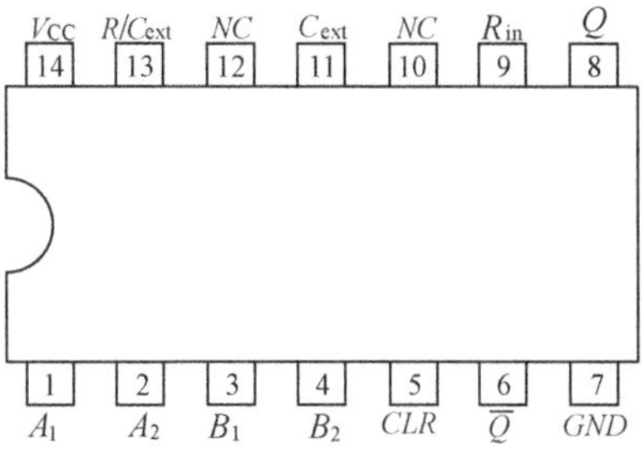  | 5.3 | 123 | +5V<br>14P |
| 17 | 74LS125 | 三态输出的四总线缓冲门 | 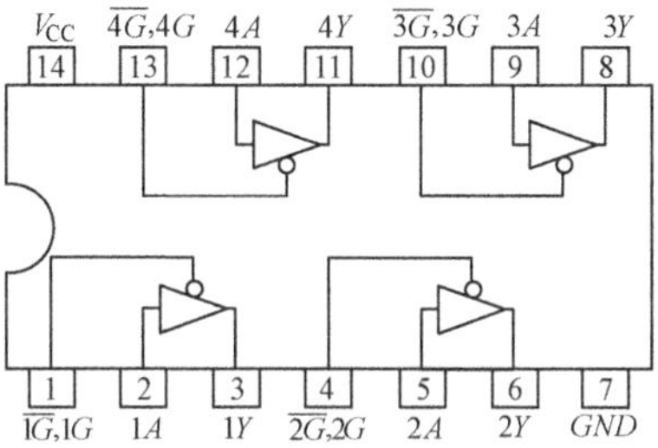  | 2.3 | 126 | +5V<br>14P |
| 18 | 74LS138 | 3 线-8 线译码器 | 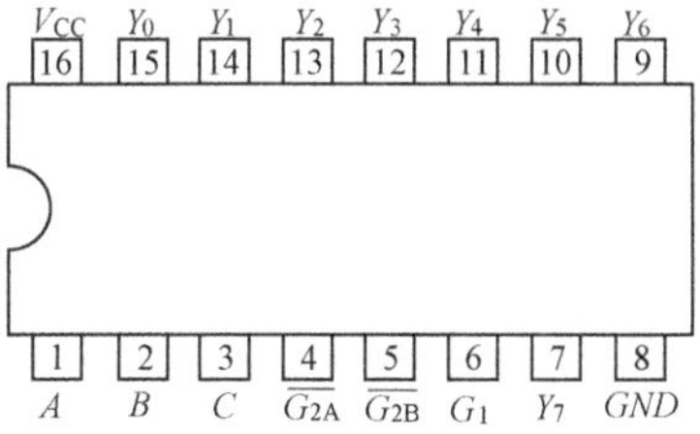  | 3.3 | | +5V<br>16P |
| 19 | 74LS148 | 8 线-3 线优先编码器 | 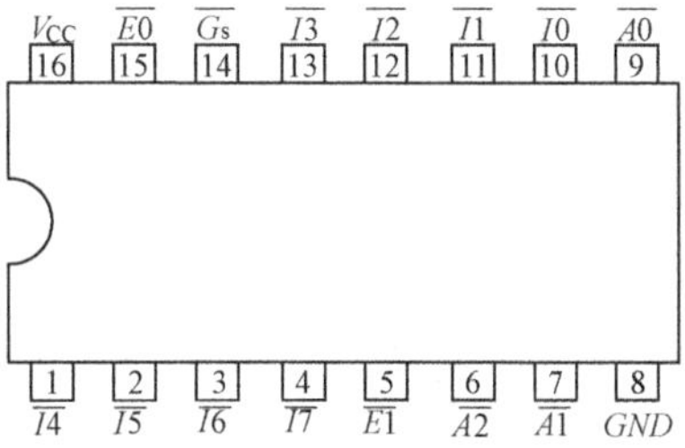  | 3.3 | | +5V<br>16P |
| 20 | 74LS151 | 八选一数据选择器 | 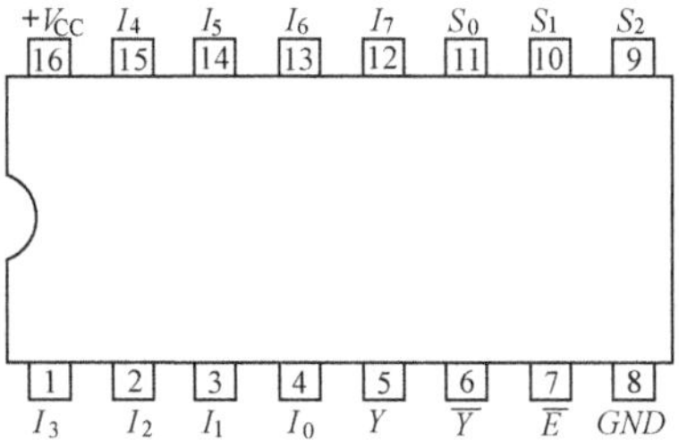  | 3.2 | 152 | +5V<br>16P |

续表

| 序号 | 器件型号 | 逻辑功能 | 引　脚　图 | 章节 | 可替换芯片 | 电源、引脚数 |
|---|---|---|---|---|---|---|
| 21 | 74LS153 | 双四选一数据选择器 | 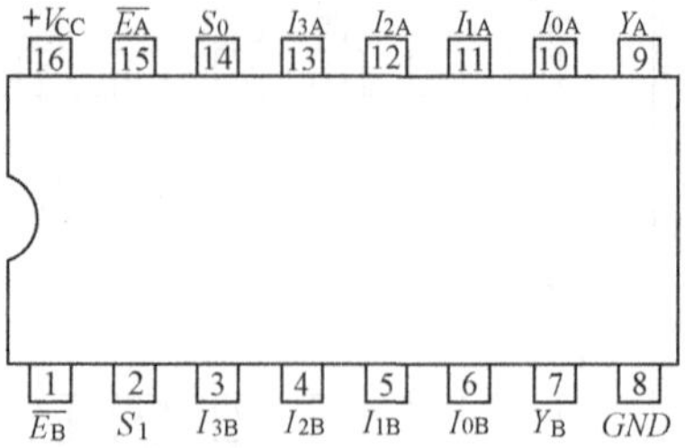  | 3.2 | | +5V 16P |
| 22 | 74LS161 | 可预置4位二进制计数器（异并步清除） | 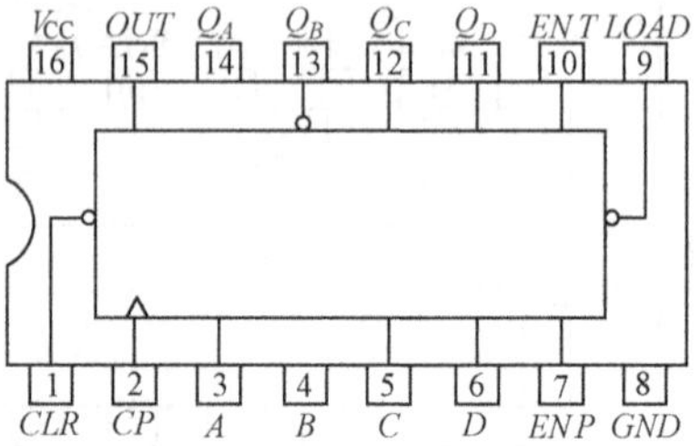  | 6.2 | | +5V 16P |
| 23 | 74LS181 | 算术逻辑单元/函数发生器 | 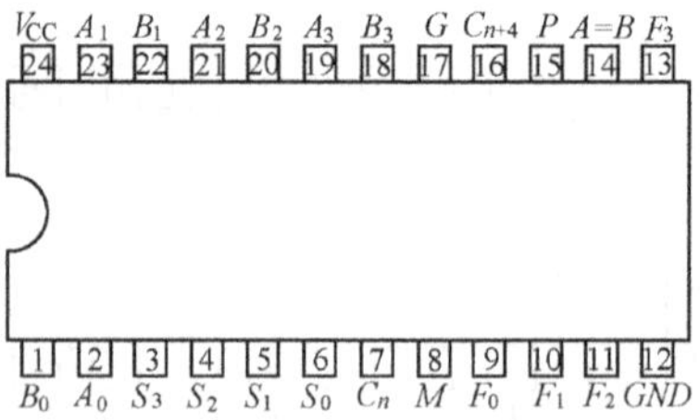  | 7.3 | | +5V 24P |
| 24 | 74LS194 | 4位双向通用移位寄存器 | 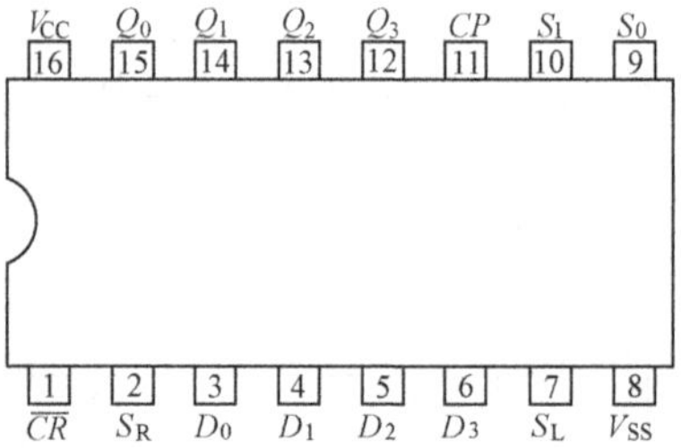  | 4.3 | 195 | +5V 16P |
| 25 | 74LS283 | 4位二进制全加器 | 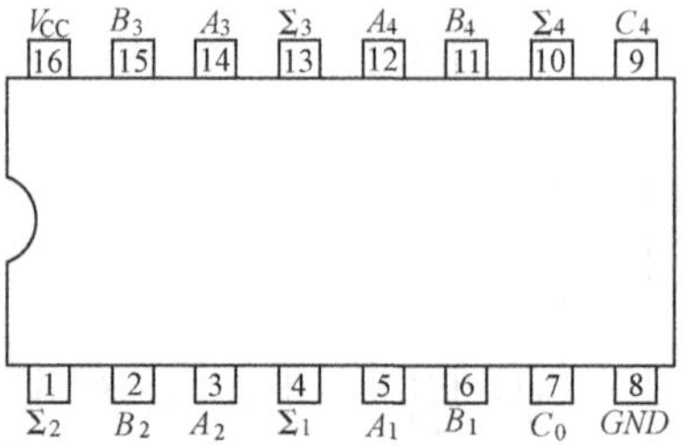  | 4.3 | | +5V 16P |

续表

| 序号 | 器件型号 | 逻辑功能 | 引　脚　图 | 章节 | 可替换芯片 | 电源、引脚数 |
|---|---|---|---|---|---|---|
| 26 | MC1 4011 | CMOS 四 2 输入与非门 | 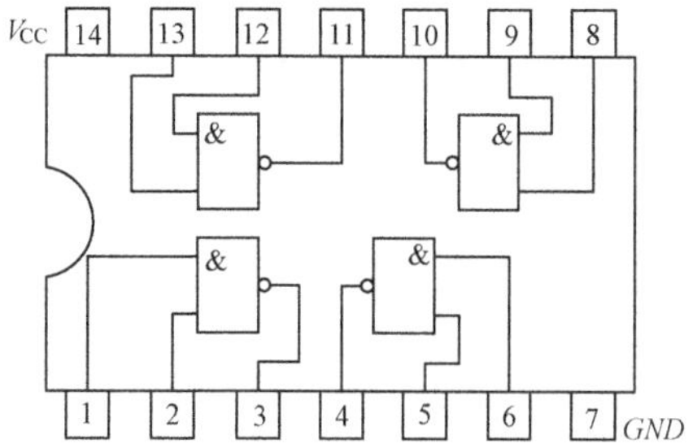 | 2.2 | | +5V 14P |
| 27 | 4013 | 双 D 触发器 | 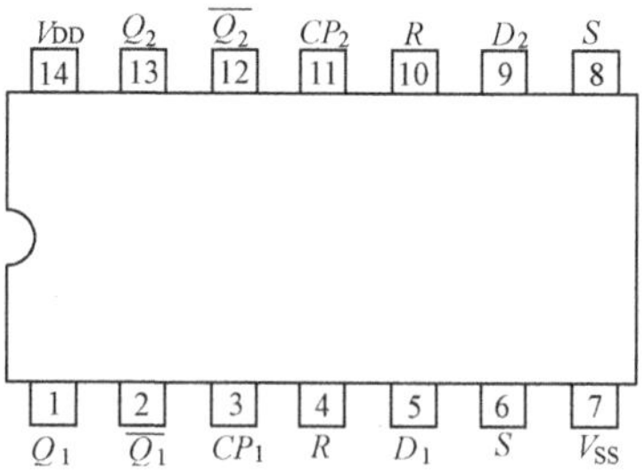 | 5.4 | 74 | +5V 14P |
| 28 | 4017 | 十进制计数/分配器 | 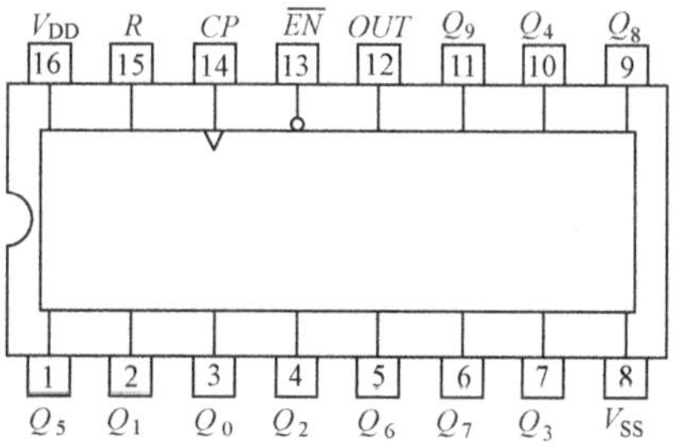 | 5.4 | | +5V 16P |
| 29 | 4022 | 八进制计数/分配器 | 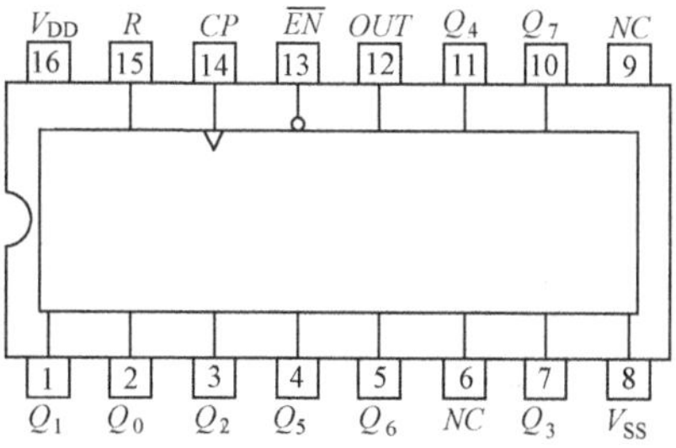 | 5.4 | | +5V 16P |
| 30 | 4027 | 双 JK 主从触发器 | 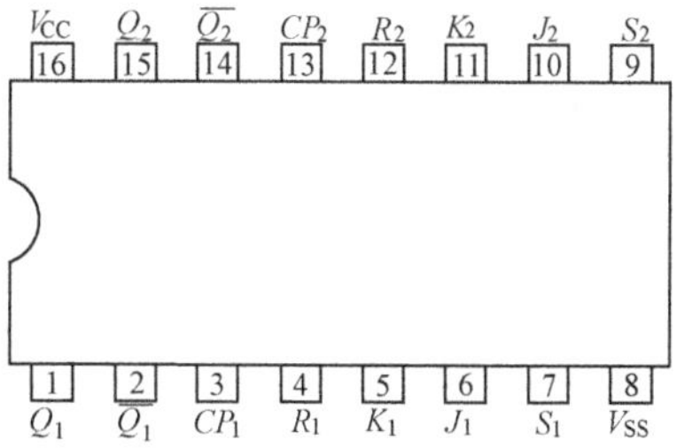 | 5.4 | 76 | +5V 16P |

续表

| 序号 | 器件型号 | 逻辑功能 | 引脚图 | 章节 | 可替换芯片 | 电源、引脚数 |
|---|---|---|---|---|---|---|
| 31 | MC 4049 | 六反相缓冲器/转换器 | 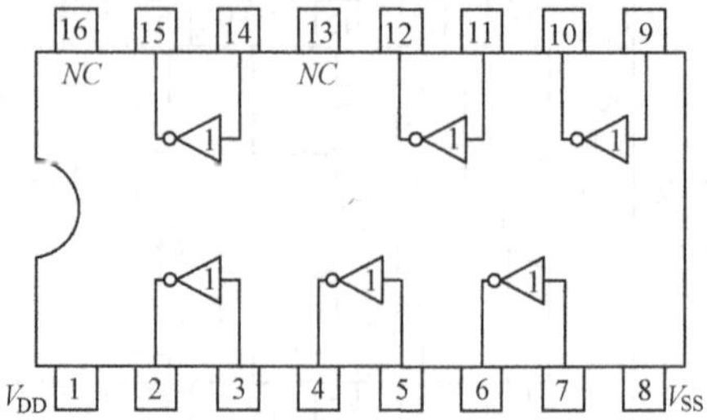 | 2.2 | 4069 | +5V 16P |
| 32 | CC 40107 | 2 输入端双与非缓冲/驱动器(三态) | 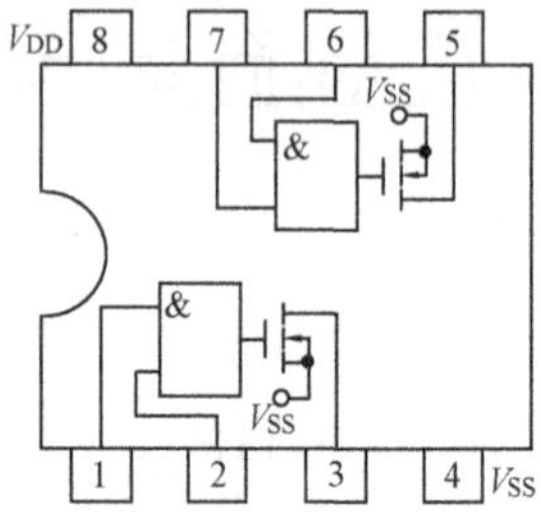 | 2.3 | | ±5V 8P |
| 33 | 4528 | 双单稳态触发器 | 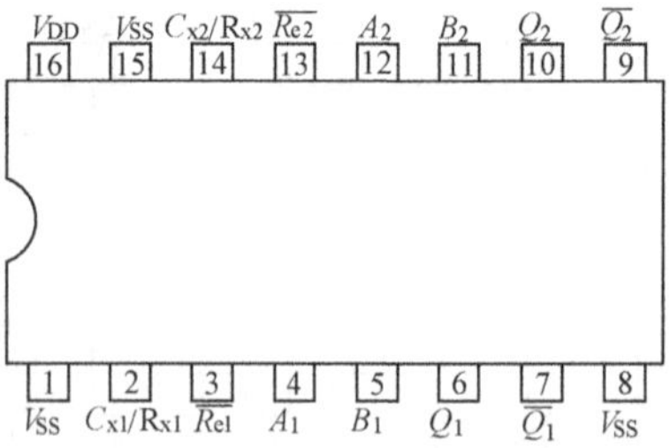 | 5.3 | | +5V 16P |
| 34 | AD7520 | 8－10 位 D/A 转换器 | 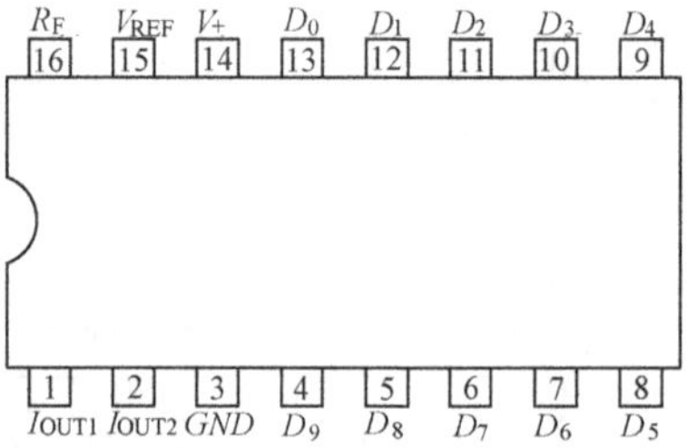 | 6.2 | | +5V 16P |
| 35 | ADC0804 | 8 位 A/D 转换电路 | 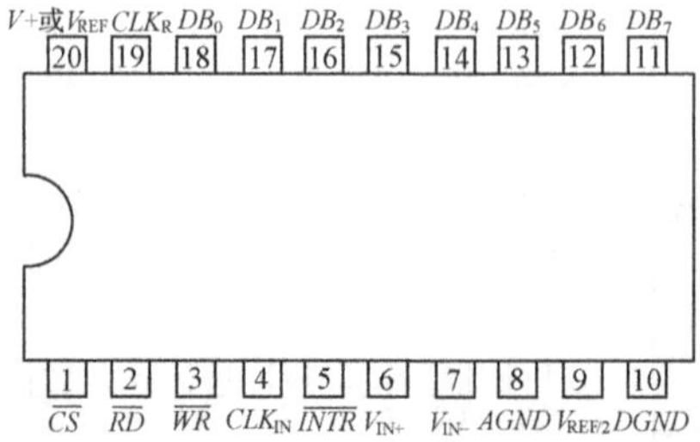 | 6.3 | | +5V 20P |

续表

| 序号 | 器件型号 | 逻辑功能 | 引　脚　图 | 章节 | 可替换芯片 | 电源、引脚数 |
|---|---|---|---|---|---|---|
| 36 | ADC0808 /0809 | 8 位 A/D 转换器 | 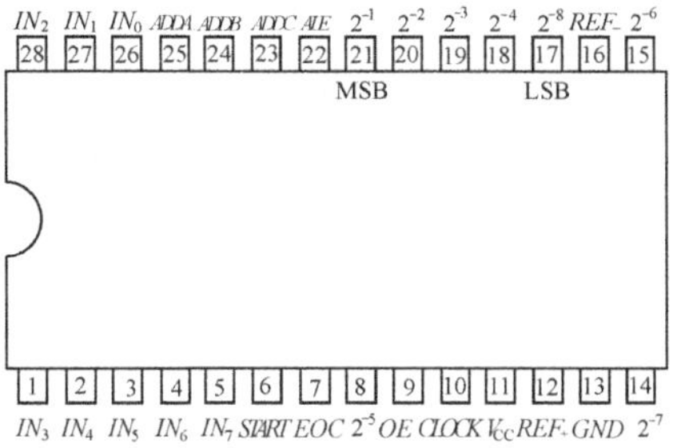  | 6.3 | | +5V 28P |
| 37 | DAC0830/ DAC0832 | 8 位 D/A 转换器 | 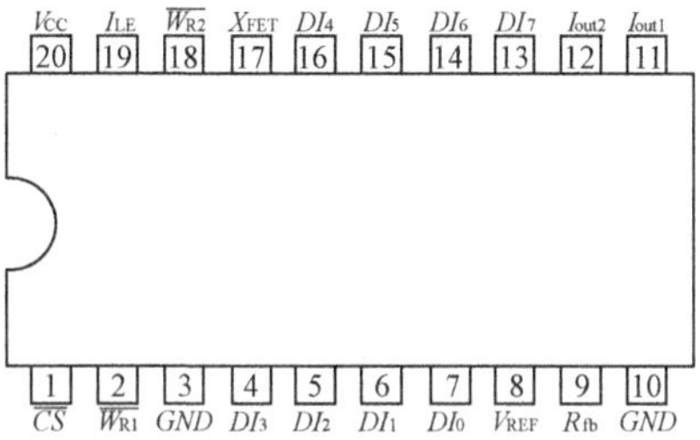  | 6.3 | | +5V 20P |
| 39 | MC14433 | $3\frac{1}{2}$ 位 A/D 转换器 | 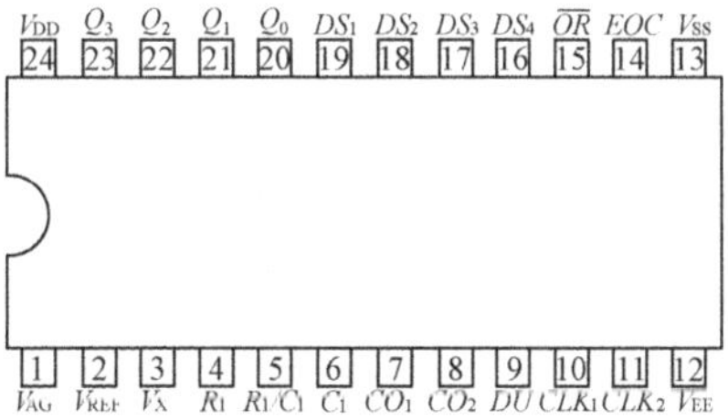  | 6.3 | | ±5V 24P |
| 40 | 555 | 时基电路 | 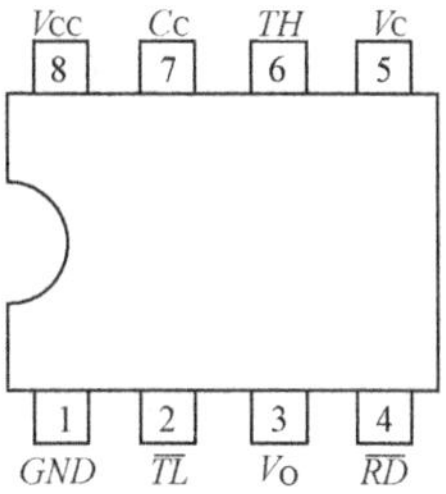  | 5.2 | | 8P |
| 41 | LM324 | 四运算放大器 | 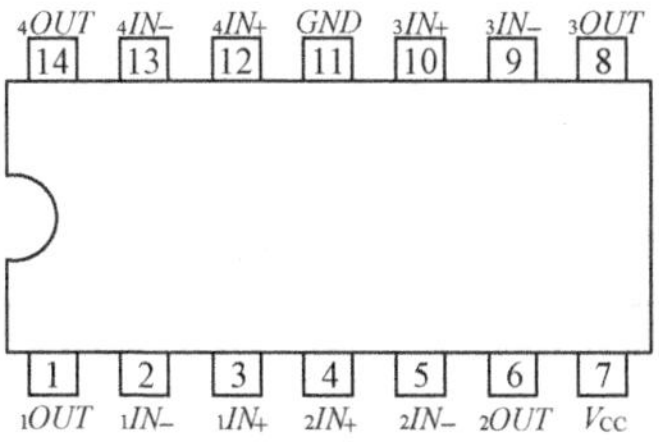  | 6.2 6.3 | | +12V 14P |

续表

| 序号 | 器件型号 | 逻辑功能 | 引　脚　图 | 章节 | 可替换芯片 | 电源、引脚数 |
|---|---|---|---|---|---|---|
| 42 | MC1403 | 精密电压基准 | 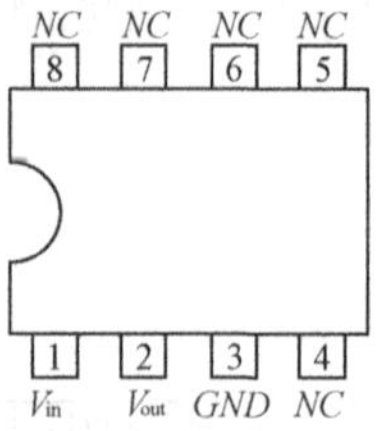 | 6.3 | | +5V<br>8P |
| 43 | uA741 | 带可调端的运算放大器 | 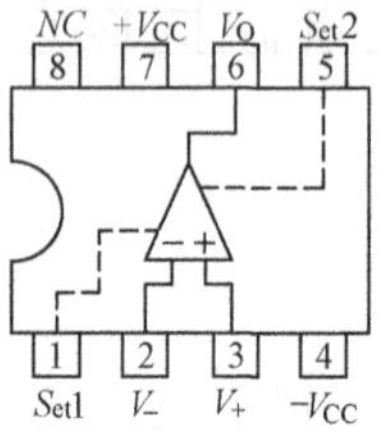 | 6.2<br>6.3 | | +15V<br>8P |
| 44 | OP07 | 带可调端的运算放大器 | 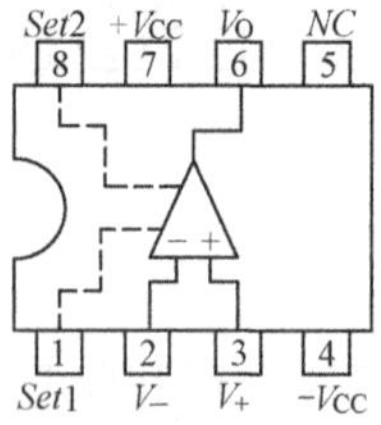 | 6.2 | | ±15V<br>8P |

## 二、常用数字集成电路逻辑功能及真值表

1. 74LS00/ 54LS00：四 2 输入与非门(TTL 逻辑电路).

逻辑表达式：$Y=\overline{AB}$.

**附表 1.2.1　74LS00/54LS00 真值表**

| $A$ | $B$ | $Y$ |
|---|---|---|
| 0 | 0 | 1 |
| 0 | 1 | 1 |
| 1 | 0 | 1 |
| 1 | 1 | 0 |

**附表 1.2.2 74LS00 工作条件**

| 参数名称 | 符号 | 范围 | 参数名称 | 符号 | 范围 |
|---|---|---|---|---|---|
| 额定电源电压 | $V_{CC}$ | 4.75～5.25V | 额定输出高电平电流 | $I_{OH}$ | ≤0.4mA |
| 额定输入高电平电压 | $V_{IH}$ | ≥2V | 额定输出低电平电流 | $I_{OL}$ | ≤8mA |
| 额定输入低电平电压 | $V_{IL}$ | ≤0.8V | 额定工作温度 | $T_A$ | 0～70℃ |

**附表 1.2.3 74LS00 主要性能参数**

| 参数名称 | 符号 | 测试条件 | 范围 |
|---|---|---|---|
| 输出高电平电压 | $V_{OH}$ | $V_{CC}=\min, V_{IL}=\max, I_{OH}=-0.4mA$ | >2.7V |
| 输出低电平电压 | $V_{OL}$ | $V_{CC}=\min, V_{IH}=2V, I_{OL}=8mA$ | ≤0.5V |
| 输入电流 | $I_I$ | $V_{CC}=\max, V_I=7V$ | ≤0.1 mA |
| 高电平输入电流 | $I_{IH}$ | $V_{CC}=\max, V_I=2.7V$ | ≤20μA |
| 低电平输入电流 | $I_{IL}$ | $V_{CC}=\max, V_I=0.4V$ | ≤0.4mA |
| 高电平时电源电流 | $I_{CCH}$ | $V_{CC}=\max, V_I=0V$ | ≤1.6mA |
| 低电平时电源电流 | $I_{CCL}$ | $V_{CC}=\max, V_I=-4.5V$ | ≤4.4mA |
| 高电平传输延迟时间 | $t_{PLH}$ | $R_L=2k\Omega, C_L=15pF$ | ≤15ns |
| 低电平传输延迟时间 | $t_{PLL}$ | $R_L=2k\Omega, C_L=15pF$ | ≤15ns |

2. 74LS01：集电极开路输出的 2 输入端四与非门.

逻辑表达式：$Y=\overline{AB}$.

**附表 1.2.4 74LS01 真值表**

| $A$ | $B$ | $Y$ |
|---|---|---|
| 0 | 0 | 1 |
| 0 | 1 | 1 |
| 1 | 0 | 1 |
| 1 | 1 | 0 |

注：需要在输出端接上拉电阻.

**附表 1.2.5 74LS01 工作条件**

| 参数名称 | 符号 | 范围 | 参数名称 | 符号 | 范围 |
|---|---|---|---|---|---|
| 额定电源电压 | $V_{CC}$ | 4.5～5.5V | 额定输出高电平电压 | $V_{OH}$ | ≤5.5V |
| 额定输入高电平电压 | $V_{IH}$ | ≥2V | 额定输出低电平电流 | $I_{OL}$ | ≤8mA |
| 额定输入低电平电压 | $V_{IL}$ | ≤0.8V | 额定工作温度 | $T_A$ | 0～70℃ |

附表 1.2.6　74LS01 主要性能参数

| 参数名称 | 符号 | 测试条件 | 规范值 | 范围 |
|---|---|---|---|---|
| 输出高电平电流 | $I_{OH}$ | $V_{CC}=\min, V_{IL}=\max, V_{OH}=5.5V$ | | ≤0.25mA |
| 输出低电平电压 | $V_{OL}$ | $V_{CC}=\min, V_{IH}=2V, I_{OL}=8mA$ | 0.35V | ≤0.5V |
| 高电平输入电流 | $I_{IH}$ | $V_{CC}=\max, V_I=2.7V$ | | ≤40μA |
| 低电平输入电流 | $I_{IL}$ | $V_{CC}=\max, V_I=0.4V$ | | ≤1.6mA |
| 高电平时电源电流 | $I_{CCH}$ | $V_{CC}=\max, V_I=0V$ | 0.8mA | ≤8mA |
| 低电平时电源电流 | $I_{CCL}$ | $V_{CC}=\max, V_I=-4.5V$ | 2.4mA | ≤22mA |
| 高电平传输延迟时间 | $t_{PLH}$ | $R_L=2k\Omega, C_L=15pF$ | 17ns | ≤55ns |
| 低电平传输延迟时间 | $t_{PLL}$ | $R_L=2k\Omega, C_L=15pF$ | 15ns | ≤15ns |

3. 74LS02：2 输入端四或非门.
逻辑表达式：$Y=\overline{A+B}$.

附表 1.2.7　74LS02 真值表

| $A$ | $B$ | $Y$ |
|---|---|---|
| 0 | 0 | 1 |
| 0 | 1 | 0 |
| 1 | 0 | 0 |
| 1 | 1 | 0 |

4. 74LS04 / 54LS04：六反相器(TTL 逻辑电路).
逻辑表达式：$Y=\overline{A}$.

附表 1.2.8　74LS04/54LS04 真值表

| $A$ | $Y$ |
|---|---|
| 0 | 1 |
| 1 | 0 |

5. 74LS07：集电极开路高压输出的六缓冲器/驱动器.
逻辑表达式：$Y=A$.

附表 1.2.9　74LS07 真值表

| $A$ | $Y$ |
|---|---|
| 0 | 0 |
| 1 | 1 |

6. 74LS08：2 输入端四与门.

逻辑表达式：$Y=A\cdot B$.

**附表 1.2.10　74LS08 真值表**

| $A$ | $B$ | $Y$ |
|---|---|---|
| 0 | 0 | 0 |
| 0 | 1 | 0 |
| 1 | 0 | 0 |
| 1 | 1 | 1 |

7. 74LS14：六反相施密特触发器.

逻辑表达式：$Y=\overline{A}$.

**附表 1.2.11　74LS14 真值表及主要性能参数**

| $A$ | $Y$ | 参数符号 | min | type | max |
|---|---|---|---|---|---|
| 0 | 1 | $V_{T+}$ | 1.4V | 1.6V | 1.9V |
| 1 | 0 | $V_{T-}$ | 0.5V | 0.8V | 1V |

8. 74LS20：四输入端双与非门.

逻辑表达式：$Y=\overline{ABCD}$.

**附表 1.2.12　74LS20 真值表**

| $A$ | $B$ | $C$ | $D$ | $Y$ |
|---|---|---|---|---|
| 0 | 0 | 0 | 0 | 1 |
| 0 | 0 | 0 | 1 | 1 |
| 0 | 0 | 1 | 0 | 1 |
| 0 | 0 | 1 | 1 | 1 |
| 1 | 1 | 0 | 0 | 1 |
| 1 | 1 | 0 | 1 | 1 |
| 1 | 1 | 1 | 0 | 1 |
| 1 | 1 | 1 | 1 | 0 |

9. 74LS30：八输入端与非门.

逻辑表达式：$Y=\overline{ABCDEFGH}$.

**附表 1.2.13　74LS30 真值表**

| $A$ | $B$ | $C$ | $D$ | $E$ | $F$ | $G$ | $H$ | $Y$ |
|---|---|---|---|---|---|---|---|---|
| 0 | 0 | 0 | 0 | 0 | 0 | 0 | 0 | 1 |
| 0 | 0 | 0 | 0 | 0 | 0 | 0 | 1 | 1 |
| ⋮ | ⋮ | ⋮ | ⋮ | ⋮ | ⋮ | ⋮ | ⋮ | 1 |

续表

| $A$ | $B$ | $C$ | $D$ | $E$ | $F$ | $G$ | $H$ | $Y$ |
|---|---|---|---|---|---|---|---|---|
| 1 | 1 | 1 | 1 | 1 | 1 | 1 | 0 | 1 |
| 1 | 1 | 1 | 1 | 1 | 1 | 1 | 1 | 0 |

注：只有当 $A \sim H$ 8 个端输入均为“1”时，输出端为“0”；其他状态输出均为“1”.

10. 74LS42：BCD－十进制译码器.

逻辑表达式：

$\overline{0}=\overline{\overline{D}\,\overline{C}\,\overline{B}\,\overline{A}}$，$\overline{1}=\overline{\overline{D}\,\overline{C}\,\overline{B}\,A}$，$\overline{2}=\overline{\overline{D}\,\overline{C}B\overline{A}}$，$\overline{3}=\overline{\overline{D}\,\overline{C}BA}$，$\overline{4}=\overline{\overline{D}C\overline{B}\,\overline{A}}$，

$\overline{5}=\overline{\overline{D}C\overline{B}A}$，$\overline{6}=\overline{\overline{D}CB\overline{A}}$，$\overline{7}=\overline{\overline{D}CBA}$，$\overline{8}=\overline{D\overline{C}\,\overline{B}\,\overline{A}}$，$\overline{9}=\overline{D\overline{C}\,\overline{B}A}$.

**附表 1.2.14　74LS42 真值表**

| 序号 | 输入 | | | | 输出 | | | | | | | | | |
|---|---|---|---|---|---|---|---|---|---|---|---|---|---|---|
| | $D$ | $C$ | $B$ | $A$ | $\overline{9}$ | $\overline{8}$ | $\overline{7}$ | $\overline{6}$ | $\overline{5}$ | $\overline{4}$ | $\overline{3}$ | $\overline{2}$ | $\overline{1}$ | $\overline{0}$ |
| 0 | 0 | 0 | 0 | 0 | 1 | 1 | 1 | 1 | 1 | 1 | 1 | 1 | 1 | 0 |
| 1 | 0 | 0 | 0 | 1 | 1 | 1 | 1 | 1 | 1 | 1 | 1 | 1 | 0 | 1 |
| 2 | 0 | 0 | 1 | 0 | 1 | 1 | 1 | 1 | 1 | 1 | 1 | 0 | 1 | 1 |
| 3 | 0 | 0 | 1 | 1 | 1 | 1 | 1 | 1 | 1 | 1 | 0 | 1 | 1 | 1 |
| 4 | 0 | 1 | 0 | 0 | 1 | 1 | 1 | 1 | 1 | 0 | 1 | 1 | 1 | 1 |
| 5 | 0 | 1 | 0 | 1 | 1 | 1 | 1 | 1 | 0 | 1 | 1 | 1 | 1 | 1 |
| 6 | 0 | 1 | 1 | 0 | 1 | 1 | 1 | 0 | 1 | 1 | 1 | 1 | 1 | 1 |
| 7 | 0 | 1 | 1 | 1 | 1 | 1 | 0 | 1 | 1 | 1 | 1 | 1 | 1 | 1 |
| 8 | 1 | 0 | 0 | 0 | 1 | 0 | 1 | 1 | 1 | 1 | 1 | 1 | 1 | 1 |
| 9 | 1 | 0 | 0 | 1 | 0 | 1 | 1 | 1 | 1 | 1 | 1 | 1 | 1 | 1 |
| 伪码 | 1 | 0 | 1 | 0 | 1 | 1 | 1 | 1 | 1 | 1 | 1 | 1 | 1 | 1 |
| | 1 | 0 | 1 | 1 | 1 | 1 | 1 | 1 | 1 | 1 | 1 | 1 | 1 | 1 |
| | 1 | 1 | 0 | 0 | 1 | 1 | 1 | 1 | 1 | 1 | 1 | 1 | 1 | 1 |
| | 1 | 1 | 0 | 1 | 1 | 1 | 1 | 1 | 1 | 1 | 1 | 1 | 1 | 1 |
| | 1 | 1 | 1 | 0 | 1 | 1 | 1 | 1 | 1 | 1 | 1 | 1 | 1 | 1 |
| | 1 | 1 | 1 | 1 | 1 | 1 | 1 | 1 | 1 | 1 | 1 | 1 | 1 | 1 |

11. 74LS47：BCD－七段译码器/驱动器.

**附表 1.2.15　74LS47 真值表**

| 序号 | 输入 | | | | 输出 | | | | | | |
|---|---|---|---|---|---|---|---|---|---|---|---|
| | $Q_4$ | $Q_3$ | $Q_2$ | $Q_1$ | $\overline{a}$ | $\overline{b}$ | $\overline{c}$ | $\overline{d}$ | $\overline{e}$ | $\overline{f}$ | $\overline{g}$ |
| 0 | 0 | 0 | 0 | 0 | 0 | 0 | 0 | 0 | 0 | 0 | 1 |
| 1 | 0 | 0 | 0 | 1 | 1 | 0 | 0 | 1 | 1 | 1 | 1 |
| 2 | 0 | 0 | 1 | 0 | 0 | 0 | 1 | 0 | 0 | 1 | 0 |
| 3 | 0 | 0 | 1 | 1 | 0 | 0 | 0 | 0 | 1 | 1 | 0 |
| 4 | 0 | 1 | 0 | 0 | 1 | 0 | 0 | 1 | 1 | 0 | 0 |
| 5 | 0 | 1 | 0 | 1 | 0 | 1 | 0 | 0 | 1 | 0 | 0 |

续表

| 序号 | 输入 | | | | 输出 | | | | | | |
|---|---|---|---|---|---|---|---|---|---|---|---|
| | $Q_4$ | $Q_3$ | $Q_2$ | $Q_1$ | $\overline{a}$ | $\overline{b}$ | $\overline{c}$ | $\overline{d}$ | $\overline{e}$ | $\overline{f}$ | $\overline{g}$ |
| 6 | 0 | 1 | 1 | 0 | 0 | 1 | 0 | 0 | 0 | 0 | 0 |
| 7 | 0 | 1 | 1 | 1 | 0 | 0 | 0 | 1 | 1 | 1 | 1 |
| 8 | 1 | 0 | 0 | 0 | 0 | 0 | 0 | 0 | 0 | 0 | 0 |
| 9 | 1 | 0 | 0 | 1 | 0 | 0 | 0 | 0 | 1 | 0 | 0 |

12. 74LS74：双 D 触发器（带置位、复位、正触发）.
逻辑表达式：$Q^{n+1}=D$.

**附表 1.2.16　74LS74 真值表**

| $D$ | $Q^n$ | $Q^{n+1}$ | 注释 |
|---|---|---|---|
| 0 | 0 | 0 | 置 0 |
| 0 | 1 | 0 | |
| 1 | 0 | 1 | 置 1 |
| 1 | 1 | 1 | |

13. 74LS76：JK 触发器（带预置和清除端）.
逻辑表达式：$Q^{n+1}=J\cdot\overline{Q^n}+\overline{K}\cdot Q^n$.

**附表 1.2.17　74LS76 真值表**

| $J$ | $K$ | $Q^n$ | $Q^{n+1}$ | 注释 |
|---|---|---|---|---|
| 0 | 0 | 0 | 0 | 保持 |
| 0 | 0 | 1 | 1 | |
| 0 | 1 | 0 | 0 | 置 0 |
| 0 | 1 | 1 | 0 | |
| 1 | 0 | 0 | 1 | 置 1 |
| 1 | 0 | 1 | 1 | |
| 1 | 1 | 0 | 1 | 计数 |
| 1 | 1 | 1 | 0 | |

14. 74LS86：2 输入端四异或门.
逻辑表达式：$Y=A\oplus B$.

**附表 1.2.18　74LS86 真值表**

| $A$ | $B$ | $Y$ |
|---|---|---|
| 0 | 0 | 0 |
| 0 | 1 | 1 |
| 1 | 0 | 1 |
| 1 | 1 | 0 |

15. 74LS90：十进制计数器.

逻辑功能：二进制计数、五进制计数、十进制计数.

附表 1.2.19　74LS90 真值表

(a) 二进制：$CP_1$ 输入，$Q_1$ 输出

| $CP_1$ | $Q_1$ |
|---|---|
| 0 | 0 |
| 1 | 1 |
| … | 0 |

(b) 五进制：$CP_2$ 输入；$Q_{4-1}$ 输出

| $CP_2$ | $Q_4$ | $Q_3$ | $Q_2$ |
|---|---|---|---|
| 0 | 0 | 0 | 0 |
| 1 | 0 | 0 | 1 |
| 2 | 0 | 1 | 0 |
| 3 | 0 | 1 | 1 |
| 4 | 1 | 0 | 0 |
| … | 0 | 0 | 0 |

(c) 十进制：$CP_1$ 输入，$Q_1$ 接 $CP_2$，$Q_{4-0}$ 输出

| $CP_1$ | $Q_4$ | $Q_3$ | $Q_2$ | $Q_1$ |
|---|---|---|---|---|
| 0 | 0 | 0 | 0 | 0 |
| 1 | 0 | 0 | 0 | 1 |
| 2 | 0 | 0 | 1 | 0 |
| 3 | 0 | 0 | 1 | 1 |
| 4 | 0 | 1 | 0 | 0 |
| 5 | 0 | 1 | 0 | 1 |
| 6 | 0 | 1 | 1 | 0 |
| 7 | 0 | 1 | 1 | 1 |
| 8 | 1 | 0 | 0 | 0 |
| 9 | 1 | 0 | 0 | 1 |
| … | 0 | 0 | 0 | 0 |

16. 74LS122：可重复触发单稳态触发器.

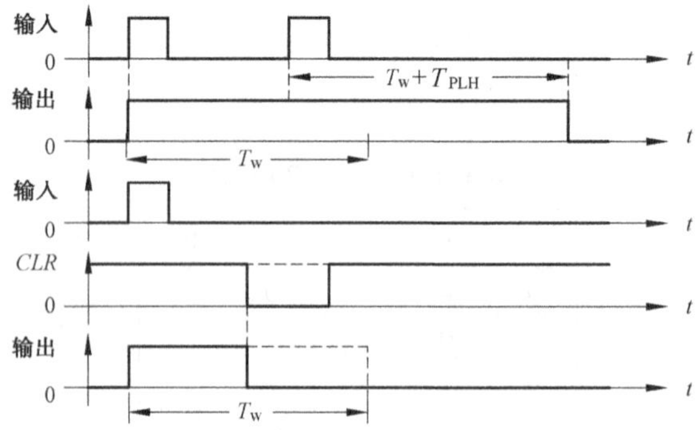


附图 1.2.1　74LS122 波形图

附表 1.2.20　74LS122 真值表

| $CLR$ | $A_1$ | $A_2$ | $B_1$ | $B_2$ | $Q$ |
|---|---|---|---|---|---|
| 0 | × | × | × | × | 0 |
| × | 1 | 1 | × | × | 0 |
| × | × | × | 0 | × | 0 |
| × | × | × | × | 0 | 0 |
| 1 | 0 | × | ↑ | 1 | ⊓ |
| 1 | 0 | × | 1 | ↑ | ⊓ |
| 1 | × | 0 | ↑ | 1 | ⊓ |
| 1 | × | 0 | 1 | ↑ | ⊓ |

续表

| $CLR$ | $A_1$ | $A_2$ | $B_1$ | $B_2$ | $Q$ |
|---|---|---|---|---|---|
| 1 | 1 | ↓ | 1 | 1 | $\sqcap$ |
| 1 | ↓ | ↓ | 1 | 1 | $\sqcap$ |
| 1 | ↓ | 1 | 1 | 1 | $\sqcap$ |
| ↑ | 0 | × | 1 | 1 | $\sqcap$ |
| ↑ | × | 0 | 1 | 1 | $\sqcap$ |

17. 74LS125 和 74LS126：三态输出的四总线缓冲门.

逻辑表达式：74LS125：$Y=A(\overline{G}=0)$；74LS126：$Y=A(G=1)$.

（a）74LS125结构示意图　　（b）74LS126结构示意图

**附图 1.2.2　结构示意图**

**附表 1.2.21 真值表**

（a）74LS125 真值表

| $\overline{G}$ | $A$ | $Y$ |
|---|---|---|
| 0 | 0 | 0 |
| 0 | 1 | 1 |
| 1 | 0 | 高阻 |
| 1 | 1 | 高阻 |

（b）74LS126 真值表

| $G$ | $A$ | $Y$ |
|---|---|---|
| 0 | 0 | 高阻 |
| 0 | 1 | 高阻 |
| 1 | 0 | 0 |
| 1 | 1 | 1 |

18. 74LS138：3 线-8 线译码器.

逻辑表达式：

$\overline{Y_0}=\overline{\overline{A_2}\,\overline{A_1}\,\overline{A_0}}=\overline{m_0}$，$\overline{Y_1}=\overline{\overline{A_2}\,\overline{A_1}\,A_0}=\overline{m_1}$，$\overline{Y_2}=\overline{\overline{A_2}A_1\,\overline{A_0}}=\overline{m_2}$，$\overline{Y_3}=\overline{\overline{A_2}A_1A_0}=\overline{m_3}$，

$\overline{Y_4}=\overline{A_2\,\overline{A_1}\,\overline{A_0}}=\overline{m_4}$，$\overline{Y_5}=\overline{A_2\,\overline{A_1}A_0}=\overline{m_5}$，$\overline{Y_6}=\overline{A_2A_1\,\overline{A_0}}=\overline{m_6}$，$\overline{Y_7}=\overline{A_2A_1A_0}=\overline{m_7}$.

**附表 1.2.22　74LS138 真值表**

| $G_1$ | $\overline{G_2}$* | $A$ | $B$ | $C$ | $\overline{Y_7}$ | $\overline{Y_6}$ | $\overline{Y_5}$ | $\overline{Y_4}$ | $\overline{Y_3}$ | $\overline{Y_2}$ | $\overline{Y_1}$ | $\overline{Y_0}$ |
|---|---|---|---|---|---|---|---|---|---|---|---|---|
| × | 1 | × | × | × | 1 | 1 | 1 | 1 | 1 | 1 | 1 | 1 |
| 0 | × | × | × | × | 1 | 1 | 1 | 1 | 1 | 1 | 1 | 1 |
| 1 | 0 | 0 | 0 | 0 | 1 | 1 | 1 | 1 | 1 | 1 | 1 | 0 |
| 1 | 0 | 0 | 0 | 1 | 1 | 1 | 1 | 1 | 1 | 1 | 0 | 1 |
| 1 | 0 | 0 | 1 | 0 | 1 | 1 | 1 | 1 | 1 | 0 | 1 | 1 |
| 1 | 0 | 0 | 1 | 1 | 1 | 1 | 1 | 1 | 0 | 1 | 1 | 1 |

续表

| $G_1$ | $\overline{G_2}^*$ | $A$ | $B$ | $C$ | $Y_7$ | $Y_6$ | $Y_5$ | $Y_4$ | $Y_3$ | $Y_2$ | $Y_1$ | $Y_0$ |
|---|---|---|---|---|---|---|---|---|---|---|---|---|
| 1 | 0 | 1 | 0 | 0 | 1 | 1 | 1 | 0 | 1 | 1 | 1 | 1 |
| 1 | 0 | 1 | 0 | 1 | 1 | 1 | 0 | 1 | 1 | 1 | 1 | 1 |
| 1 | 0 | 1 | 1 | 0 | 1 | 0 | 1 | 1 | 1 | 1 | 1 | 1 |
| 1 | 0 | 1 | 1 | 1 | 0 | 1 | 1 | 1 | 1 | 1 | 1 | 1 |

注：$\overline{G_2}^* = \overline{G_{2A}} + \overline{G_{2B}}$.

19. 74LS148：8 线-3 线优先编码器.

**附表 1.2.23　74LS148 真值表**

| 输入 | | | | | | | | | 输出 | | | | |
|---|---|---|---|---|---|---|---|---|---|---|---|---|---|
| $\overline{E_1}$ | $\overline{I_7}$ | $\overline{I_6}$ | $\overline{I_5}$ | $\overline{I_4}$ | $\overline{I_3}$ | $\overline{I_2}$ | $\overline{I_1}$ | $\overline{I_0}$ | $\overline{A_2}$ | $\overline{A_1}$ | $\overline{A_0}$ | $\overline{G_S}$ | $\overline{E_0}$ |
| 1 | × | × | × | × | × | × | × | × | 1 | 1 | 1 | 1 | 1 |
| 0 | 1 | 1 | 1 | 1 | 1 | 1 | 1 | 1 | 1 | 1 | 1 | 1 | 0 |
| 0 | 0 | × | × | × | × | × | × | × | 0 | 0 | 0 | 0 | 1 |
| 0 | 1 | 0 | × | × | × | × | × | × | 0 | 0 | 1 | 0 | 1 |
| 0 | 1 | 1 | 0 | × | × | × | × | × | 0 | 1 | 0 | 0 | 1 |
| 0 | 1 | 1 | 1 | 0 | × | × | × | × | 0 | 1 | 1 | 0 | 1 |
| 0 | 1 | 1 | 1 | 1 | 0 | × | × | × | 1 | 0 | 0 | 0 | 1 |
| 0 | 1 | 1 | 1 | 1 | 1 | 0 | × | × | 1 | 0 | 1 | 0 | 1 |
| 0 | 1 | 1 | 1 | 1 | 1 | 1 | 0 | × | 1 | 1 | 0 | 0 | 1 |
| 0 | 1 | 1 | 1 | 1 | 1 | 1 | 1 | 0 | 1 | 1 | 1 | 0 | 1 |

20. 74LS151：八选一数据选择器.

逻辑表达式：$Y = [(\overline{S_2}\,\overline{S_1}\,\overline{S_0})I_0 + (\overline{S_2}\,\overline{S_1}\,S_0)I_1 + (\overline{S_2}S_1\,\overline{S_0})I_2 + (\overline{S_2}S_1S_0)I_3 + (S_2\,\overline{S_1}\,\overline{S_0})I_4 + (S_2\,\overline{S_1}S_0)I_5 + (S_2S_1\,\overline{S_0})I_6 + (S_2S_1S_0)I_7] \cdot E$.

**附表 1.2.24　74LS151 真值表**

| 输入 | | | | | | | | | | | | 输出 | |
|---|---|---|---|---|---|---|---|---|---|---|---|---|---|
| $\overline{E}$ | $S_2$ | $S_1$ | $S_0$ | $I_7$ | $I_6$ | $I_5$ | $I_4$ | $I_3$ | $I_2$ | $I_1$ | $I_0$ | $Y$ | $Y$ |
| 1 | × | × | × | × | × | × | × | × | × | × | × | × | × |
| 0 | 0 | 0 | 0 | × | × | × | × | × | × | × | 0 | 0 | $I_0$ |
| 0 | 0 | 0 | 0 | × | × | × | × | × | × | × | 1 | 1 | |
| 0 | 0 | 0 | 1 | × | × | × | × | × | × | 0 | × | 0 | $I_1$ |
| 0 | 0 | 0 | 1 | × | × | × | × | × | × | 1 | × | 1 | |
| 0 | 0 | 1 | 0 | × | × | × | × | × | 0 | × | × | 0 | $I_2$ |
| 0 | 0 | 1 | 0 | × | × | × | × | × | 1 | × | × | 1 | |

续表

| 输入 | | | | | | | | | | | | 输出 | |
|---|---|---|---|---|---|---|---|---|---|---|---|---|---|
| $\overline{E}$ | $S_2$ | $S_1$ | $S_0$ | $I_7$ | $I_6$ | $I_5$ | $I_4$ | $I_3$ | $I_2$ | $I_1$ | $I_0$ | $Y$ | $Y$ |
| 0 | 0 | 1 | 1 | × | × | × | × | 0 | × | × | × | 0 | $I_3$ |
| 0 | 0 | 1 | 1 | × | × | × | × | 1 | × | × | × | 1 | |
| 0 | 1 | 0 | 0 | × | × | × | 0 | × | × | × | × | 0 | $I_4$ |
| 0 | 1 | 0 | 0 | × | × | × | 1 | × | × | × | × | 1 | |
| 0 | 1 | 0 | 1 | × | × | 0 | × | × | × | × | × | 0 | $I_5$ |
| 0 | 1 | 0 | 1 | × | × | 1 | × | × | × | × | × | 1 | |
| 0 | 1 | 1 | 0 | × | 0 | × | × | × | × | × | × | 0 | $I_6$ |
| 0 | 1 | 1 | 0 | × | 1 | × | × | × | × | × | × | 1 | |
| 0 | 1 | 1 | 1 | 0 | × | × | × | × | × | × | × | 0 | $I_7$ |
| 0 | 1 | 1 | 1 | 1 | × | × | × | × | × | × | × | 1 | |

21. 74LS153：双四选一数据选择器.

逻辑表达式：$Y=[I_0(\overline{S_1}\ \overline{S_0})+I_1(\overline{S_1}S_0)+I_2(S_1\overline{S_0})+I_3(S_1S_0)]\cdot E$.

**附表 1.2.25　74LS153 真值表**

| 输入 | | | | | | | 输出 | |
|---|---|---|---|---|---|---|---|---|
| $\overline{E}$ | $S_1$ | $S_0$ | $I_3$ | $I_2$ | $I_1$ | $I_0$ | $Y$ | $Y$ |
| 1 | × | × | × | × | × | × | × | × |
| 0 | 0 | 0 | × | × | × | 0 | 0 | $I_0$ |
| 0 | 0 | 0 | × | × | × | 1 | 1 | |
| 0 | 0 | 1 | × | × | 0 | × | 0 | $I_1$ |
| 0 | 0 | 1 | × | × | 1 | × | 1 | |
| 0 | 1 | 0 | × | 0 | × | × | 0 | $I_2$ |
| 0 | 1 | 0 | × | 1 | × | × | 1 | |
| 0 | 1 | 1 | 0 | × | × | × | 0 | $I_3$ |
| 0 | 1 | 1 | 1 | × | × | × | 1 | |

22. 74LS161：可预置 4 位二进制计数器(异步清除).

说明：$D$、$C$、$B$、$A$ 为 4 位预置数输入端；$Q_D$、$Q_C$、$Q_B$、$Q_A$ 为二进制计数器的输出端，$CP$ 为计数脉冲.

**附表 1.2.26　74LS161 特殊端口功能**

| $CLR$ | $LOAD$ | $EN\ T$ | $EN\ P$ | 结果 |
|---|---|---|---|---|
| 0 | × | × | × | 复位 |
| 1 | 0 | × | × | 预置数送到输出端 |
| 1 | 1 | 1 | 1 | 计数 |

续表

| $CLR$ | $LOAD$ | $EN\ T$ | $EN\ P$ | 结果 |
|---|---|---|---|---|
| 1 | 1 | 0 | × | 保持($OUT=0$) |
| 1 | 1 | 1 | 0 | 保持 |

23. 74LS181：算术逻辑单元/函数发生器.

**附表 1.2.27　74LS181 功能表**

| 功能选择 | | | | $M=1$ 逻辑功能 | $M=0$ 算术运算 | | | |
|---|---|---|---|---|---|---|---|---|
| $S_3$ | $S_2$ | $S_1$ | $S_0$ | | $\overline{C_n}=H$ | 无进位有借位 | $\overline{C_n}=L$ | 有进位无借位 |
| 0 | 0 | 0 | 0 | $F=\overline{A}$ | $F=A$ | | $F=A+1$ | |
| 0 | 0 | 0 | 1 | $F=\overline{A+B}$ | $F=A+B$ | | $F=(A+B)+1$ | |
| 0 | 0 | 1 | 0 | $F=\overline{A}B$ | $F=A+\overline{B}$ | | $F=(A+\overline{B})+1$ | |
| 0 | 0 | 1 | 1 | $F=0$ | $F=-1$(2 的补码) | | $F=0$ | |
| 0 | 1 | 0 | 0 | $F=\overline{AB}$ | $F=A+A\overline{B}$ | | $F=A+A\overline{B}+1$ | |
| 0 | 1 | 0 | 1 | $F=\overline{B}$ | $F=(A+B)+A\overline{B}$ | | $F=(A+B)+A\overline{B}+1$ | |
| 0 | 1 | 1 | 0 | $F=A\oplus B$ | $F=A-B-1$ | | $F=A-B$ | |
| 0 | 1 | 1 | 1 | $F=A\overline{B}$ | $F=A\overline{B}-1$ | | $F=A\overline{B}$ | |
| 1 | 0 | 0 | 0 | $F=\overline{A}+B$ | $F=A+AB$ | | $F=A+AB+1$ | |
| 1 | 0 | 0 | 1 | $F=\overline{A\oplus B}$ | $F=A+B$ | | $F=A+B+1$ | |
| 1 | 0 | 1 | 0 | $F=B$ | $F=(A+\overline{B})+AB$ | | $F=(A+\overline{B})+AB+1$ | |
| 1 | 0 | 1 | 1 | $F=AB$ | $F=AB-1$ | | $F=AB$ | |
| 1 | 1 | 0 | 0 | $F=1$ | $F=A+A$ | | $F=A+A+1$ | |
| 1 | 1 | 0 | 1 | $F=A+\overline{B}$ | $F=(A+B)+A$ | | $F=(A+B)+A+1$ | |
| 1 | 1 | 1 | 0 | $F=A+B$ | $F=(A+\overline{B})+A$ | | $F=(A+\overline{B})+A+1$ | |
| 1 | 1 | 1 | 1 | $F=A$ | $F=A-1$ | | $F=A$ | |

24. 74LS194：4 位双向通用移位寄存器.

**附表 1.2.28　74LS194 真值表**

| $CP$ | $\overline{CR}$ | $S_1$ | $S_0$ | 功能 | $Q_3Q_2Q_1Q_0$ |
|---|---|---|---|---|---|
| × | 0 | × | × | 清除 | $\overline{CR}=0$，使 $Q_3Q_2Q_1Q_0=0000$，寄存器正常工作时，$\overline{CR}=1$ |
| ↑ | 1 | 0 | 0 | 保持 | $CP$ 上升沿作用后寄存器内容不变. $Q_3Q_2Q_1Q_0=Q_3^nQ_2^nQ_1^nQ_0^n$ |

续表

| $CP$ | $\overline{CR}$ | $S_1$ | $S_0$ | 功能 | $Q_3Q_2Q_1Q_0$ |
|---|---|---|---|---|---|
| ↑ | 1 | 0 | 1 | 右移 | 串行数据送至右移输入端 $S_R$，在 $CP$ 上升沿时进行右移. $Q_3Q_2Q_1Q_0=S_RQ_3Q_2Q_1$ |
| ↑ | 1 | 1 | 0 | 左移 | 串行数据送至左移输入端 $S_L$，在 $CP$ 上升沿时进行左移. $Q_3Q_2Q_1Q_0=Q_2Q_1Q_0S_L$ |
| ↑ | 1 | 1 | 1 | 送数 | $CP$ 上升沿作用后，并行输入数据送入寄存器. $Q_3Q_2Q_1Q_0=D_3D_2D_1D_0$，此时串行数据（$S_R$、$S_L$）被禁止 |
| ↓ | 1 | × | × | 保持 | $Q_3Q_2Q_1Q_0=Q_3^nQ_2^nQ_1^nQ_0^n$ |

25. 74LS283：4 位二进制全加器.

逻辑表达式：$\Sigma_i=A_i\oplus B_i\oplus C_{i-1}$，$C_i=A_iB_i+B_iC_{i-1}+A_iC_{i-1}$.

**附表 1.2.29　74LS283 真值表**

| $C_{i-1}$ | $A_i$ | $B_i$ | $\Sigma_i$ | $C_i$ |
|---|---|---|---|---|
| 0 | 0 | 0 | 0 | 0 |
| 0 | 0 | 1 | 1 | 0 |
| 0 | 1 | 0 | 1 | 0 |
| 0 | 1 | 1 | 0 | 1 |
| 1 | 0 | 0 | 1 | 0 |
| 1 | 0 | 1 | 0 | 1 |
| 1 | 1 | 0 | 0 | 1 |
| 1 | 1 | 1 | 1 | 1 |

26. 4011：四 2 输入与非门（CMOS 逻辑电路）.

逻辑表达式：$Y=\overline{A\cdot B}$.

**附表 1.2.30　4011 真值表**

| $A$ | $B$ | $Y$ |
|---|---|---|
| 0 | 0 | 1 |
| 0 | 1 | 1 |
| 1 | 0 | 1 |
| 1 | 1 | 0 |

27. 4013：双 D 触发器.

逻辑表达式：$Q^{n+1}=D$.

附表 1.2.31　4013 真值表

| $D$ | $Q^n$ | $Q^{n+1}$ | 注释 |
|---|---|---|---|
| 0 | 0 | 0 | 置 0 |
| 0 | 1 | 0 | |
| 1 | 0 | 1 | 置 1 |
| 1 | 1 | 1 | |

28. 4017：十进制计数/分配器.

附表 1.2.32　4017 真值表

| $CP$ | $\overline{EN}$ | $R$ | 输出计数 $n$ |
|---|---|---|---|
| 0 | × | 0 | $n$ |
| 1 | 1 | 0 | $n$ |
| ↑ | 0 | 0 | $n+1$ |
| ↓ | 1 | 0 | $n$ |
| 1 | ↓ | 0 | $n+1$ |
| 1 | ↑ | 0 | $n$ |
| × | × | 1 | 0 |

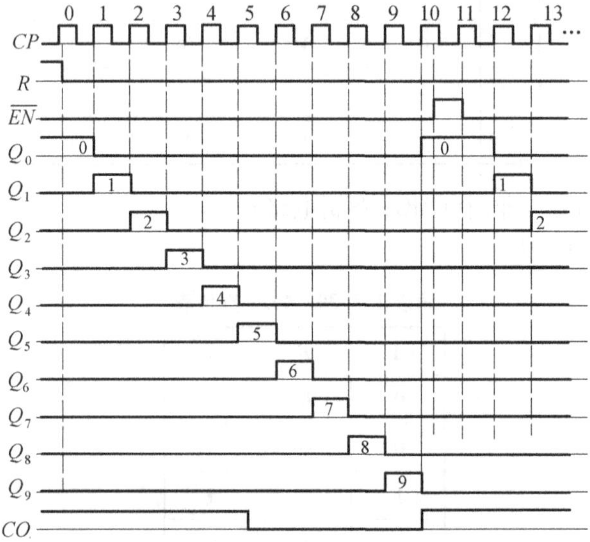


附图 1.2.3　4017 波形图

29. 4022：八进制计数/分配器.

**附表 1.2.33 4022 真值表**

| $CP$ | $\overline{EN}$ | $R$ | 输出 $n$ |
|---|---|---|---|
| 0 | × | 0 | $n$ |
| 1 | 1 | 0 | $n$ |
| ↑ | 0 | 0 | $n+1$ |
| ↓ | 1 | 0 | $n$ |
| 1 | ↓ | 0 | $n+1$ |
| 1 | ↑ | 0 | $n$ |
| × | × | 1 | 0 |

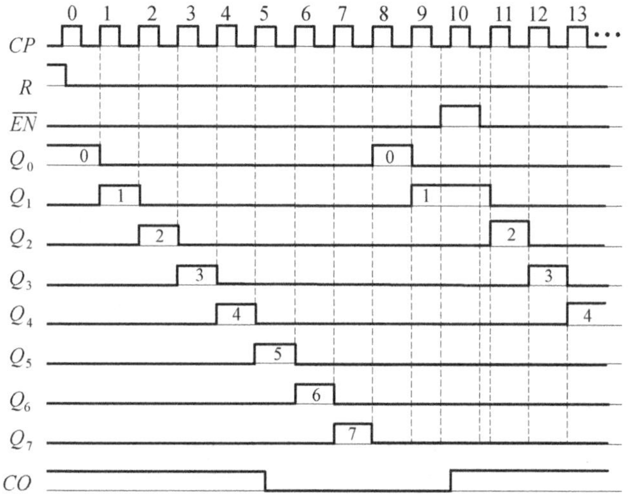


**附图 1.2.4 4022 波形图**

30. 4027：双 JK 主从触发器.

逻辑表达式：$Q^{n+1}=J\cdot\overline{Q^n}+\overline{K}\cdot Q^n$.

**附表 1.2.34 4027 真值表**

| J | $K$ | $Q^n$ | $Q^{n+1}$ | 注释 |
|---|---|---|---|---|
| 0 | 0 | 0 | 0 | 保持 |
| 0 | 0 | 1 | 1 | |
| 0 | 1 | 0 | 0 | 置 0 |
| 0 | 1 | 1 | 0 | |
| 1 | 0 | 0 | 1 | 置 1 |
| 1 | 0 | 1 | 1 | |
| 1 | 1 | 0 | 1 | 计数 |
| 1 | 1 | 1 | 0 | |

31. 4049：六反相缓冲器/转换器.

逻辑表达式：$Y=\overline{A}$.

**附表 1.2.35　MC4049 真值表**

| $A$ | $Y$ |
|---|---|
| 0 | 1 |
| 1 | 0 |

32. 40107：2 输入端双与非缓冲/驱动器(三态).

逻辑表达式：$Y=\overline{A}$.

结构示意图：

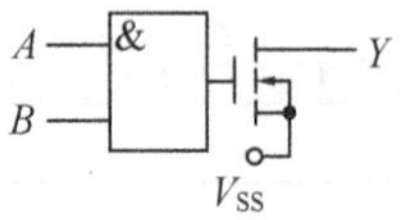


附图 1.2.5　40107 结构示意图

**附表 1.2.36　40107 真值表**

| $A$ | $Y$ |
|---|---|
| 0 | 1 |
| 1 | 0 |

33. 4528 双单稳态触发器.

**附表 1.2.37　4528 功能表**

| 输　入 | | | 输　出 | |
|---|---|---|---|---|
| $+TR$ | $-TR$ | $R$ | $Q$ | $\overline{Q}$ |
| ↑ | 1 | 1 | ⊓ | ⊔ |
| ↑ | 0 | 1 | 保持 | 保持 |
| 1 | ↓ | 1 | 保持 | 保持 |
| 0 | ↓ | 1 | ⊓ | ⊔ |
| × | × | 0 | 0 | 1 |

34. AD7520：8－10 位 D/A 转换器.

逻辑功能：将 8－10 位数字信号转换为模拟信号.

**附表 1.2.38　AD7520 引脚说明**

| 符　号 | 参 数 名 称 | 范　围 |
|---|---|---|
| $V_+$ | 额定电源电压 | +5～+15V |
| $V_{REF}$ | 参考电压 | ±2.5V |
| $T_A$ | 额定工作温度 | 0～70℃ |

续表

| 符　　号 | 参 数 名 称 | 范　　围 |
|---|---|---|
| $R_F$ | 反馈电阻端 | |
| $D_0 \sim D_9$ | 数字输入端 | |
| $I_{OUT1}$、$I_{OUT2}$ | 模拟输出端 | |

35. ADC0804：8 位 A/D 转换电路.
逻辑功能：将模拟信号转换为 8 位数字信号.

**附表 1.2.39　ADC0804 引脚说明**

| 符　　号 | 参 数 名 称 | 范　　围 |
|---|---|---|
| $V_+$ | 额定电源电压 | +5 ~ +15V |
| $V_{REF}/2$ | 参考电压 | |
| $V_{IN+}$、$V_{IN-}$ | 模拟信号输入端 | |
| $DB_0 \sim DB_7$ | 数字信号输出端 | |
| $T_A$ | 额定工作温度 | 0 ~ 70℃ |
| *CS* | 片选信号端 | 低电平有效 |
| *RD* | 读信号端 | 低电平有效 |
| *WR* | 写信号端 | 低电平有效 |
| *INTR* | 转换结束后输出中断请求信号 | 低电平有效 |
| *AGND*、*DGND* | 模拟地、数字地 | |

36. ADC0808/0809：8 通道 8 位 A/D 转换器.
逻辑功能：在 8 通道中选择某一通道的模拟信号，将其转换为 8 位数字信号输出.

**附表 1.2.40　ADC0808/0809 引脚说明**

| 符　　号 | 参 数 名 称 | 范　　围 |
|---|---|---|
| $V_{CC}$ | 额定电源电压 | +5 ~ +15V |
| $REF_+$、$REF_-$ | 参考电压 | |
| *ADDA* ~ *ADDC* | 通道地址选择信号 | |
| $IN_0 \sim IN_7$ | 8 通道模拟输入信号 | |
| $2^{-1} \sim 2^{-8}$ | 数字信号输出 | |
| *START* | 启动转换信号 | |
| *ALE* | 地址选通信号 | |
| *EOC* | 转换结束信号 | |
| *OE* | 输出允许信号 | |
| *CLOCK* | 外部时钟输入 | |

**附表 1.2.41　ADC0808/0809 通道选择真值表**

| 通道地址 | | | 通道 |
| --- | --- | --- | --- |
| *ADDC* | *ADDB* | *ADDA* | |
| 0 | 0 | 0 | $IN_0$ |
| 0 | 0 | 1 | $IN_1$ |
| 0 | 1 | 0 | $IN_2$ |
| 0 | 1 | 1 | $IN_3$ |
| 1 | 0 | 0 | $IN_4$ |
| 1 | 0 | 1 | $IN_5$ |
| 1 | 1 | 0 | $IN_6$ |
| 1 | 1 | 1 | $IN_7$ |

37. DAC0830/DAC0832：8 位 D/A 转换器.

逻辑功能：将 8 位数字信号转换为模拟信号.

**附表 1.2.42　DAC0830/DAC0832 引脚说明**

| 符　号 | 参　数　名　称 | 备　注 |
| --- | --- | --- |
| $V_+$ | 额定电源电压 | +5 ~ +15V |
| $V_{REF}$ | 参考电压 | |
| $R_{fb}$ | 反馈电阻端 | |
| $X_{FET}$ | 传输控制信号 | 使 $W_{R2}$ 有效 |
| $\overline{W}_{R1}$ | 将输入数字信号写入锁存器 | 与 $CS$、$I_{LE}$ 结合使用 |
| $\overline{W}_{R2}$ | 将锁存器的数字信号写入 D/A 转换器 | 与 $X_{FET}$ 结合使用 |
| $I_{LE}$ | 输入锁存信号 | |
| $\overline{CS}$ | 片选信号 | 低电平有效 |
| $DI_0 \sim DI_7$ | 数字输入端 | |
| $I_{OUT1}$、$I_{OUT2}$ | 模拟输出端 | |
| $T_A$ | 额定工作温度 | 0 ~ 70℃ |

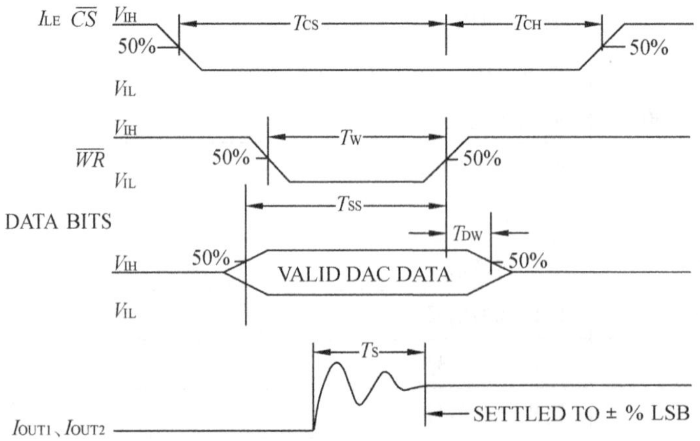


附图 1.2.6　DAC0830/DAC0832 波形图

38. MC14433：$3\frac{1}{2}$位 A/D 转换器.

逻辑功能：将模拟信号转换为 3 位半数字信号.

附表 1.2.43　MC14433 引脚说明

| 符　号 | 参 数 名 称 | 备　注 |
|---|---|---|
| $V_{DD}$ | 额定电源电压 | ±5V |
| $V_{AD}$ | 模拟地 | |
| $V_{REF}$ | 参考基准电压 | 200mV、2V |
| $V_X$ | 模拟信号输入端 | |
| $DS_1 \sim DS_4$ | 显示选通端 | |
| $Q_0 \sim Q_3$ | 数字输出端 | |
| $CO_1$、$CO_2$ | 外接偏移电容 | 0.1μF |
| $CLK_0$、$CLK_1$ | 外接时钟输入 | |
| $R_1$、$C_1$、$R_1/C_1$ | 外接电阻、电容端 | |
| $EOC$ | 转换结束信号 | |
| $\overline{OR}$ | 输入信号溢出标志 | 正常为“1” |
| $DU$ | 显示更新输入端 | |
| $T_A$ | 额定工作温度 | 0～70℃ |

附表 1.2.44　MC14433 的“千”字位输出真值表

| 千 字 位 代 码 | | | | 状 态 含 义 |
|---|---|---|---|---|
| $Q_3$ | $Q_2$ | $Q_1$ | $Q_0$ | |
| 0 | × | × | × | “千”位数 1 |
| 1 | × | × | × | “千”位数 0 |
| × | 1 | × | × | 正极性 |
| × | 0 | × | × | 负极性 |
| × | × | × | 0 | 量程合适 |
| 0 | × | × | 0 | 量程不合适，溢出 |
| 1 | × | × | 1 | 量程不合适，嫌大（<0.180） |

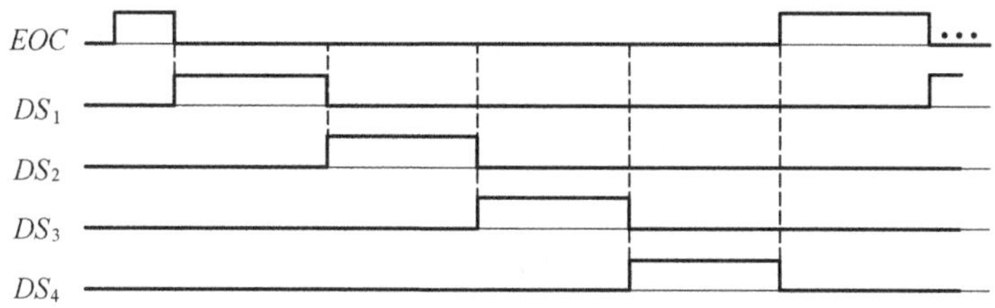


附图 1.2.7　显示选通端波形图

39. 555：时基电路.

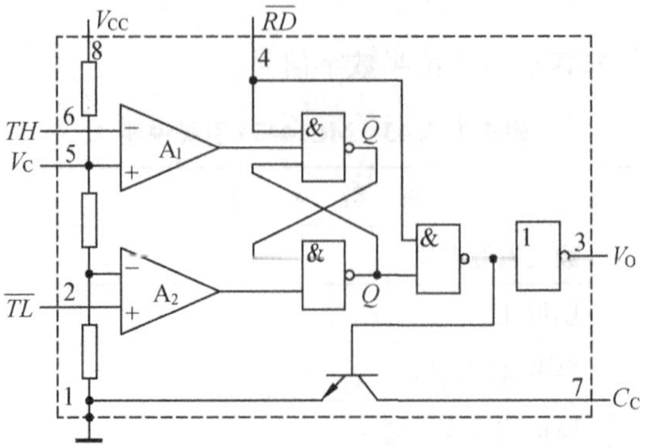


附图 1.2.8　555 内部电路图

**附表 1.2.45　555 功能表**

| $\overline{RD}$ | $\overline{TL}$ | $TH$ | $Out$ | $C_C$ |
|---|---|---|---|---|
| L | × | × | L | On |
| H | $<\frac{1}{3}V_{DD}$ | × | H | Off |
| H | $>\frac{1}{3}V_{DD}$ | $>\frac{2}{3}V_{DD}$ | L | On |
| H | $>\frac{1}{3}V_{DD}$ | $<\frac{2}{3}V_{DD}$ | 不变 | 不变 |

40. LM324：四运算放大器.

**附表 1.2.46　LM324 参数表**

| 参　　数 | 值 | 备　　注 |
|---|---|---|
| 电源电压 $V_{CC}$ | 3～30V(或 ±15V) | |
| 输入电压 $V_{in}$ | 0～($V_{CC}$－1.5)V | |
| 输出电压 $V_{out}$ | 0～($V_{CC}$－1.5)V | $2.475V \leq V_{out} \leq 2.525V$ |
| 开环增益 $A_{vd}$ | $100 \times 10^3$ | |
| 工作温度 | 0～70℃ | |

41. MC1403：精密电压基准.

**附表 1.2.47　MC1403 参数表**

| 参　　数 | 值 | 备　　注 |
|---|---|---|
| 输出电压 | 2.5V | |
| 电源电压 $V_{CC}$ | 5～15V | |
| 温度系数$\frac{\Delta V_0}{\Delta T}$ | 10ppm/℃ | ≤40ppm/℃ |

续表

| 参　　数 | 值 | 备　　注 |
|---|---|---|
| 供电电流 $I_{CC}$ | 1.4mA | $I_{CC} \leqslant 3mA$ |
| 输出短路电流 $I_{OS}$ | ±40mA | $I_{OS} \leqslant \pm 60mA$ |
| 工作温度 | 0～70℃ | |

42. uA741：带可调端的运算放大器.

**附表 1.2.48　uA741 参数表**

| 参　　数 | 值 |
|---|---|
| 电源电压 $V_{CC}$ | ±5～±20V |
| 差模输入电压 $V_{id}$ | ±2～±14V |
| 输入电压 $V_I$ | ±2.5～±18V |
| 功耗 $P$ | 500mW |
| 开环增益 $A_{vd}$ | $200 \times 10^3$ |
| 输入电阻 $R_i$ | 2MΩ |
| 带宽 $GBP$ | 1MHz |

43. OP07：带可调端的运算放大器.

**附表 1.2.49　OP07 参数表**

| 参　　数 | 值 | 备　　注 |
|---|---|---|
| 电源电压 $V_{CC}$ | ±3～±15V | |
| 输入偏移电压 $V_{OS}$ | 30μV | ≤75μV |
| 温度飘移 $V_{OS}/T$ | 0.2μV/月 | ≤1.0μV/月 |
| 输入偏移电流 $I_{OS}$ | 0.4nA | ≤2.8nA |
| 功耗 $P$ | 75mW | |
| 开环增益 $A_{vd}$ | $400 \times 10^3$ | |
| 输入电阻 $R_i$ | 60MΩ | |
| 带宽 $GBP$ | 0.6MHz | |

# 附录二 基本输入输出组件

## 一、基本输入组件

1. 输入逻辑电平开关组件.

(1) 功能.

当开关向上拨,指向"H",则接口呈现高电平;当开关向下拨,指向"L",则接口呈现低电平.

(2) 实现电路(附图 2.1.1).

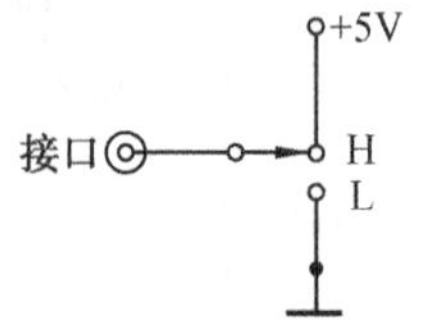


附图 2.1.1 输入逻辑电平开关组件实现电路图

2. 脉冲信号源组件.

(1) 功能.

在输出口(PO)将输出连续的幅度为 3.5V 的方波脉冲信号. 其输出频率由调节频率范围波段开关(FR)的位置(1Hz、1kHz、20kHz)决定,还通过频率细调(FA)多圈电位器对输出频率进行细调,并有 LED 发光二极管指示有无脉冲信号输出,当频率范围开关(FR)置于 1Hz 挡时,LED 发光指示灯应按 1Hz 左右的频率闪亮.

(2) 实现电路(附图 2.1.2).

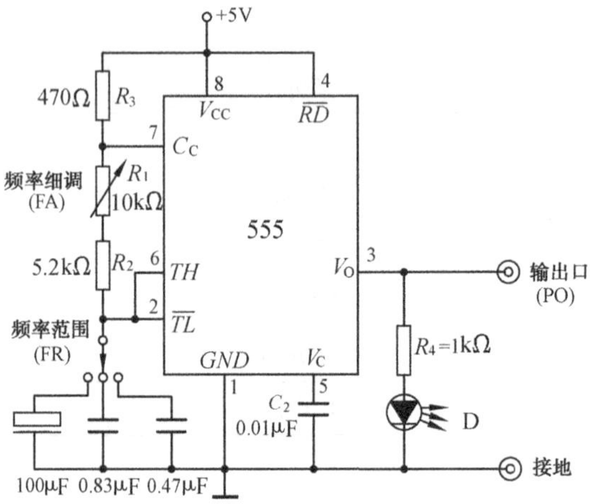


附图 2.1.2 脉冲信号源组件实现电路图

3. 单次脉冲源组件.

(1) 功能.

按一次按键,在正脉冲输出口送出一个"正单次脉冲"信号;在负脉冲输出口送出一个"负单次脉冲信号";并有 LED 发光二极管 L 和 H 用以指示.(注:与非门可用 74LS00).

(2) 实现电路(附图 2.1.3).

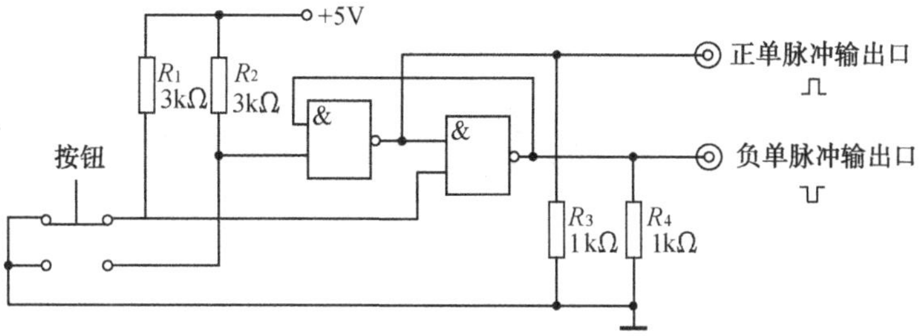


附图 2.1.3　单次脉冲源组件实现电路图

## 二、基本输出组件

1. 七段 LED 数码显示组件.

(1) 功能.

在译码器的 4 个输入端 A、B、C、D 处加入 4 位 0000 ~ 1001 之间的代码,数码管即显示出0 ~ 9 的十进制数字.(注:BCD 码二进制七段译码器使用 4511,LED 使用共阴数码显示管.)

(2) 实现电路(附图 2.2.1).

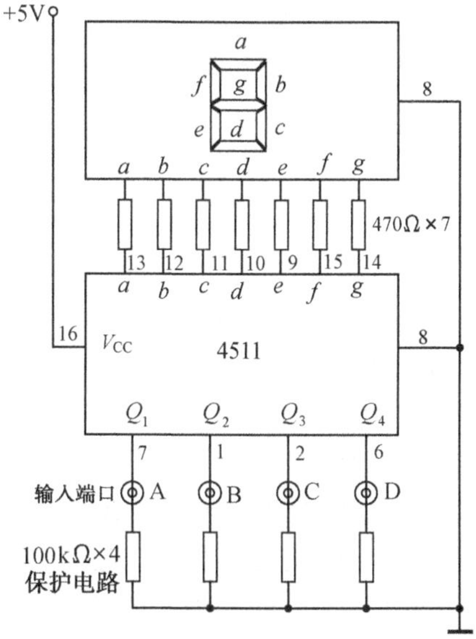


附图 2.2.1　七段 LED 数码显示组件实现电路图

2. 发光二极管逻辑电平指示组件.

(1) 功能.

当端口接高电平时,所对应的 LED 发光二极管点亮;当端口接低电平时,则对应的 LED 发光二极管熄灭.

(2) 实现电路(附图 2.2.2).

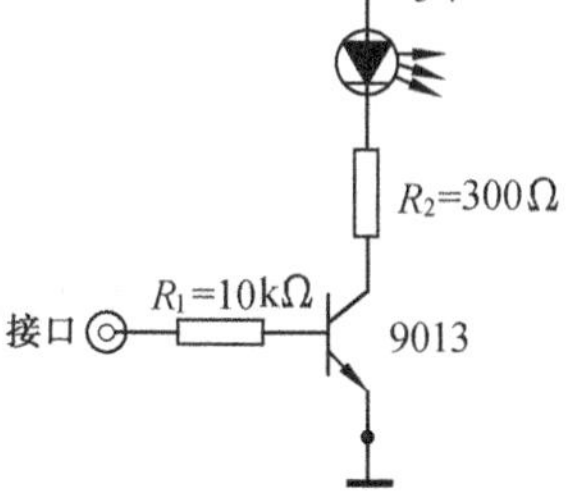


附图 2.2.2　发光二极管逻辑电平指示组件实现电路图

# 附录三　实验仪器设备使用简介

## 一、混合信号数字示波器

MSO1000Z/DS1000Z 系列混合信号数字示波器如附图 3.1.1 所示，其主要特色如下：

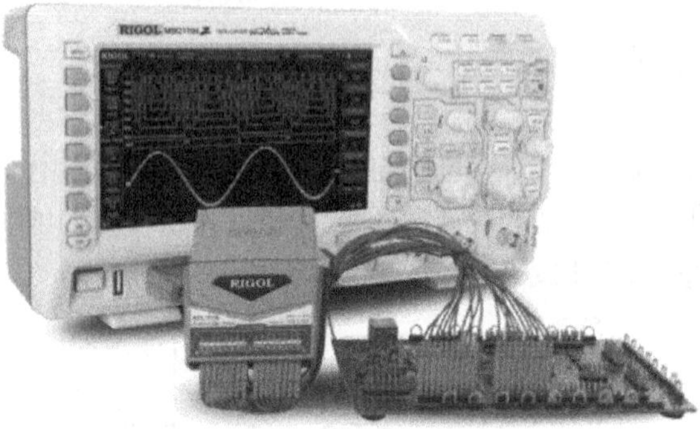

附图 3.1.1　MSO1000Z/DS1000Z 系列混合信号数字示波器

- 模拟通道实时采样率 1GSa/s，标配 12Mpts，最高 24 Mpts(选配)存储深度.
- 数字通道实时采样率 1GSa/s.
- 模拟通道带宽 100MHz、70MHz 和 50MHz 可选.
- 4 + 16 通道 MSO1000Z 系列混合信号数字示波器.
- 双通道，最高 25MHz 的信号源功能(仅适用于 MSO1000Z-S 和 DS1000Z-S 型号).
- 30000wfms/s(点显示)的波形捕获率.
- 实时的硬件波形录制、回放功能，最多可录制 60000 帧.
- 低底噪声，1mV/div ~ 10 V/div 的超宽垂直动态范围.
- 7 英寸 WVGA(800 × 480)TFT 宽屏、色彩逼真、功耗低，寿命长.
- 波形亮度可调.
- 波形显示可以自动设置( AUTO ).
- 高达 15 种触发功能，包含多种协议触发.
- 33 种波形参数自动测量(带统计功能).
- 内嵌 FFT 功能.
- 多重波形数学运算功能.
- 标准接口：USB Device、USB HOST、LAN、Aux、GPIB(通过 USB HOST 扩展).
- 支持远程命令控制.

(一) 功能简介

附图 3.1.2 所示为前面板总览，附表 3.1.1 为前面板简要说明.

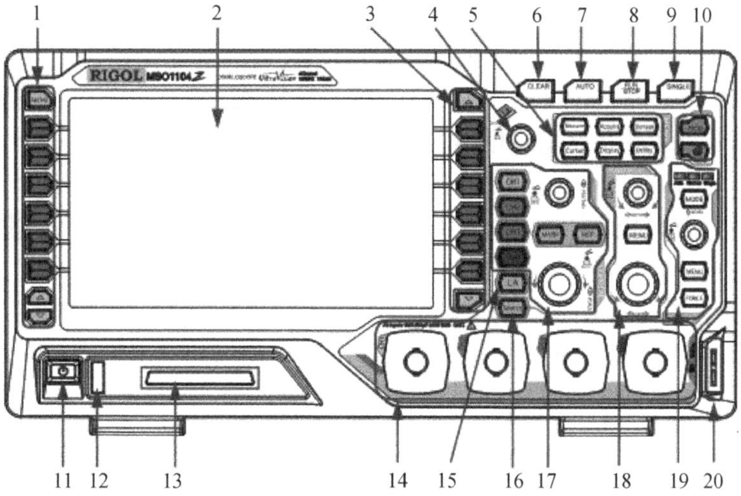


**附图** 3.1.2　**前面板总览**

**附表 3.1.1　前面板说明**

| 编号 | 说明 | 编号 | 说明 |
| --- | --- | --- | --- |
| 1 | 测量菜单操作键 | 11 | 电源键 |
| 2 | LCD | 12 | USB HOST 接口 |
| 3 | 功能菜单操作键 | 13 | 数字通道输入 |
| 4 | 多功能旋钮 | 14 | 模拟通道输入 |
| 5 | 常用操作键 | 15 | 逻辑分析仪操作键 |
| 6 | 全部清除键 | 16 | 信号源操作键 |
| 7 | 波形自动显示 | 17 | 垂直控制 |
| 8 | 运行/停止控制键 | 18 | 水平控制 |
| 9 | 单次触发控制键 | 19 | 触发控制 |
| 10 | 内置帮助/打印键 | 20 | 探头补偿信号输出端/接地端 |

前面板具体功能介绍如下.

1. 垂直控制.

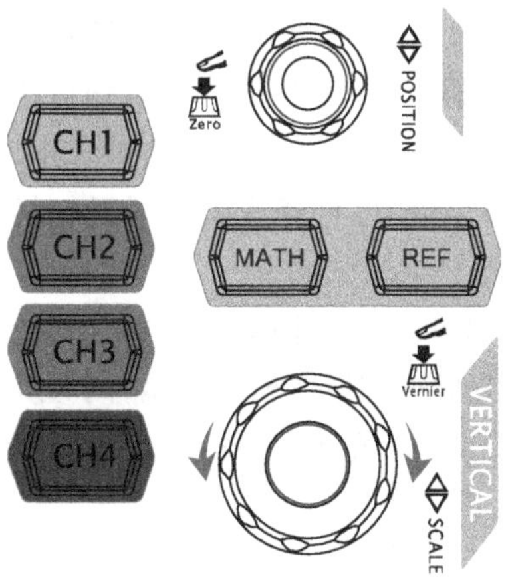


CH1、CH2、CH3、CH4:模拟通道设置键. 4 个通道标签用不同颜色标识,并且屏幕中的波形和通道输入连接器的颜色也与之对应. 按下任一按键打开相应通道菜单,再次按下关闭通道.

MATH:按MATH→Math可打开 A + B、A - B、A × B、A/B、FFT、A&&B、A ‖ B、A^B、! A、Intg、Diff、Sqrt、Lg、Ln、Exp 和 Abs 运算. 按下MATH还可以打开解码菜单,设置解码选项.

REF:按下该键打开参考波形功能. 可将实测波形

和参考波形比较.

垂直 POSITION:修改当前通道波形的垂直位移.顺时针转动增大位移,逆时针转动减小位移.修改过程中波形会上下移动,同时屏幕左下角弹出的位移信息(如 POS: 216.0mV )实时变化.按下该旋钮可快速将垂直位移归零.

垂直 SCALE:修改当前通道的垂直挡位.顺时针转动减小挡位,逆时针转动增大挡位.修改过程中波形显示幅度会增大或减小,同时屏幕下方的挡位信息(如 1 200mV )实时变化.按下该旋钮可快速切换垂直挡位调节方式为"粗调"或"微调".

**提示:** 如何设置各通道的垂直挡位和垂直位移?

MSO1000Z/DS1000Z 系列数字示波器的 4 个通道复用同一组垂直 POSITION 和垂直 SCALE旋钮.如需设置某一通道的垂直挡位和垂直位移,请首先按 CH1 、CH2 、CH3 或 CH4 键选中该通道,然后旋转垂直 POSITION 和垂直 SCALE 旋钮进行设置.

2. 逻辑分析仪操作.

按下该键打开逻辑分析仪控制菜单,可以打开或关闭任意通道或通道组、更改数字通道的显示大小、更改数字通道的逻辑阈值、对 16 个数字通道分组等,还可以为每一个数字通道设置标签.

**注意:**

(1) 该功能仅适用于 MSO1000Z-S 和 MSO1000Z 型号的示波器.

(2) 按 LA → D7-D0 ,选择"打开"时,CH4 功能自动禁用;选择"关闭"时,CH4 功能自动恢复.按 LA → D15-D8 ,选择"打开"时,CH3 功能自动禁用;选择"关闭"时,CH3 功能自动恢复.

3. 信号源.

按下该键进入信号源设置界面.可打开或关闭后面板[Source1]和[Source2]连接器的输出、设置信号源输出信号的波形及参数、打开或关闭当前信号的状态显示.

**注意:** 该功能仅适用于 MSO1000Z-S 和 DS1000Z-S 型号的示波器.

4. 水平控制.

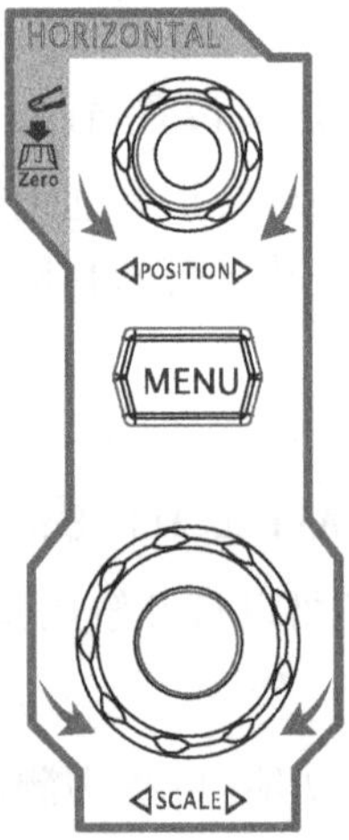


水平 POSITION:修改水平位移.转动旋钮时触发点相对屏幕中心左右移动.修改过程中,所有通道的波形左右移动,同时屏幕右上角的水平位移信息(如 D -200.000000ns )实时变化.按下该旋钮可快速复位水平位移(或延迟扫描位移).

MENU :按下该键打开水平控制菜单.可打开或关闭延迟扫描功能,切换不同的时基模式.

水平 SCALE:修改水平时基.顺时针转动减小时基,逆时针转动增大时基.修改过程中,所有通道的波形被扩展或压缩显示,同时屏幕上方的时基信息(如 H 500ns )实时变化.按下该旋钮可快速切换至延迟扫描状态.

5. 触发控制.

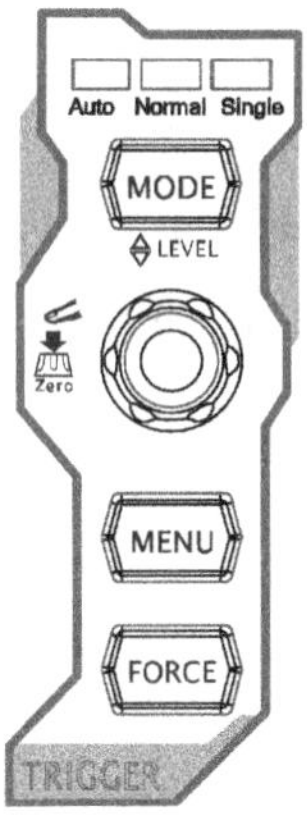


MODE:按下该键切换触发方式为 Auto、Normal 或 Single,当前触发方式对应的状态背光灯会变亮.

触发 LEVEL:修改触发电平. 顺时针转动增大电平,逆时针转动减小电平. 修改过程中,触发电平线上下移动,同时屏幕左下角的触发电平消息框(如 Trig Level : 428mV )中的值实时变化. 按下该旋钮可快速将触发电平恢复至零点.

MENU:按下该键打开触发操作菜单,本示波器提供丰富的触发类型.

FORCE:按下该键将强制产生一个触发信号.

6. 全部清除.

按下该键清除屏幕上所有的波形. 如果示波器处于"RUN"状态,则继续显示新波形.

7. 波形自动显示.

按下该键启用波形自动设置功能. 示波器将根据输入信号自动调整垂直挡位、水平时基以及触发方式,使波形显示达到最佳状态.

**注意:** 使用波形自动设置功能时,若被测信号为正弦波,要求其频率不小于 41Hz;若被测信号为方波,则要求其占空比大于 1% 且幅度不小于 $20\mathrm{m}V_{pp}$. 如果不满足此参数条件,则波形自动设置功能可能无效,且菜单显示的快速参数测量功能不可用.

8. 运行控制.

按下该键"运行"或"停止"波形采样. 运行(RUN)状态下,该键黄色背光灯点亮;停止(STOP)状态下,该键红色背光灯点亮.

9. 单次触发.

按下该键将示波器的触发方式设置为"Single". 单次触发方式下,按 FORCE 键立即产生一个触发信号.

10. 多功能旋钮.

非菜单操作时,转动该旋钮可调整波形显示的亮度. 亮度可调节范围为 0~100%. 顺时针转动增大波形亮度,逆时针转动减小波形亮度. 按下旋钮将波形亮度恢复至 60%. 也可按 Display →"波形亮度",调节波形亮度.

菜单操作时,该旋钮背光灯变亮,按下某个菜单软键后,转动该旋钮可选择该菜单下的子菜单,然后按下旋钮可选中当前选择的子菜单. 该旋钮还可以用于修改参数、输入文件名等.

11. 功能菜单.

Measure:按下该键进入测量设置菜单. 可设置测量信源、打开或关闭频率计、全部测量、统计功能等. 按下屏幕左侧的 MENU,可打开 33 种波形参数测量菜单,然后按下相应的

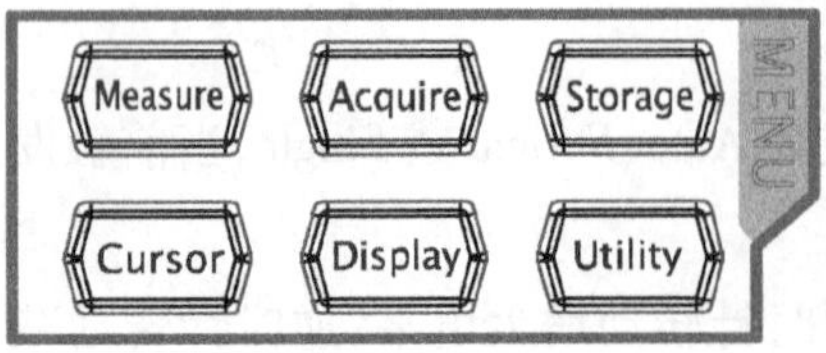


菜单软键快速实现“一键”测量，测量结果将出现在屏幕底部.

Acquire：按下该键进入采样设置菜单. 可设置示波器的获取方式、Sin(x)/x 和存储深度.

Storage：按下该键进入文件存储和调用界面. 可存储的文件类型包括：图像存储、轨迹存储、波形存储、设置存储、CSV 存储和参数存储. 支持内、外部存储和磁盘管理.

Cursor：按下该键进入光标测量菜单. 示波器提供手动、追踪、自动和 XY 四种光标模式. 其中，XY 模式仅在时基模式为“XY”时有效.

Display：按下该键进入显示设置菜单. 设置波形显示类型、余辉时间、波形亮度、屏幕网格和网格亮度.

Utility：按下该键进入系统功能设置菜单. 设置系统相关功能或参数，例如接口、声音、语言等. 此外，还支持一些高级功能，例如通过/失败测试、波形录制等.

12. 打印.

按下该键打印屏幕或将屏幕保存到 U 盘中. 若当前已连接 PictBridge 打印机，并且打印机处于闲置状态，按下该键将执行打印功能. 若当前未连接打印机，但连接 U 盘，按下该键则将屏幕图形以“. png”格式保存到 U 盘中，当前存储类型为图像存储时，会以指定的图片格式保存到 U 盘中. 同时连接打印机和 U 盘时，打印机优先级较高.

(二) 用户界面

MSO1000Z/DS1000Z 示波器提供 7.0 英寸 WVGA(800×480)160000 色 TFT LCD，用户界面如附图 3.1.3 所示.

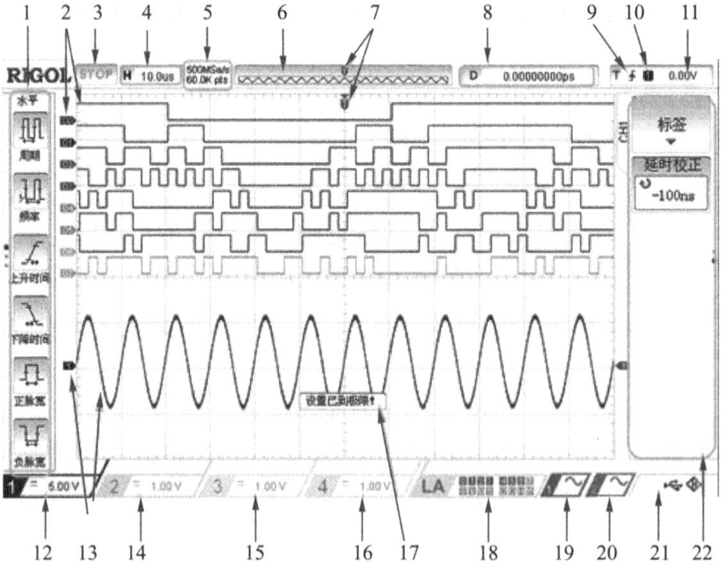


附图 3.1.3 用户界面

1. 自动测量选项.

提供 16 种水平(HORIZONTAL)测量参数和 17 种垂直(VERTICAL)测量参数. 按下屏幕左侧的软键即可打开相应的测量项. 连续按下 MENU 键,可切换水平和垂直测量参数.

2. 数字通道标签/波形.

数字波形的逻辑高电平显示为蓝色,逻辑低电平显示为绿色,边沿呈白色. 当前选中的数字通道波形和通道标签一致,显示为红色. 逻辑分析仪功能菜单中的分组设置功能可以将数字通道分为四个通道组,同一通道组的通道标签显示为同一种颜色,不同通道组用不同的颜色表示.

**注意:** 该功能仅适用于 MSO1000Z-S 和 MSO1000Z 型号的示波器.

3. 运行状态.

可能的状态包括 RUN(运行)、STOP(停止)、T′D(已触发)、WAIT(等待)和 AUTO(自动).

4. 水平时基.

- 表示屏幕水平轴上每格所代表的时间长度.
- 使用水平 SCALE 可以修改该参数,可设置范围为 5ns ~ 50s.

5. 采样率/存储深度.

- 显示当前示波器使用的采样率以及存储深度.
- 采样率和存储深度会随着水平时基的变化而改变.

6. 波形存储器.

提供当前屏幕中的波形在存储器中的位置示意图.

7. 触发位置.

显示波形存储器和屏幕中波形的触发位置.

8. 水平位移.

使用水平 POSITION 可以调节该参数. 按下旋钮时参数自动设置为 0.

9. 触发类型.

显示当前选择的触发类型及触发条件设置. 选择不同触发类型时显示不同的标识.

例如,表示在"边沿触发"的上升沿处触发.

10. 触发源.

显示当前选择的触发源(CH1 ~ CH4、AC 或 D0 ~ D15). 选择不同触发源时,显示不同的标识,并改变触发参数区的颜色.

例如,1表示选择 CH1 作为触发源.

11. 触发电平.

- 触发信源选择模拟通道时,需要设置合适的触发电平.
- 屏幕右侧的T为触发电平标记,右上角为触发电平值.
- 使用触发 LEVEL 修改触发电平时,触发电平值会随T的上下移动而改变.

**注意:** 斜率触发、欠幅触发和超幅触发时,有两个触发电平标记(T1和T2).

12. CH1 垂直挡位.

● 显示屏幕垂直方向 CH1 每格波形所代表的电压.

● 按 CH1 选中 CH1 通道后,使用垂直 SCALE 可以修改该参数.

● 根据当前的通道设置给出如下标记:通道耦合(如 ⎓)、带宽限制(如 B).

13. 模拟通道标签/波形.

不同通道用不同的颜色表示,通道标签和波形的颜色一致.

14. CH2 垂直挡位.

● 显示屏幕垂直方向 CH2 每格波形所代表的电压.

● 按 CH2 选中 CH2 通道后,使用垂直 SCALE 可以修改该参数.

● 根据当前的通道设置给出如下标记:通道耦合(如 ⎓)、带宽限制(如 B).

15. CH3 垂直挡位.

● 显示屏幕垂直方向 CH3 每格波形所代表的电压.

● 按 CH3 选中 CH3 通道后,使用垂直 SCALE 可以修改该参数.

● 根据当前的通道设置给出如下标记:通道耦合(如 ⎓)、带宽限制(如 B).

16. CH4 垂直挡位.

● 显示屏幕垂直方向 CH4 每格波形所代表的电压.

● 按 CH4 选中 CH4 通道后,使用垂直 SCALE 可以修改该参数.

● 根据当前的通道设置给出如下标记:通道耦合(如 ⎓)、带宽限制(如 B).

17. 消息框.

显示提示消息.

18. 数字通道状态区.

显示 16 个数字通道当前的状态. 当前打开的数字通道显示为绿色,当前选中的数字通道突出显示为红色,任何已关闭的数字通道均显示为灰色.

**注意:** 该功能仅适用于 MSO1000Z-S 和 MSO1000Z 型号的示波器.

19. 源 1 波形.

● 显示当前源 1 设置中的波形类型.

● 当源 1 的调制打开时,源 1 波形的下方会显示 Ⓜ 标识.

● 当源 1 的阻抗设置为 50Ω 时,源 1 波形的下方会显示 Ω 标识.

● 仅适用于 MSO1000Z-S 和 DS1000Z-S 型号的示波器.

20. 源 2 波形.

● 显示当前源 2 设置中的波形类型.

● 当源 2 的调制打开时,源 2 波形的下方会显示 Ⓜ 标识.

● 当源 2 的阻抗设置为 50Ω 时,源 2 波形的下方会显示 Ω 标识.

● 仅适用于 MSO1000Z-S 和 DS1000Z-S 型号的示波器.

21. 通知区域.

显示声音图标和 U 盘图标.

● 声音图标:按 Utility →"声音"可以打开或关闭声音. 声音打开时,该区域显示 🔊;声音关闭时,显示 ×.

● U 盘图标:当示波器检测到 U 盘时,该区域显示 .

22. 操作菜单.

按下任一软键可激活相应的菜单.下面的符号可能显示在菜单中:

表示可以旋转多功能旋钮修改参数值.多功能旋钮的背光灯在参数修改状态下变亮.

表示可以旋转多功能旋钮选择所需选项,当前选中的选项显示为蓝色,按下进入所选项对应的菜单栏.带有该符号的菜单被选中后,的背光灯常亮.

表示按下将弹出数字键盘,可直接输入所需的参数值.带有该符号的菜单被选中后,的背光灯常亮.

表示当前菜单有若干选项.

表示当前菜单有下一层菜单.

表示按下该键可以返回上一级菜单.

圆点数表示当前菜单的页数.

## 二、任意波形发生器

DG1000Z 系列函数/任意波形发生器是一款集函数发生器、任意波形发生器、噪声发生器、脉冲发生器、谐波发生器、模拟/数字调制器、频率计等功能于一身的多功能信号发生器,其主要特色如下:

● 最高输出频率(正弦波):30MHz 和 60MHz.

● 逐点生成任意波形,不失真还原信号,采样率精确可调,所有输出波形(包括方波、脉冲等)抖动低至 200ps.

● 每通道任意波存储深度:8M 点(标配)、16M 点(选配).

● 标配等性能双通道,相当于两个独立信号源.

● ±1ppm 高频率稳定度,相噪低至 -125dBc/Hz.

● 内置 8 次谐波发生器功能.

● 内置 7digits/s、200MHz 带宽的全功能频率计.

● 多达 160 种内建任意波形,囊括了工程应用、医疗电子、汽车电子、数学处理等各个领域的常用信号.

● 最大采样率:200MSa/s;垂直分辨率:14bits.

● 标配强大的任意波形编辑功能,也可通过上位机软件生成任意波形.

● 丰富的调制功能,包括 AM、FM、PM、ASK、FSK、PSK 和 PWM.

● 标配波形叠加功能,可以在基本波形的基础上叠加指定波形后输出.

● 标配通道跟踪功能,跟踪打开时,双通道所有参数均可同时根据用户的配置更新.

● 标准配置接口:USB Host、USB Device、LAN(LXI Core Device 2011).

● 3.5 英寸(320×240 像素)彩色显示屏.

(一) 功能简介

DG1000Z 系列函数/任意波形发生器的前面板示意图如附图 3.2.1 所示,其主要功能如下.

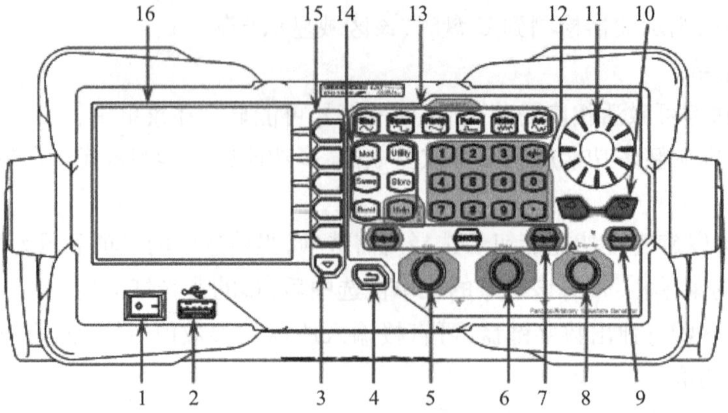


附图 3.2.1　前面板示意图

1. 电源键.

用于开启或关闭信号发生器.

2. USB Host.

支持 U 盘、RIGOL TMC 数字示波器、功率放大器和 USB-GPIB 模块.

● U 盘:读取 U 盘中的波形文件或状态文件,或将当前的仪器状态或编辑的波形数据存储到 U 盘中,也可以将当前屏幕显示的内容以图片格式( *. bmp)保存到 U 盘.

● TMC 示波器:与符合 TMC 标准的 RIGOL 示波器进行无缝互联,读取并存储示波器中采集到的波形,再无损地重现出来.

● 功率放大器(选件):支持 RIGOL 功率放大器(如 PA1011),对其进行在线配置,将信号功率放大后输出.

● USB-GPIB 模块(选件):为集成了 USB Host 接口但未集成 GPIB 接口的 RIGOL 仪器扩展出 GPIB 接口.

3. 菜单翻页键.

打开当前菜单的下一页或返回第一页.

4. 返回上一级菜单.

退出当前菜单并返回上一级菜单.

5. CH1 输出连接器.

BNC 连接器,标称输出阻抗为 50Ω.

当 Output1 打开时(背灯变亮),该连接器以 CH1 当前配置输出波形.

6. CH2 输出连接器.

BNC 连接器,标称输出阻抗为 50Ω.

当 Output2 打开时(背灯变亮),该连接器以 CH2 当前配置输出波形.

7. 通道控制区.

用于控制 CH1 的输出. 按下该按键,背灯变亮,打开 CH1 输出. 此时,CH1 连接器以当前配置输出信号. 再次按下该键,背灯熄灭,此时,关闭 CH1 输出.

用于控制 CH2 的输出. 按下该按键,背灯变亮,打开 CH2 输出. 此时,CH2 连接器以当前配置输出信号. 再次按下该键,背灯熄灭,此时,关闭 CH2 输出.

用于切换 CH1 或 CH2 为当前选中通道.

**注意:**

CH1 和 CH2 通道输出端设有过压保护功能,满足下列条件之一则产生过压保护. 产生过压保护时,屏幕弹出提示消息,输出关闭.

(1) 仪器幅度设置大于 $2V_{pp}$或输出偏移大于$|2V_{DC}|$,输入电压大于 $\pm11.5\times(1\pm5\%)$ V ( <10kHz).

(2) 仪器幅度设置小于等于 $2V_{pp}$或输出偏移小于等于$|2V_{DC}|$,输入电压大于 $\pm3.5\times(1\pm5\%)$V( <10kHz).

8. Counter 测量信号输入连接器.

BNC 连接器,输入阻抗为 1MΩ. 用于接收频率计测量的被测信号.

**注意:** 为了避免损坏仪器,输入信号的电压范围不得超过 $\pm7V_{ac}$ + dc.

9. 频率计.

用于开启或关闭频率计功能. 按下该按键,背灯变亮,左侧指示灯闪烁,频率计功能开启. 再次按下该键,背灯熄灭,此时,关闭频率计功能.

**注意:** 当 Counter 打开时,CH2 的同步信号将被关闭;关闭 Counter 后,CH2 的同步信号恢复.

10. 方向键.

- 使用旋钮设置参数时,用于移动光标以选择需要编辑的位.
- 使用键盘输入参数时,用于删除光标左边的数字.
- 存储或读取文件时,用于展开或收起当前选中目录.
- 文件名编辑时,用于移动光标选择文件名输入区中指定的字符.

11. 旋钮.

- 使用旋钮设置参数时,用于增大(顺时针)或减小(逆时针)当前光标处的数值.
- 存储或读取文件时,用于选择文件保存的位置或用于选择需要读取的文件.
- 文件名编辑时,用于选择虚拟键盘中的字符.
- 在 Arb →"选择波形"→"内建波形"中,用于选择所需的内建任意波.

12. 数字键盘.

包括数字键(0~9)、小数点(.)和符号键( +/ - ),用于设置参数.

**注意:**

(1) 编辑文件名时,符号键用于切换大小写.

(2) 使用小数点键可将用户界面以“ * . bmp”格式快速保存至 U 盘.

13. 波形键.

提供频率 1μHz ~ 60MHz 的正弦波输出. 选中该功能时，按键背灯变亮. 可以设置正弦波的频率/周期、幅度/高电平、偏移/低电平和起始相位.

提供频率 1μHz ~ 25MHz 并具有可变占空比的方波输出. 选中该功能时，按键背灯变亮. 可以设置方波的频率/周期、幅度/高电平、偏移/低电平、占空比和起始相位.

提供频率 1μHz ~ 1MHz 并具有可变对称性的锯齿波输出. 选中该功能时，按键背灯变亮. 可以设置锯齿波的频率/周期、幅度/高电平、偏移/低电平、对称性和起始相位.

提供频率 1μHz ~ 25MHz 并具有可变脉冲宽度和边沿时间的脉冲波输出. 选中该功能时，按键背灯变亮. 可以设置脉冲波的频率/周期、幅度/高电平、偏移/低电平、脉宽/占空比、上升沿、下降沿和起始相位.

提供带宽为 60MHz 的高斯噪声输出. 选中该功能时，按键背灯变亮. 可以设置噪声的幅度/高电平和偏移/低电平.

提供频率 1μHz ~ 20MHz 的任意波输出. 支持采样率和频率两种输出模式. 多达 160 种内建波形，并提供强大的波形编辑功能. 选中该功能时，按键背灯变亮. 可设置任意波的频率/周期、幅度/高电平、偏移/低电平和起始相位.

14. 功能键.

可输出多种已调制的波形. 提供多种调制方式，如 AM、FM、PM、ASK、FSK、PSK 和 PWM. 支持内部和外部调制源. 选中该功能时，按键背灯变亮.

可产生正弦波、方波、锯齿波和任意波(直流除外)的 Sweep 波形. 支持线性、对数和步进 3 种 Sweep 方式. 支持内部、外部和手动 3 种触发源. 提供频率标记功能，用于控制同步信号的状态. 选中该功能时，按键背灯变亮.

可产生正弦波、方波、锯齿波、脉冲波和任意波(直流除外)的 Burst 波形. 支持 N 循环、无限和门控 3 种 Burst 模式. 噪声也可用于产生门控 Burst. 支持内部、外部和手动 3 种触发源. 选中该功能时，按键背灯变亮.

用于设置辅助功能参数和系统参数. 选中该功能时，按键背灯变亮.

可存储或调用仪器状态或者用户编辑的任意波数据. 内置一个非易失性存储器(C 盘)，并可外接一个 U 盘(D 盘). 选中该功能时，按键背灯变亮.

要获得任何前面板按键或菜单软键的帮助信息时,按下该键后,再按下所需要获得帮助的按键即可.

**注意:**

(1) 当仪器工作在远程模式时,该键用于返回本地模式.

(2) 该键可用于锁定和解锁键盘. 长按 Help 键,可锁定前面板按键,此时,除 Help 键以外,前面板其他按键不可用. 再次长按该键,可解除锁定.

15. 菜单软键.

与其左侧显示的菜单一一对应,按下该软键激活相应的菜单.

16. LCD 显示屏.

3.5 英寸 TFT(320 × 240)彩色液晶显示屏,显示当前功能的菜单和参数设置、系统状态以及提示消息等内容.

(二) 用户界面

1. 双通道参数模式(附图 3.2.2).

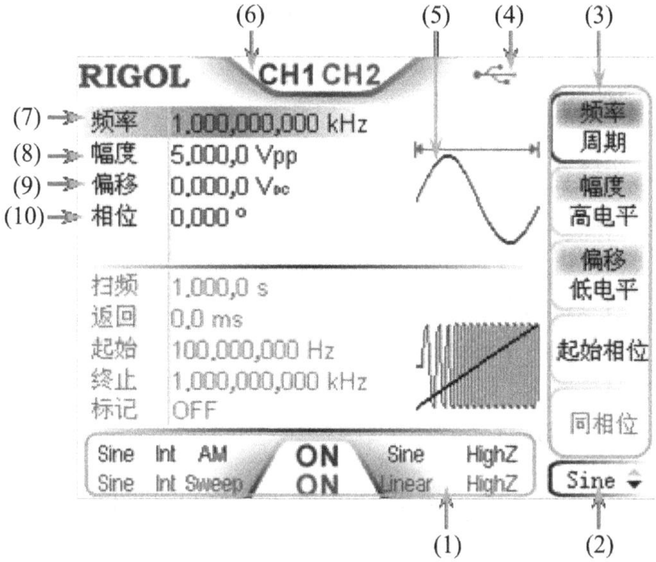


**附图 3.2.2　用户界面(双通道模式)**

(1) 通道输出配置状态栏.

显示各通道当前的输出配置,如附图 3.2.3 所示.

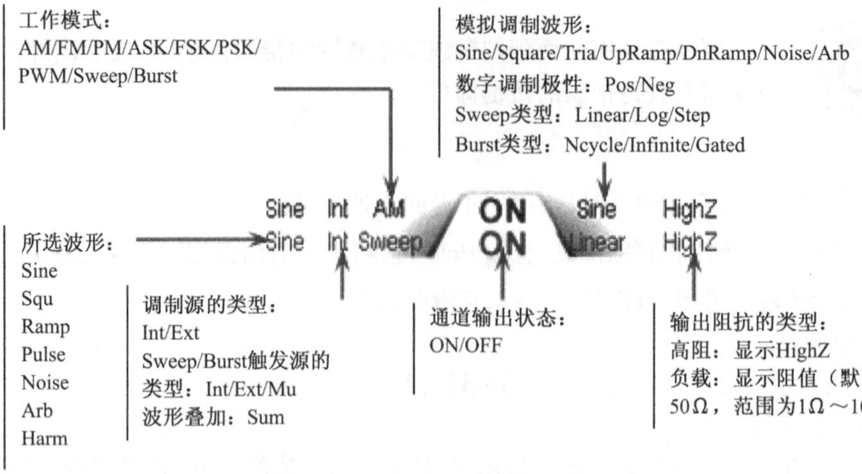


附图 3.2.3　各通道当前的输出配置

（2）当前功能及翻页提示.

显示当前已选中功能的名称. 例如，“Sine”表示当前选中正弦波功能，“Edit”表示当前选中任意波编辑功能. 此外，功能名称右侧的上、下箭头用来提示当前是否可执行翻页操作.

（3）菜单.

显示当前已选中功能对应的操作菜单.

（4）状态栏.

LXI :仪器正确连接至局域网时显示.

:仪器工作于远程模式时显示.

:仪器前面板被锁定时显示.

:仪器检测到 U 盘时显示.

PA :仪器与功率放大器正确连接时显示.

（5）波形.

显示各通道当前选择的波形.

（6）通道状态栏.

指示当前通道的选中状态和开关状态. 选中 CH1 时，状态栏边框显示黄色；选中 CH2 时，状态栏边框显示蓝色；打开 CH1 时，状态栏中 CH1 以黄色高亮显示；打开 CH2 时，状态栏中 CH2 以蓝色高亮显示.

**注意：**可以同时打开两个通道，但不可同时选中两个通道.

（7）频率.

显示各通道当前波形的频率. 按相应的“频率/周期”使“频率”突出显示，通过数字键盘或方向键和旋钮改变该参数.

（8）幅度.

显示各通道当前波形的幅度. 按相应的“幅度/高电平”使“幅度”突出显示，通过数字键盘或方向键和旋钮改变该参数.

（9）偏移.

显示各通道当前波形的直流偏移. 按相应的“偏移/低电平”使“偏移”突出显示，通过数字键盘或方向键和旋钮改变该参数.

（10）相位.

显示各通道当前波形的相位. 按相应的“起始相位”菜单后，通过数字键盘或方向键和旋钮改变该参数.

2. 单通道显示模式.

按 Utility →“系统设置”→“显示设置”→“显示模式”，选择“单通道显示”即可切换为单通道显示模式，如附图 3.2.4 所示.

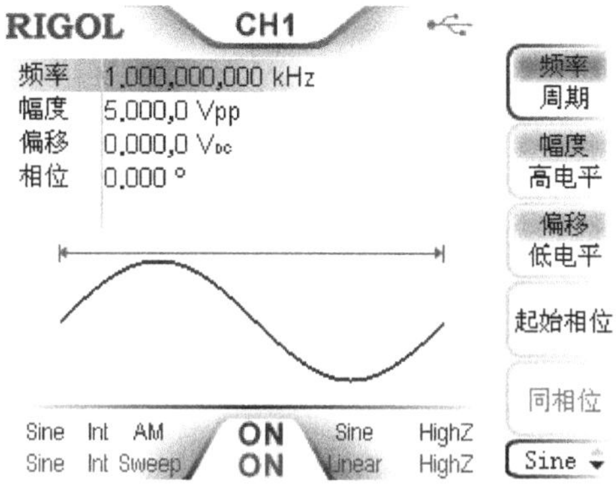


**附图 3.2.4　用户界面（单通道显示模式）**

（三）实例：输出正弦波

本节主要介绍如何从 CH1 连接器输出一个正弦波（频率为 20kHz，幅度为 2.5$V_{pp}$，偏移量为 500m$V_{DC}$，起始相位为 90°）.

1. 选择输出通道.

按通道选择键 CH1 |CH2 选中 CH1. 此时通道状态栏边框以黄色标识.

2. 选择正弦波.

按 Sine 选择正弦波，背灯变亮表示功能选中，屏幕右方出现该功能对应的菜单.

3. 设置频率.

按“频率/周期”使“频率”突出显示，通过数字键盘输入 20，在弹出的菜单中选择单位“kHz”.

4. 设置幅度.

按“幅度/高电平”使“幅度”突出显示，通过数字键盘输入 2.5，在弹出的菜单中选择单位“$V_{pp}$”.

5. 设置偏移电压.

按“偏移/低电平”使“偏移”突出显示，通过数字键盘输入 500，在弹出的菜单中选择单位“m$V_{DC}$”.

6. 设置起始相位.

按“起始相位”，通过数字键盘输入 90，然后在弹出的菜单中选择单位“°”. 起始相位值范围为 0°～360°.

7. 启用通道输出.

按 Output1 键，背灯变亮，CH1 连接器以当前配置输出正弦波信号.

8. 观察输出波形.

使用 BNC 连接线将 DG1000Z 的 CH1 与示波器相连接，附图 3.2.5 为由示波器观察到的波形.

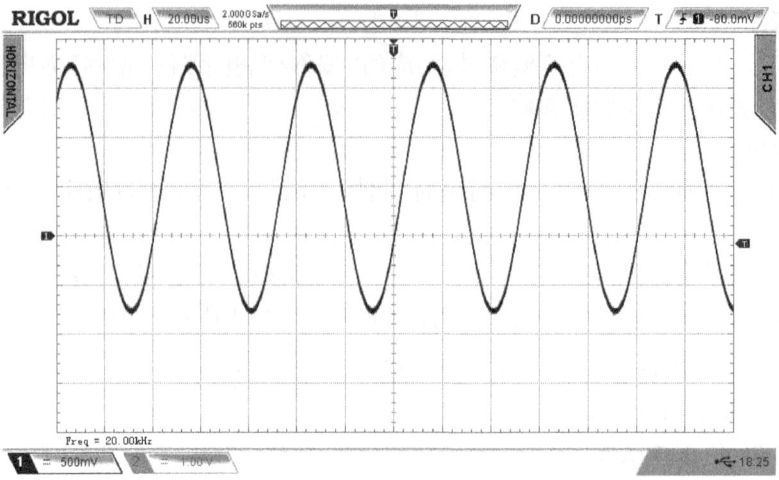


附图 3.2.5　正弦波输出

## 三、数模一体实验箱

数模一体实验箱能完成常规的数字电路、模拟电路的实验.附图 3.3.1 为数模一体实验箱视图.

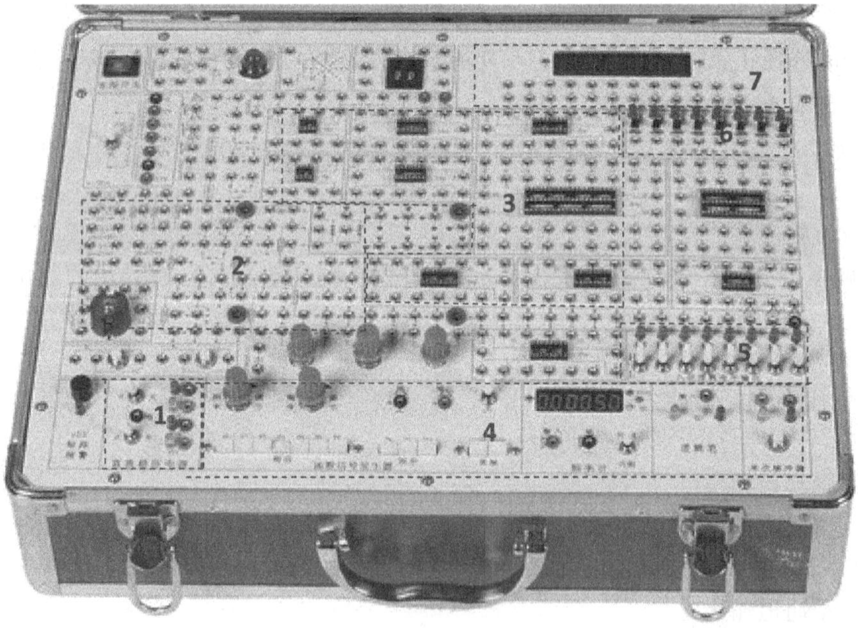


附图 3.3.1　数模一体实验箱视图

数字电路实验涉及的主要功能说明如下：

1. 直流稳压电源：提供 ±5V/0.5A、±15V/0.5A 直流电压源.
2. 常用元件接插区：供插电阻、电容、电位器、晶体管等元器件.
3. 集成电路接插区：供插 8P、14P、16P、28P 及 40P 集成芯片.

4. 函数信号发生器：输出正弦波、方波和三角波，频率范围为 15Hz ~ 150kHz，分五挡连续可调；可输出脉冲信号.

5. 逻辑电平开关：提供 8 位逻辑电平开关.

6. 逻辑电平指示器：提供 8 位逻辑电平指示.

7. 译码显示器：提供 6 位十进制译码显示器.

另外，该实验箱还包括扬声器、振荡线圈、按钮开关、桥堆、三极管、三端稳压管、可控硅、8W 功率电阻、晶振及电位器等，可以在实验中采用连接线连接.

# 附录四 Quartus II 介绍

## 一、Quartus II 软件特点

Quartus II 是 Altera 公司推出的新一代开发软件，它提供了一种与结构无关的设计环境，使设计者能方便地进行设计输入、快速处理和器件编程，适合于大规模逻辑电路设计. Quartus II软件的设计流程可概括为设计输入、设计编译、设计仿真和编程下载等过程. Quartus II 支持多种编辑输入法，包括图形编辑输入法，VHDL、Verilog HDL 和 AHDL 的文本编辑输入法，符号编辑输入法以及内存编辑输入法. Quartus II 与 MATLAB 和 DSP Builder 结合可以进行基于 FPGA 的 DSP 系统开发，是 DSP 硬件系统实现的关键 EDA 工具，与 SOPC Builder 结合，可实现 SOPC 系统开发.

## 二、Quartus II 的设计流程

Quartus II 的设计流程如附图 4.2.1 所示，大体上可以分为四个阶段：设计输入、设计编译、设计仿真和器件编程下载. 下面在 Quartus II 9.0 平台上以一个设计实例说明其基本设计流程.

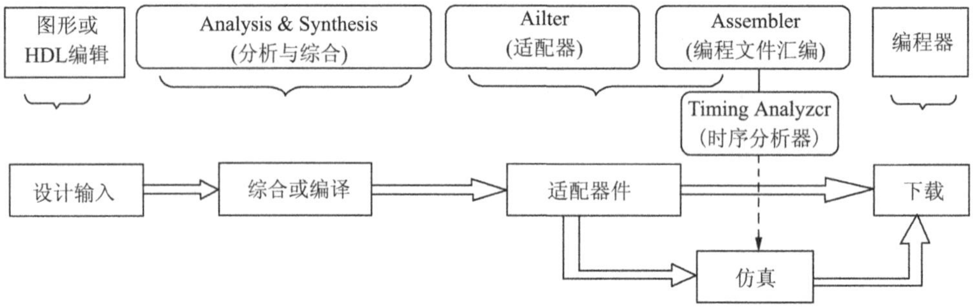


附图 4.2.1 Quartus II 的设计流程

(一) 设计输入

启动 Quartus II 程序，进入 Quartus II 程序主界面，如附图 4.2.2 所示.

1. 建立工作库文件夹，创建工程.

一个工程(Project)是一个系统设计的总和，它包含了所有的子设计文件和设计过程中产生的所有辅助文件. 一个系统由多个模块组成，每个模块由多个子系统构成，系统具有层次结构，对系统的设计采用结构化程序设计的设计方法.

首先建立一个文件夹，用于存放本次项目设计的文件，然后创建工程. 其步骤如下：

(1) 单击"File"菜单，选择"New Project Wizard"命令，打开对话框.

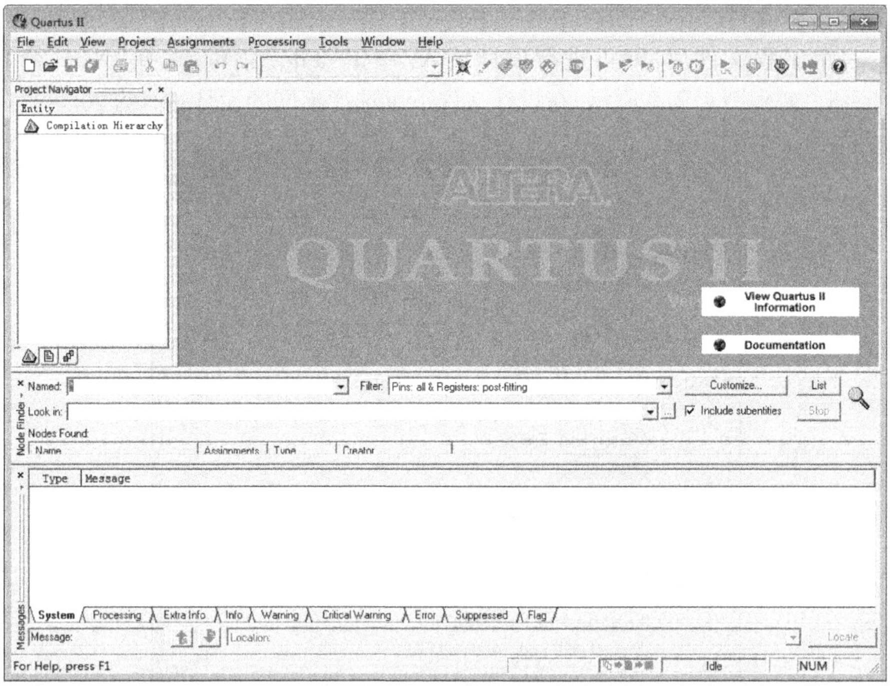


附图 4.2.2 Quartus II 主界面

(2) 在“New Project Wizard”对话框中选择新建工程文件所在的路径，并创建工程文件名和设计文件名，如附图 4.2.3 所示. 然后单击“Finish”按钮完成工程文件的创建.

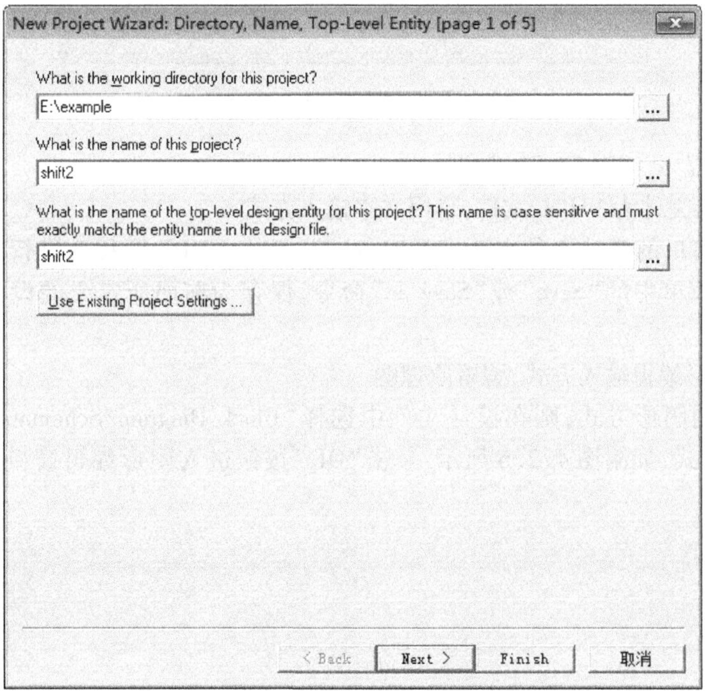


附图 4.2.3 创建工程界面

2. 新建设计文件.

建立一个工程文件后,即可进行设计输入. 单击"File"菜单,选择"New"命令,出现"New"对话框,如附图 4.2.4 所示. 在设计文件下可选择不同的设计输入方式.

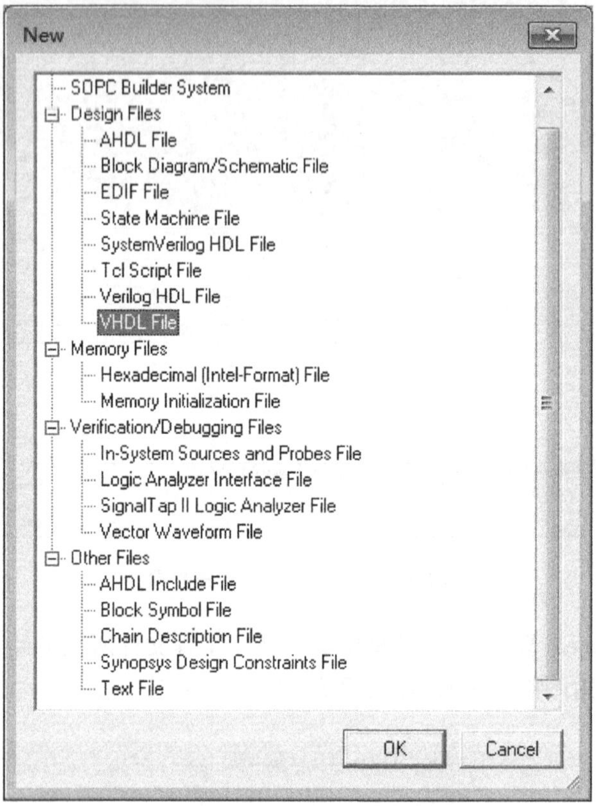


附图 4.2.4　新建设计文件对话框

3. 输入源程序,编辑 VHDL 文件.

若选择设计文件为 VHDL 文件,采用文本输入方式.

文本编辑窗口的默认文件名为"Vhdl1. vhd",输入 VHDL 源程序进行编辑,编辑完成后,单击"File"菜单中的"Save"或"Save as"命令,保存为前面所定义的设计文件名. 如附图 4.2.5 所示.

4. 采用图形编辑输入方式,编辑原理图.

若输入采用图形方式,则在设计文件中选择"Block Diagram/Schematic File"(模块/原理图文件)方式,如附图 4.2.6 所示. 单击"OK"按钮进入图形编辑窗口,如附图 4.2.7 所示.

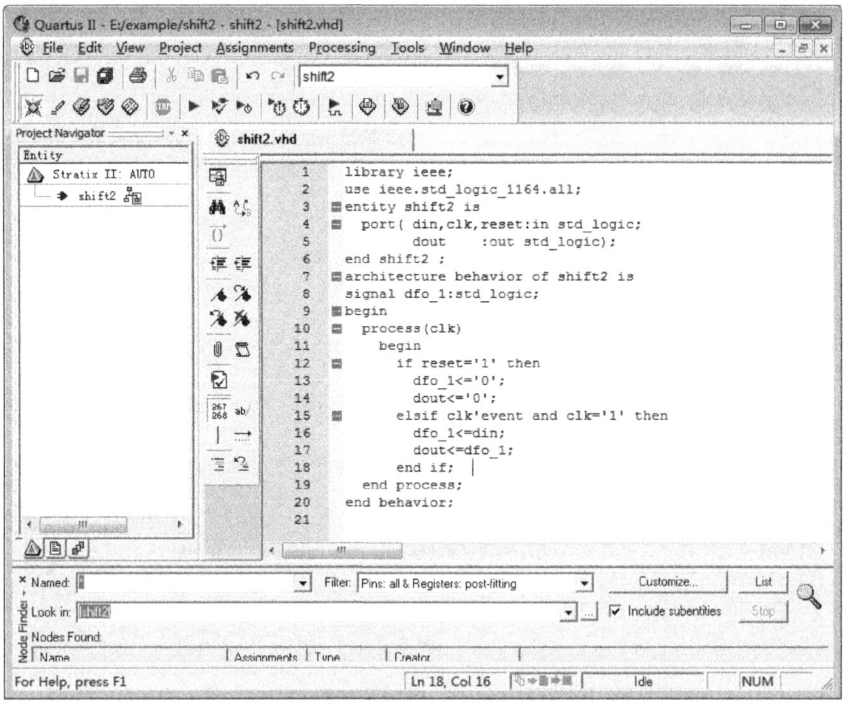


附图 4.2.5　编辑 VHDL 源程序

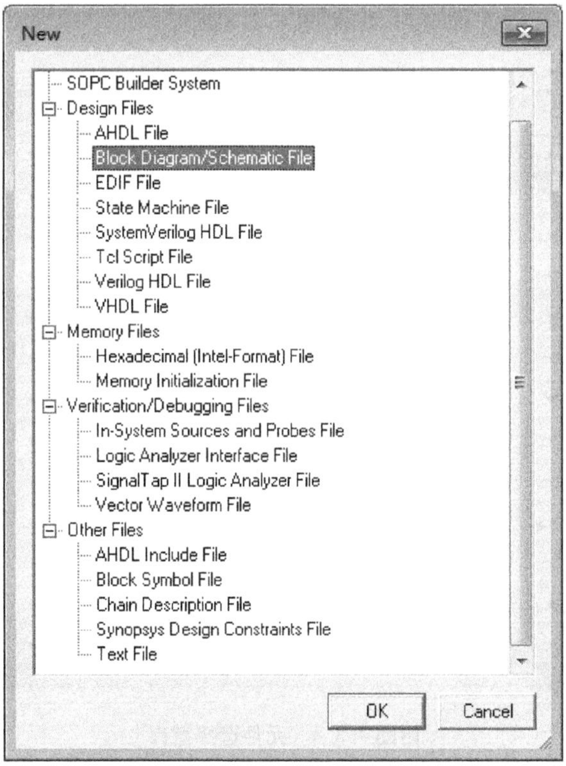


附图 4.2.6　新建图形文件对话框

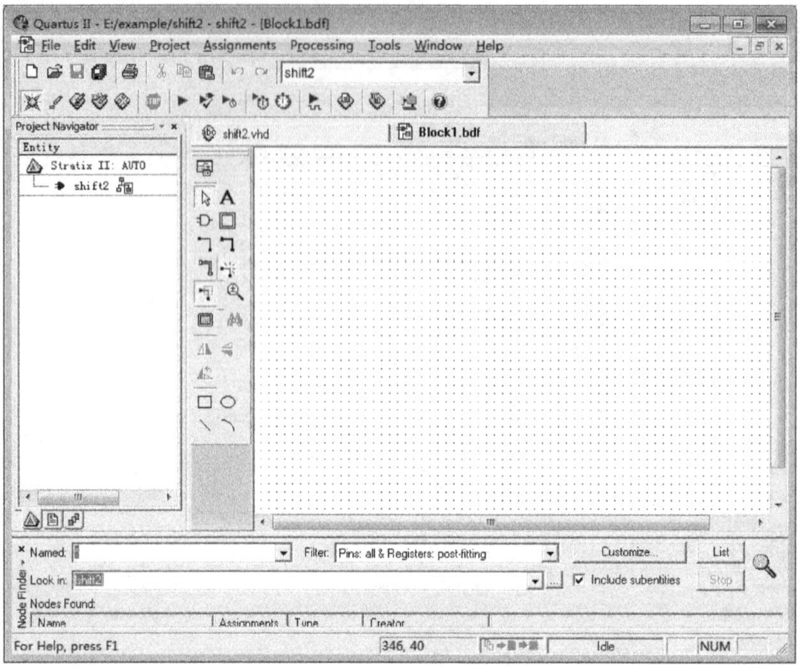


附图 4.2.7　图形编辑窗口

在图形编辑窗口中的任何一个位置上双击鼠标的左键或单击右键选择"Insert"→"Symbol",将跳出一个元件选择窗口,如附图 4.2.8 所示.

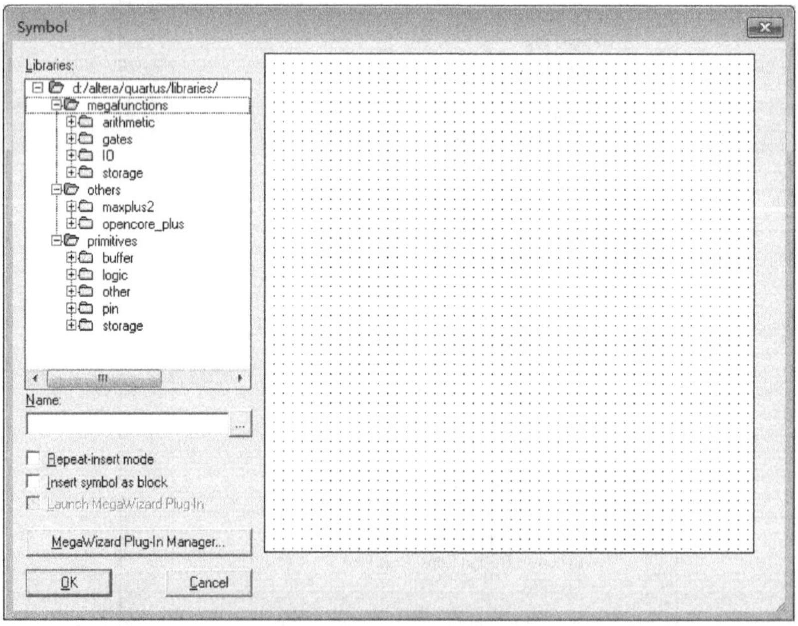


附图 4.2.8　元件选择窗口

根据原理图,选择相应的元件连线构成原理图.一个全加器的原理图如附图 4.2.9 所示.

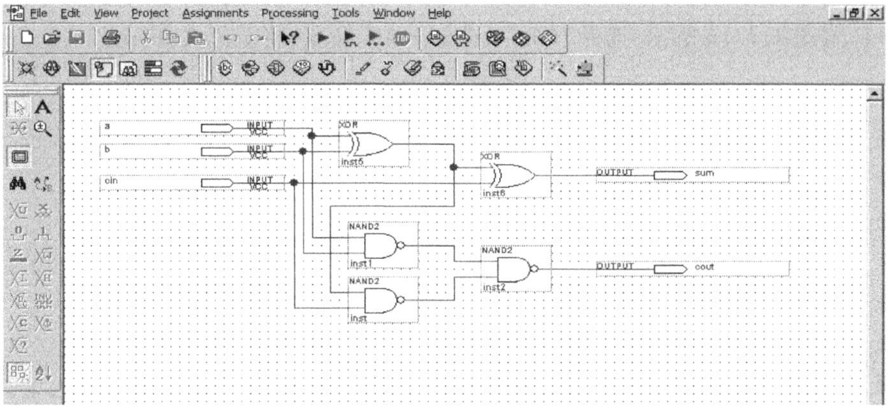

图 4.2.9　全加器的原理图

(二) 设计编译

在对工程进行编译处理前,需要进行一些相应的设置,如目标芯片的选择、器件的设置及 VHDL 版本的选择等.

选择"Processing"→"Start Compilation"命令,进行全程编译.若编译有错,则需修改设计,直至编译成功,如附图 4.2.10 所示.

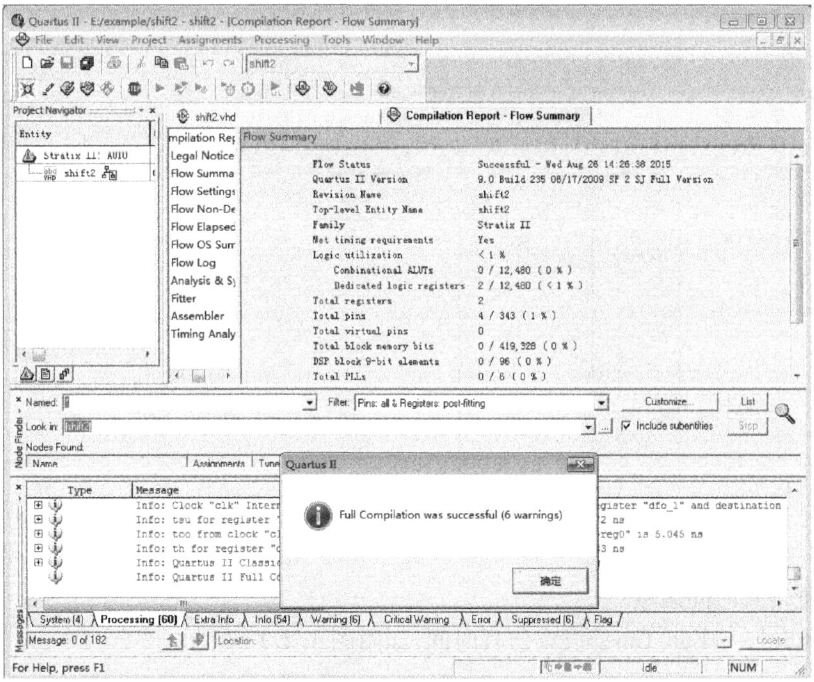


附图 4.2.10　编译结果

（三）仿真

1. 波形输入.

选择“File”→“New”→“Vector Waveform File”，单击“OK”按钮，启动波形编辑器，如附图4.2.11、附图4.2.12所示. 选择“File”→“Save As”命令，将波形文件存盘.

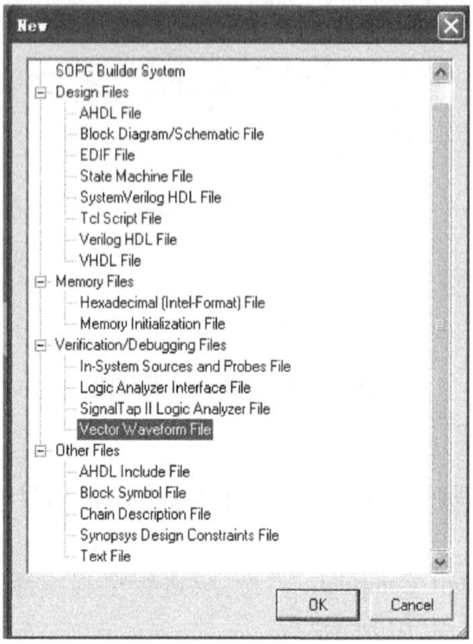


附图4.2.11 选择波形文件

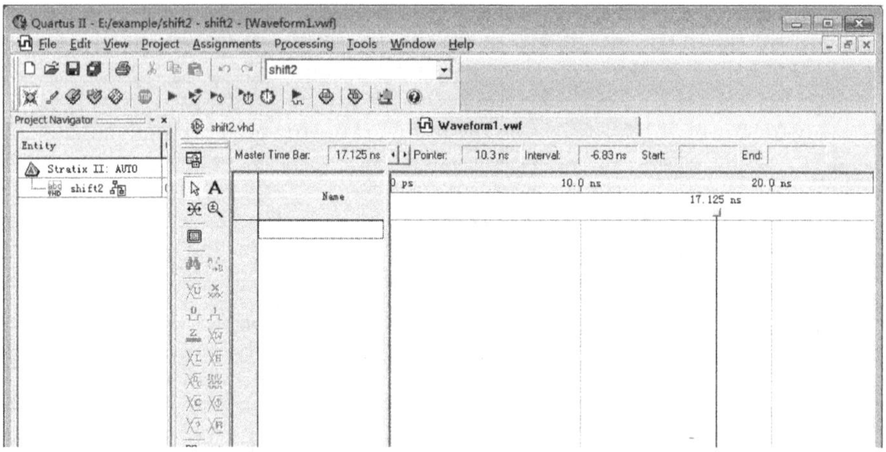


附图4.2.12 波形编辑窗口

2. 设置仿真时间区域.

选择“Edit”→“End Time”设置仿真时间，如附图4.2.13所示.

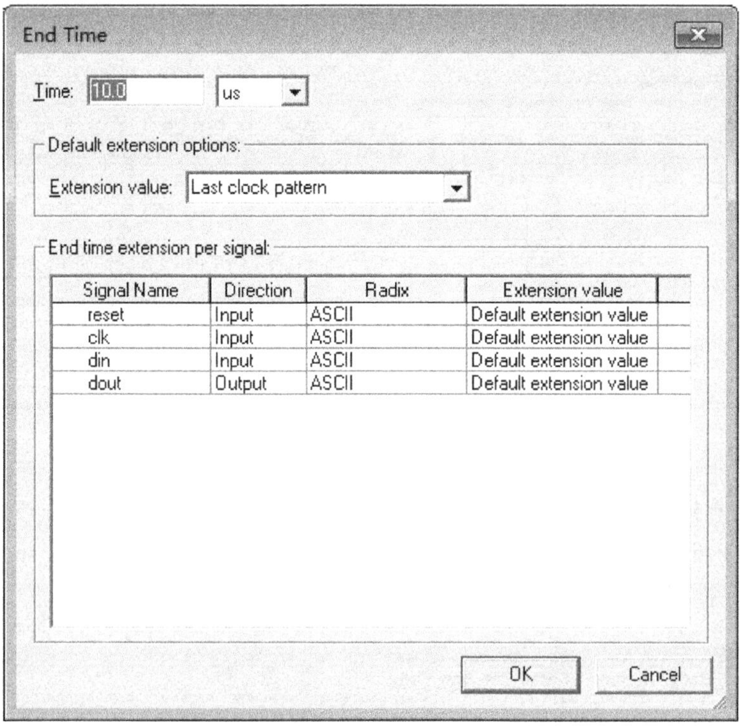


附图 4.2.13 **设置仿真时间**

3. 将工程的端口信号节点选入波形编辑器中.

以前面"设计输入"所定义的工程 shift2 为例进行说明.

选择"View"→"Utility Windows"→"Node finder"命令,弹出如附图 4.2.14 所示的对话框,在 Filter 下拉列表中选择"Pins: all",然后单击"list"按钮,于是在 Node Finder 窗口下方出现 shift2 的所有端口引脚名. 单击"OK"按钮,将工程 shift2 的端口信号节点选入波形编辑器中.

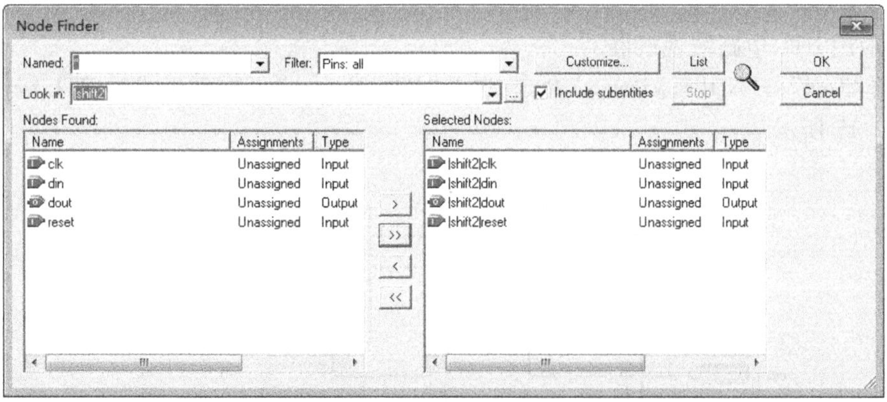


附图 4.2.14 **信号节点查询窗口**

4. 编辑输入波形.

设定好输入/输出引脚后,则对输入/输出引脚进行编辑. 首先给输入信号波形赋值,如附图 4.2.15 所示,然后存盘.

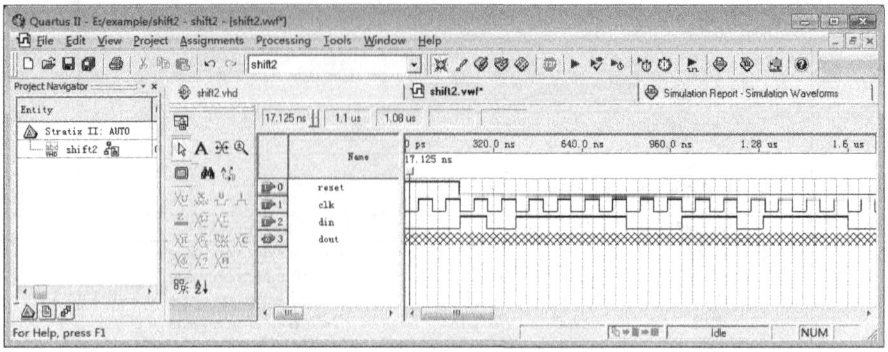


附图 4.2.15 编辑输入信号

5. 启动仿真器,并观察仿真结果.

选择“Processing”→“Start Simulation”命令,直到出现“Simulation was successful”,仿真结束.从仿真结果分析是否符合设计要求,如附图 4.2.16 所示.

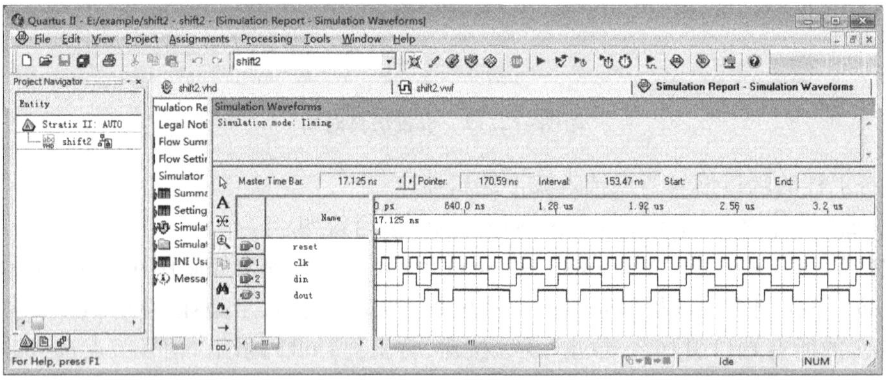


附图 4.2.16 仿真结果

6. 应用 RTL 电路图观察器.

选择“Tool”→“Netlist Viewers”命令,选择“RTL Viewer”可看到生成的 RTL 级图形,如附图 4.2.17 所示.

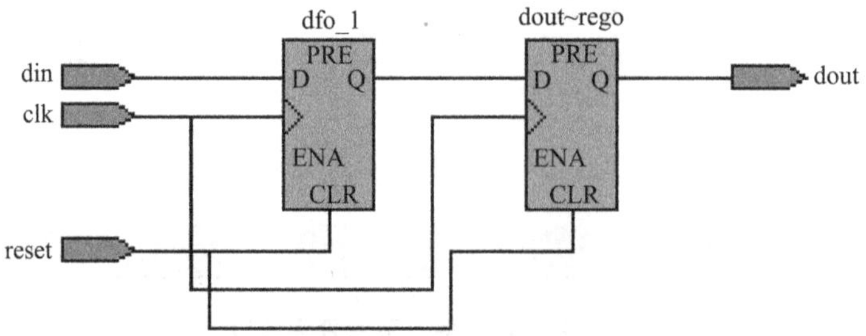


附图 4.2.17 RTL 级电路

选择“Tool”→“Netlist Viewers”命令，选择“Technology Map Viewer”可看到 FPGA 底层门级电路，如附图 4.2.18 所示.

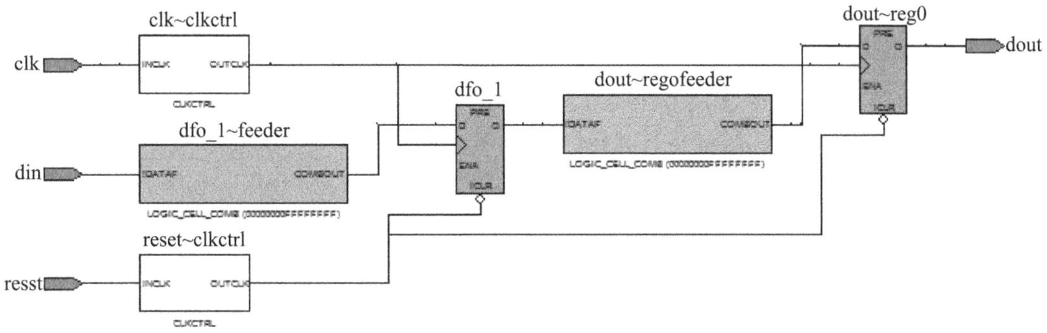


附图 4.2.18　FPGA 底层门级电路

7. 创建元件.

选择“File”→“Create/Update”→“create Symble Files for Current File”，可把当前的 shift2 创建为一个符号元件，如附图 4.2.19 所示.

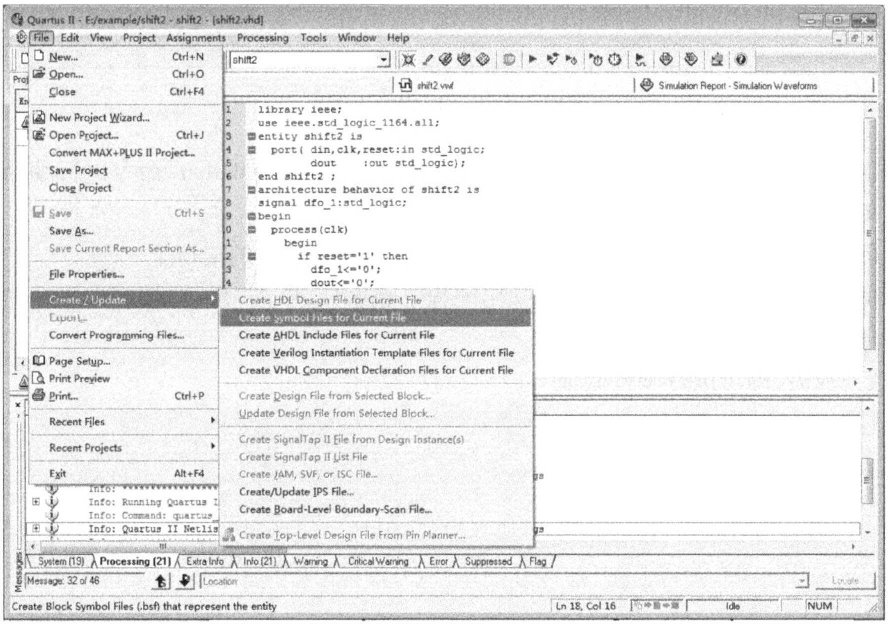

附图 4.2.19　创建元件

（四）编程下载

1. 引脚锁定.

选定下载的目标器件后，对器件锁定 I/O 引脚.

选择“Assignments”→“pin”，出现引脚设置界面，如附图 4.2.20 所示，确定对应的引脚号.

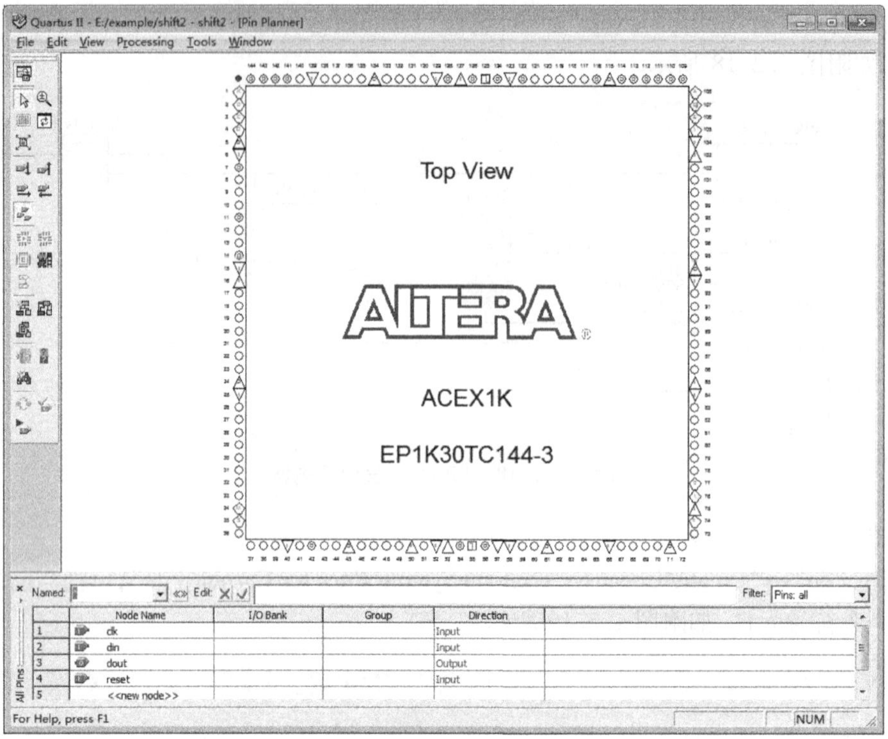


附图 4.2.20 引脚锁定窗口

引脚锁定后需要重新编译,选择"Processing"→"Start Compilation"命令进行编译.

2. 文件下载.

编译成功后,把编程电缆连接到计算机与实验箱或开发板的接口上.

选择"Tool"→"Programmer"命令,弹出编程下载窗口.单击"Start"按钮即进入对目标器件 FPGA 的配置下载.

下载完成后,即可进行硬件验证.

# 附录五　实验报告要求和样稿

## 一、实验报告应有的各项内容

1. 实验目的.
2. 实验原理.
3. 实验仪器与器件(需写明名称、规格、编号).
4. 实验步骤、数据记录、结论.
5. 实验思考题.
6. 附原始记录(经指导教师签字).
7. 附预习报告.

## 二、实验报告中各内容的要求

1. 实验报告中应含有详细的实验线路图. 实验线路图要用直尺和其他工具画,特别要注意交线点的圆点.

2. 实验数据要列表,注明实验条件、量程、单位. 模拟量应至少测量三次,并求出平均值.

3. 波形的描绘:必须注意坐标及时间的对应关系和波形的名称,并使用坐标纸.

4. 曲线的制作:必须注明名称及实验条件,坐标轴应注明单位,尤其是对数坐标要取正确,如一个图上同时要画几条曲线时,应分别标出相应的坐标,每一条曲线应用一致的符号表示,如"○"、"×"、"△"等. 曲线应尽量布满全图,不要过大或过小,并且要用曲线板画工整,也要使用坐标纸.

5. 实验报告中必须对实验结果进行必要分析,对出现的问题进行讨论,并写出心得体会.

## 【实验报告样稿】

# 苏 州 大 学 实 验 报 告

院　　系：__________ 班　级：______ 姓　名：______ 学　　号：__________

指导教师：__________ 同组实验者：________________ 实验日期：__________

实验名称：实验 1　基本 TTL、CMOS 器件实验

## 基础篇：验证 TTL 器件逻辑功能

### 一、实验目的

1. 掌握 TTL 集成与非门的逻辑功能.
2. 掌握德·摩根定理转换方法，能使用现有器件实现特定逻辑功能.

### 二、实验原理

本实验采用 2 输入与非门 74LS00，内含四个独立的逻辑单元，其逻辑符号及引脚排列如图 1 所示.

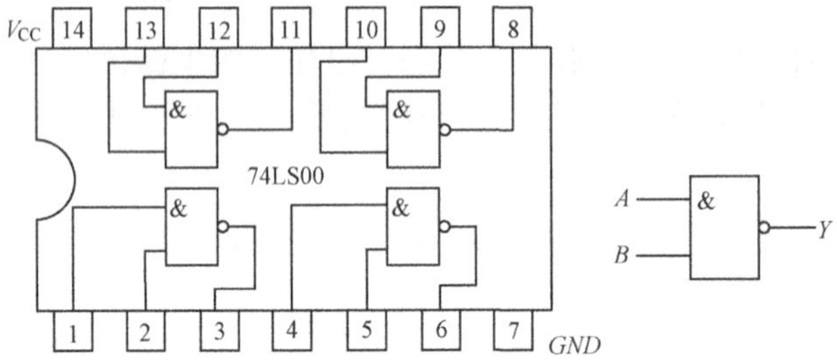


**图 1　74LS00 引脚排列及逻辑符号**

与非门的逻辑功能是：当输入端中有一个或一个以上是低电平时，输出端为高电平；只有当输入端全部为高电平时，输出端才是低电平. 其逻辑表达式为：$Y=\overline{AB}$.

用与非门 74LS00 实现组合逻辑功能：首先对逻辑函数进行化简，并利用摩根定律对其进行二次求非，化成若干个与非门形式.

### 三、实验仪器与器件

1. 通用板——可插接标准双列直插插座的实验电路板（1 块）.
2. 输入逻辑电平开关组件（见附录二）.
3. 发光二极管逻辑电平指示组件（见附录二）.

4. 可调直流稳压电源(供电 +5V)(1 台).

5. 万用表(1 只).

6. 实验器件.

(1) 74LS00(3 片).

(2) 导线(若干).

## 四、实验步骤、数据记录、结论

1. 验证与非门 74LS00 的逻辑功能.

在实验箱上选定 1 个 14P 插座,插好 1 片 74LS00,并按图 1 选择一个 2 输入与非门,接好连线, 2 个输入端分别接至 2 个逻辑开关的插口. 输出接至逻辑显示电平的插口. 按表 1 通过拨开关设置输入端逻辑电平值,观察输出端发光二极管的亮暗,从而确定输出的逻辑状态,并将结果填入表中.

**表 1　74LS00 逻辑功能的真值表与实测值**

| $A$ | $B$ | 理论值 $Y=\overline{AB}$ | 实测值 $Y$ | |
|---|---|---|---|---|
| | | | 发光二极管 | 逻辑值 |
| 0 | 0 | 1 | 亮 | 1 |
| 0 | 1 | 1 | 亮 | 1 |
| 1 | 0 | 1 | 亮 | 1 |
| 1 | 1 | 0 | 暗 | 0 |

结论: 将实验测试结果与理论值比较,可以验证与非门 74LS00 的逻辑功能.

2. 用与非门 74LS00 实现组合逻辑功能: $Y=A\oplus B$.

(1) 根据摩根定律将原式化为二输入与非门形式,其表达式为:

$$Y=\overline{A}B+A\overline{B}=\overline{\overline{\overline{A}B}\cdot\overline{A\overline{B}}}$$

由表达式可知: 需要非门 2 个和 2 输入与非门 3 个. 为了减少所用器件种类,现用二输入与非门输入端短接代替非门,故需二输入与非门 5 个. 因为 74LS00 每片含 4 个二输入与非门,所以一共需要 2 片 74LS00 芯片.

(2) 设计出逻辑原理图,如图 2 所示.

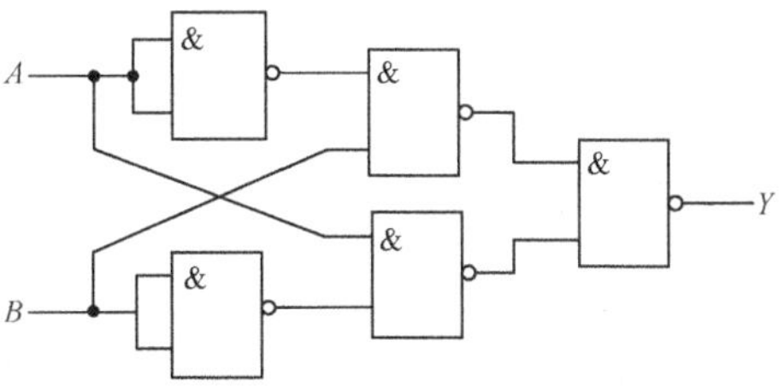


**图 2　$Y=\overline{A}B+A\overline{B}$ 逻辑原理图**

（3）根据图 2，画出相应的接线图，如图 3 所示.

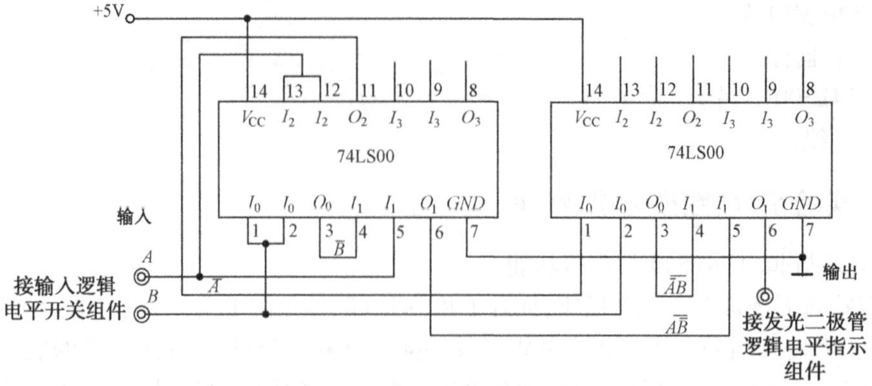


图 3　$Y=\overline{A}B+A\overline{B}$实验线路图

在实验箱上选定 2 个 14P 插座，分别插好 2 片 74LS00，并按图 5 接好连线，$A$、$B$ 输入端分别接至 2 个逻辑开关的插口. $Y$ 接至逻辑显示电平的插口. 按下表通过拨开关设置输入端逻辑电平值，观察输出端发光二极管的亮暗，从而确定输出的逻辑状态，并将结果填入表 2 中.

**表 2　$Y=A\oplus B$ 的真值表与实测值**

| $A$ | $B$ | 理论值 $Y=A\oplus B$ | 实测值 $Y$ | |
|---|---|---|---|---|
| | | | 发光二极管 | 逻辑值 |
| 0 | 0 | 0 | 暗 | 0 |
| 0 | 1 | 1 | 亮 | 1 |
| 1 | 0 | 1 | 亮 | 1 |
| 1 | 1 | 0 | 暗 | 0 |

结论：将实验测试结果与理论值比较，可以验证：图 3 所示的实验电路能够实现组合逻辑功能 $Y=A\oplus B$.

3．用与非门 74LS00 实现组合逻辑功能 $Y=\overline{A}B\overline{C}+A\overline{B}C$.

（1）根据摩根定律将原式化为二输入与非门形式，其表达式为：

$$Y=\overline{\overline{\overline{A}B\overline{C}}\cdot\overline{A\overline{B}C}}=\overline{\overline{\overline{\overline{\overline{A}B}}\cdot\overline{C}}\cdot\overline{\overline{\overline{AC}}\cdot\overline{B}}}$$

由表达式可知：需要非门 3 个和二输入与非门 7 个. 为了减少所用器件种类，现用二输入与非门输入端短接代替非门，故需二输入与非门 10 个. 因为 74LS00 每片含 4 个二输入与非门，所以一共需要 3 片 74LS00 芯片.

（2）设计出逻辑原理图，如图 4 所示.

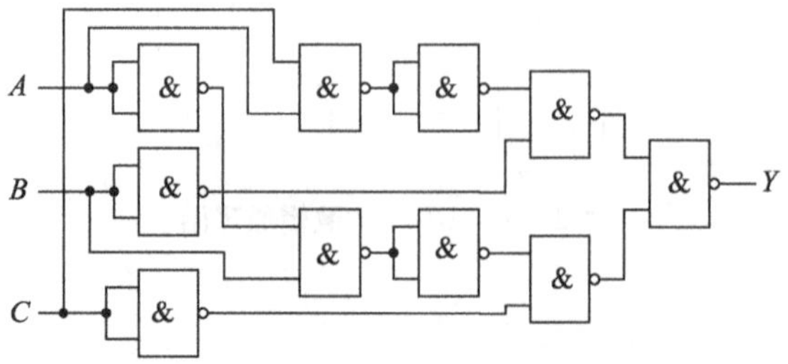


图 4　$Y=\overline{A}B\overline{C}+A\overline{B}C$ 逻辑原理图

（3）根据图 4，画出相应的接线图，如图 5 所示.

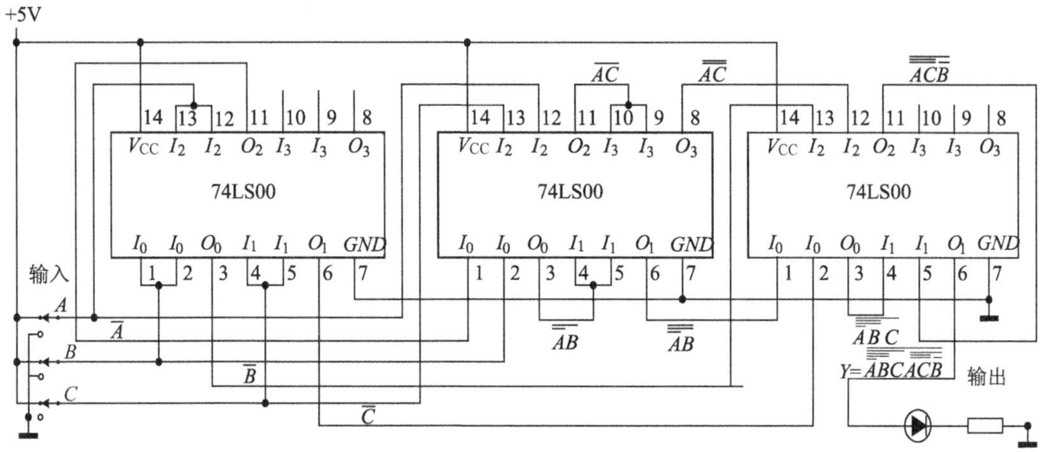


**图 5**　$Y=\bar{A}B\bar{C}+A\bar{B}C$ **实验线路图**

在实验箱上选定 3 个 14P 插座，分别插好 3 片 74LS00，并按图 5 接好连线，$A$、$B$、$C$ 输入端分别接至 3 个逻辑开关的插口. $Y$ 接至逻辑显示电平的插口. 按表 3 通过拨开关设置输入端逻辑电平值，观察输出发光二极管的亮暗，从而确定输出端的逻辑状态，并将结果填入表 3 中.

**表 3**　$Y=\bar{A}B\bar{C}+A\bar{B}C$ **的真值表与实测值**

| $A$ | $B$ | $C$ | 理论值 $Y=\bar{A}B\bar{C}+A\bar{B}C$ | 实测值 $Y$ | |
|---|---|---|---|---|---|
| | | | | 发光二极管 | 逻辑值 |
| 0 | 0 | 0 | 0 | 暗 | 0 |
| 0 | 0 | 1 | 0 | 暗 | 0 |
| 0 | 1 | 0 | 1 | 亮 | 1 |
| 0 | 1 | 1 | 0 | 暗 | 0 |
| 1 | 0 | 0 | 0 | 暗 | 0 |
| 1 | 0 | 1 | 1 | 亮 | 1 |
| 1 | 1 | 0 | 0 | 暗 | 0 |
| 1 | 1 | 1 | 0 | 暗 | 0 |

结论：将实验测试结果与理论值比较，可以验证：图 5 所示的实验电路能够实现组合逻辑功能 $Y=\bar{A}B\bar{C}+A\bar{B}C$.

## 五、思考题

（略）

# 苏州大学实验报告

院　　系：__________　班　级：______　姓　名：______　学　　号：__________
指导教师：__________　同组实验者：______________　实验日期：__________

实验名称：实验1　基本 TTL、CMOS 器件实验

## 中级篇：TTL 集成逻辑门电路的参数测量

### 一、实验目的

1. 学习掌握 TTL 集成与非门的逻辑功能.
2. 学习掌握 TTL 集成电路主要参数测试方法.

### 二、实验原理

1. 被测元件引脚图(图 1).

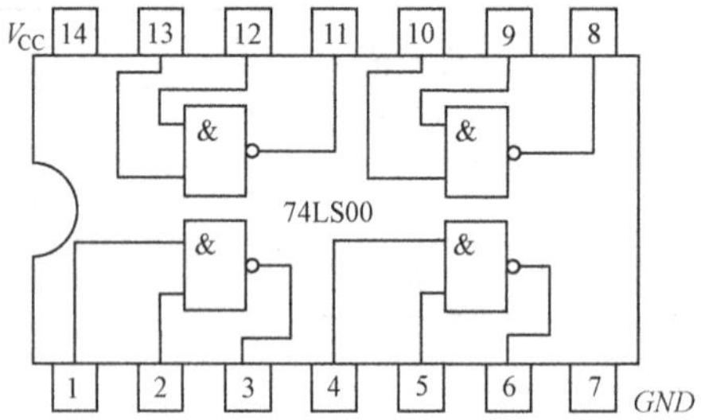


图 1　74LS00 引脚图

2. TTL 74LS00 电压传输特性(图 2).

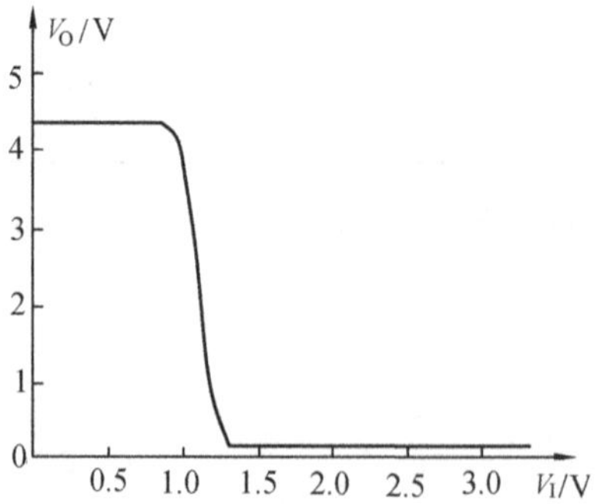


图 2　电压传输特性

3. 74LS00 型与非门主要性能参数($V_{CC}=5V$),如表 1 所示.

**表 1 74LS00 型与非门主要性能参数**

| 参数名称 | 符号 | 单位 | 测试条件 | 规范值 |
|---|---|---|---|---|
| 输出高电平 | $V_{OH}$ | V | $V_1=0.8V, I_{OH}=0.4mA$ | ≥2.4 |
| 输出低电平 | $V_{OL}$ | V | $V_1=2.0V, I_{OL}=4mA$ | ≤0.4 |
| 输出高电平电流 | $I_{OH}$ | mA | $V_1=0.8V, V_{OH}=2.7V$ | ≤0.4 |
| 输出低电平电流 | $I_{OL}$ | mA | $V_I=2.0V, V_{OH}=0.5V$ | ≥8 |
| 输入漏电流 | $I_{IH}$ | μA | $V_I=5V$ | ≤20 |
| 输入短路电流 | $I_{IS}$ | mA | $V_I=0V$ | ≤0.4 |
| 输出高电平时电源电流 | $I_{OH}$ | mA | | ≤1.6 |
| 输出低电平时电源电流 | $I_{OL}$ | mA | | ≤4.4 |
| 开门电平 | $V_{ON}$ | V | | ≤1.8 |
| 关门电平 | $V_{OFF}$ | V | | ≥0.8 |
| 传输延迟时间 | $t_{pd}$ | ns | | ≤30 |
| 扇出系数 | $N_0$ | | 同 $V_{OH}$、$V_{OL}$ | ≥8 |

## 三、实验仪器与器件

1. 通用板——可插接标准双列直插插座的实验电路板(1 块).
2. 可调直流稳压电源(供电 +5V)(1 台).
3. 万用表(1 ~2 只).
4. 函数信号发生器(1 台).
5. 示波器(1 台).
6. 实验器件.

(1) 74LS00(1 片).

(2) 二极管: 2cp 或 4148(1 只).

(3) 电位器: 1kΩ、100kΩ(各 1 只).

(4) 电阻: 100Ω(1 只).

(5) 导线(若干).

## 四、实验电路图

1. 测电压传输特性(图 3).

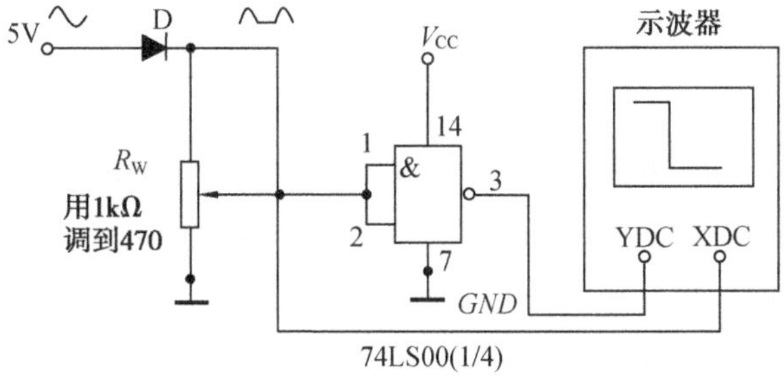


**图 3 电压传输特性测量电路**

2. 测 TTL 电路输入特性(图 4).

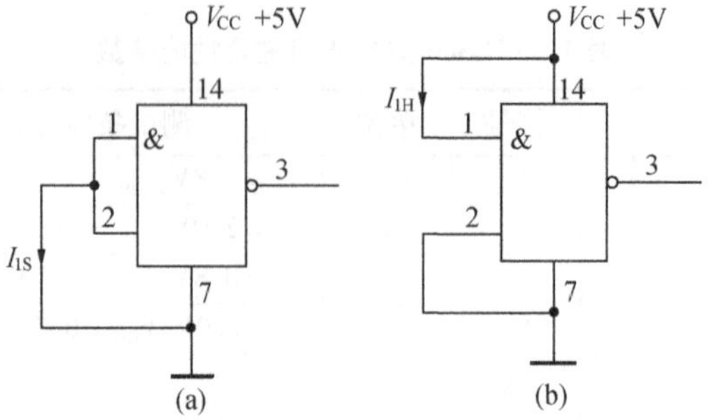


**图 4　输入特性测量电路**

3. 测 TTL 电路输出特性(图 5).

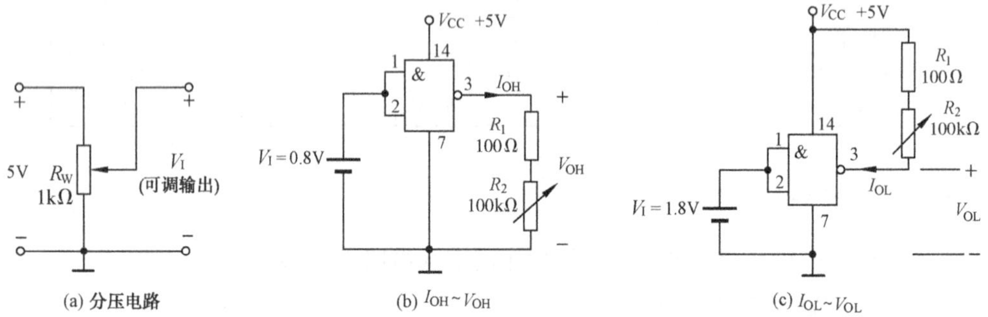


**图 5　输出特性测量电路**

## 五、实验步骤、数据记录、结论

1. 用示波器测试 TTL 74LS00 型与非门的电压传输特性.

将 1kΩ 电位器 $R_W$ 调至 470Ω(用万用表 Ω 挡测量).

按图 3 连接线路: 在输入端加峰峰值为 5V 的正弦波信号(经二极管整流后实际加到与非门输入端的是半波信号);将 74LS00 芯片的“14 脚”加电源 +5V,“7 脚”接地;取芯片中的任意一个与非门(图中所取与非门是 1、2 脚输入,3 脚输出),将其二输入端短路,并与示波器的 $X$ 输入端连接,与非门的输出端与示波器的 $Y$ 输入端连接. 将示波器的扫描旋至“外扫描”方式,并将两输入通道的衰减调节到合适位置,使示波器上能清晰地显示出传输特性曲线(必要时可用示波器的扩展功能).

在示波器上传输特性曲线上取若干点,记入表 2.

**表 2　电压传输特性实验数据记录表**

| 测量次数 | | 1 | 2 | 3 | 4 | 5 | 6 | 7 | 8 | 9 |
|---|---|---|---|---|---|---|---|---|---|---|
| $X$ 轴 ($V_I$) | 格数 | 0.1 | 0.5 | 0.8 | 0.88 | 0.92 | 0.96 | 0.965 | 1.0 | 1.04 |
| | 电压/V | 0.5 | 2.5 | 4.0 | 4.4 | 4.6 | 4.8 | 4.9 | 5.0 | 5.2 |
| $Y$ 轴 ($V_O$) | 格数 | 4.4 | 4.4 | 4.4 | 4.4 | 4.3 | 4.2 | 4.1 | 4.0 | 3.6 |
| | 电压/V | 4.4 | 4.4 | 4.4 | 4.4 | 4.3 | 4.2 | 4.1 | 4.0 | 3.6 |

续表

| 测量次数 | | 10 | 11 | 12 | 13 | 14 | 15 | 16 | 17 | 18 |
|---|---|---|---|---|---|---|---|---|---|---|
| $X$ 轴 ($V_I$) | 格数 | 1.08 | 1.12 | 1.16 | 1.2 | 1.25 | 1.28 | 1.6 | 2.0 | 2.2 |
| | 电压/V | 5.4 | 5.6 | 5.8 | 6.0 | 6.1 | 6.4 | 8.0 | 10.0 | 11.0 |
| $Y$ 轴 ($V_O$) | 格数 | 2.8 | 2.2 | 1.4 | 0.8 | 0.2 | 0.2 | 0.2 | 0.2 | 0.2 |
| | 电压/V | 2.8 | 2.2 | 1.4 | 0.8 | 0.2 | 0.2 | 0.2 | 0.2 | 0.2 |

注：$X$ 轴倍率为 ×1 挡，×5 扩展；$Y$ 轴倍率为 ×1 挡，无扩展.

根据上表所取的点，在坐标纸上绘制传输特性曲线(图 6).

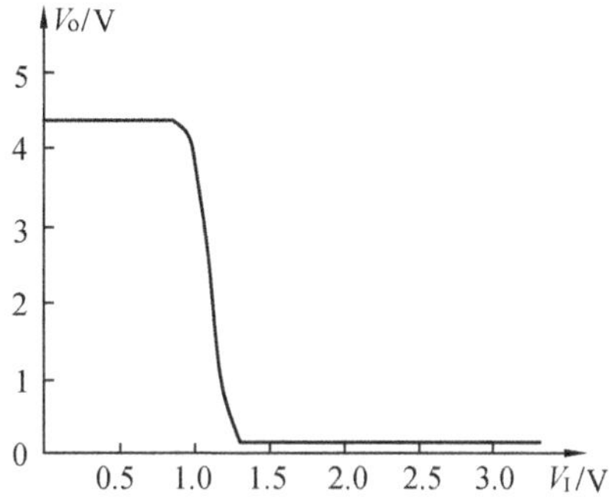


图 6 测量所得电压传输特性

要注意的是，若有存储示波器，则不必取点记入表中，可将传输特性曲线直接保存下来即可.

2. 用电压表、电流表测量与非门(TTL 74LS00)输入、输出特性(电压表用万用表的电压挡，电流表用万用表的电流挡).

(1) 输入短路电流 $I_{IS}$ 的测量.

按图 4(a)连接线路：74LS00 芯片的电源和地不变；取芯片中的任意一个与非门(图中所取与非门是 1、2 脚输入，3 脚输出)，将输入端短路，并在输入端与地之间串接一电流表(或用万用表的电流挡)，调合适量程测 $I_{IS}$，并求出平均值，填入表 3.

**表 3 $I_{IS}$ 测量值与平均值**

| 测量次数 | $I_{IS}$/mA | $I_{IS}$/mA |
|---|---|---|
| 1 | 0.2242 | 0.2250 |
| 2 | 0.2252 | |
| 3 | 0.2256 | |

结论：$I_{IS}$ = <u>0.2250</u> mA(量程 2mA).

(2) 输入漏电流 $I_{IH}$ 的测量.

按图 4(b)连接线路：74LS00 芯片的电源和地连线不变，取芯片中的任意一个与非门(图中所取与非门是 1、2 脚输入，3 脚输出)，将与非门一输入端与地短接，该与非门的另一输入端与电源之间串接一电流表(或用万用表的电流挡)，调合适量程测 $I_{IH}$.

结论：$I_{IH}$ = __0__ μA（量程 200μA）.

要注意的是，由于 $I_{IH}$ 非常小，万用表电流挡灵敏度不够，当 $I_{IH} \leqslant 1\mu A$ 时，测出为 0μA，故可以确定 $I_{IH} \leqslant 1\mu A$.

(3) 高电平输出特性曲线的测量.

按图 5(a) 连接分压电路，调节分压电路输出 $V_I$ 为 0.8V.

按图 5(b) 连接高电平输出特性曲线测量电路，其 $V_I$ 的输入接分压电路输出（即 $V_I$ = 0.8V）. 调可变电阻 $R_2$，测 $V_{OH}$ 和 $I_{OH}$ 填入表 4 并绘图（图 7）.

**表 4　$V_{OH}$ 和 $I_{OH}$ 的测量数据**

| 测量次数 | 1 | 2 | 3 | 4 | 5 | 6 | 7 | 8 | 9 | 10 |
|---|---|---|---|---|---|---|---|---|---|---|
| $V_{OH}$/V | 4.097 | 4.000 | 3.700 | 3.500 | 3.440 | 3.320 | 3.212 | 2.976 | 2.564 | 2.239 |
| $I_{OH}$/mA | 0.0459 | 0.0642 | 0.1240 | 0.9439 | 2.014 | 5.140 | 7.232 | 10.482 | 15.647 | 19.643 |

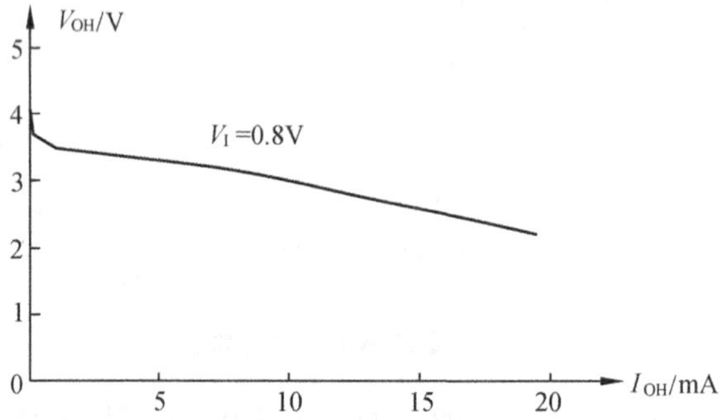


图 7　测量所得高电平输出特性曲线

(4) 低电平输出特性曲线的测量.

按图 5(a) 连接分压电路不变，调节分压电路输出 $V_I$ 为 1.8V.

按图 5(c) 连接低电平输出特性曲线测量电路，其 $V_I$ 的输入接分压电路输出（即 $V_I$ = 1.8V）. 调可变电阻 $R_2$，测 $V_{OL}$ 和 $I_{OL}$ 填入表 5 并绘图（图 8）.

**表 5　$V_{OL}$ 和 $I_{OL}$ 的测量数据**

| 测量次数 | 1 | 2 | 3 | 4 | 5 | 6 | 7 |
|---|---|---|---|---|---|---|---|
| $V_{OL}$/V | 0.176 | 0.178 | 0.198 | 0.218 | 0.247 | 0.272 | 0.295 |
| $I_{OL}$/mA | 0.0546 | 0.1001 | 0.5021 | 1.009 | 2.002 | 3.018 | 4.048 |

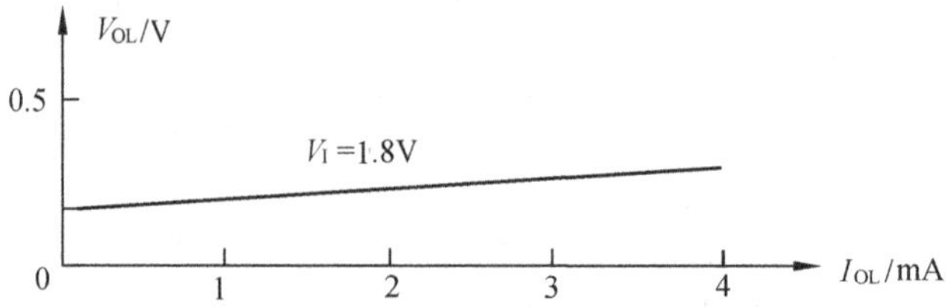


图 8　测量所得低电平输出特性曲线

3. 从实验结果中找出与非门的主要参数.

从电压传输特性曲线得：

转折电压（定义在转折区中点，$V_{ON} < V_{TH} < V_{OFF}$）$V_{TH}$ = 1.10V；

输出高电平电压　$V_{OH}=4.4V$；

输出低电平电压　$V_{OL}=0.2V$；

开门电平　$V_{ON}=1.4V$；

关门电平　$V_{OFF}=0.8V$.

从输入特性测得：

输入短路电流　$I_{IS}=0.2250mA$；

输入漏电流　$I_{IH}\approx 0\mu A$.

计算噪声容限理论值为：

$V_{NL}=V_{IL(max)}-V_{OL(max)}=0.8V-0.4V=0.4V$；

$V_{NH}=V_{OH(min)}-V_{IH(min)}=2.4V-2.0V=0.4V$.

4. 在传输特性曲线上标出噪声容限.

输入信号正常低电平为 0.2V（当 $V_{OL}\leqslant 0.4V$ 时均可认为是低电平），正常高电平为 3.4V（当 $V_{OH}\geqslant 2.0V$ 时均可认为是高电平），所以实际的噪声容限如图 9 所示.

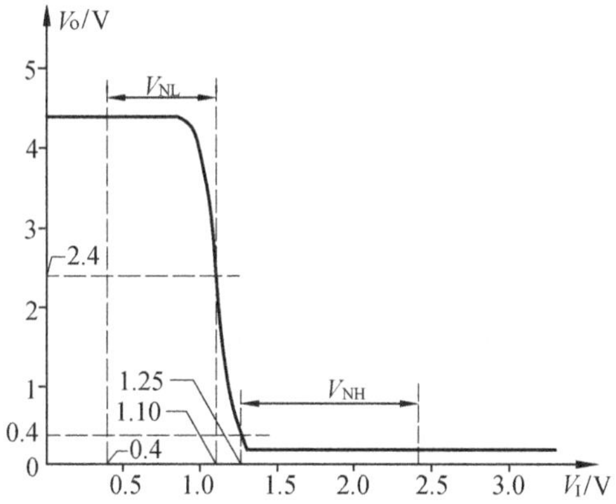


**图 9　实际电压传输特性上的噪声容限**

5. 实验结果与理论值比较（表 6）.

**表 6　实验结果与理论值比较**

| 参数名称 | 符号 | 测量值 | 规范值 | 结论 |
|---|---|---|---|---|
| 输出高电平 | $V_{OH}$ | 4.4V | ≥2.4V | 正确 |
| 输出低电平 | $V_{OL}$ | 0.2V | ≤0.4V | 正确 |
| 输入漏电流 | $I_{IH}$ | ≤1μA | ≤20μA | 正确 |
| 输入短路电流 | $I_{IS}$ | 0.2250mA | ≤0.4mA | 正确 |
| 开门电平 | $V_{ON}$ | 1.2V | ≤1.8V | 正确 |
| 关门电平 | $V_{OFF}$ | 1.4V | ≥0.8V | 正确 |
| 扇出系数 | $N_0$ | | ≥8 | 正确 |

## 六、思考题

（略）

# 苏州大学实验报告

院　　系：＿＿＿＿＿＿　班　级：＿＿＿　姓　名：＿＿＿　学　　号：＿＿＿＿＿
指导教师：＿＿＿＿＿＿　同组实验者：＿＿＿＿＿＿＿＿＿　实验日期：＿＿＿＿＿

实验名称：实验 1　基本 TTL、CMOS 器件实验

## 高级篇：基本 TTL、CMOS 器件的参数测量与应用设计

### 一、TTL 74LS04 及 CMOS 74HC04 门电路传输延时 $T_{pd}$ 参数的测量实验

1. 实验目的.

测量 TTL 74LS04 和 CMOS 74HC04 门电路的实际传输延时 $T_{pd}$.

2. 实验原理.

用三个门电路串联，并首尾相接（如图 1 所示），由于该电路满足增益（$K>1$）和相位（正反馈）条件，因此该电路能自激振荡. 而实际振荡频率 $f=\frac{1}{T}=\frac{1}{T_{pd}\times 3\times 2}$. 因此，我们可以通过测量该电路的自激振荡频率来算出每个门电路的实际传输延时 $T_{pd}$.

3. 实验电路图（图 1）.

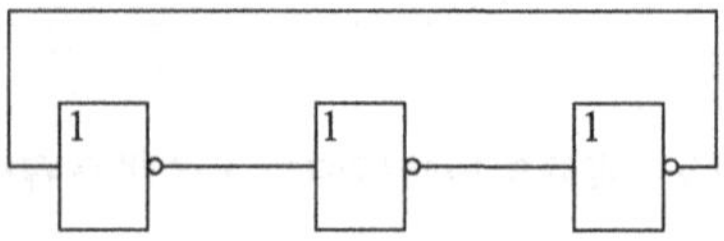

图 1　测量传输延迟时间实验电路图

4. 芯片引脚图（图 2）.

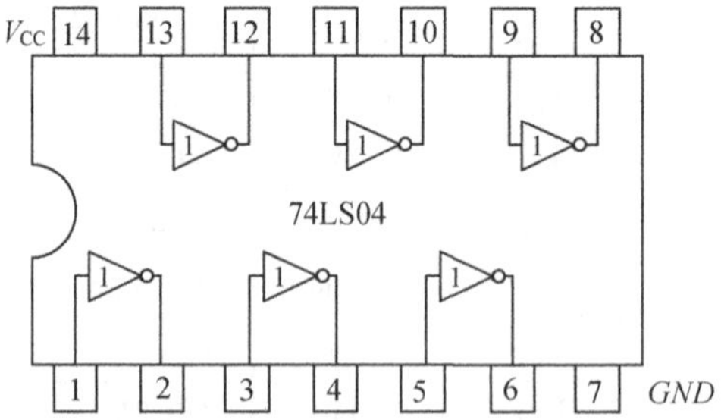


图 2　TTL 门电路 74LS04 和 CMOS 门电路 74HC4 引脚图

5. 查参数，理论计算.

因为查芯片资料得：$T_{pd}=8\text{ns}$.

所以三级反相器串联后的延迟时间为：$T=T_{pd}\times 6=8\text{ns}\times 6=48\text{ns}$，振荡频率为：$f=$

$\frac{1}{T}=\frac{1}{48\times10^{-9}\text{s}}=20.83\text{MHz}.$

由理论计算得知，三级反相器串联后的振荡频率与传输延迟时间有关.

6．实验仪器与器件.

（1）通用板——可插接标准双列直插插座的实验电路板（1块）.

（2）高频双踪示波器（1台）.

因为普通示波器频率范围≤20MHz，所以须选用34MHz以上的高频示波器，方能显示出振荡波形.

（3）可调直流稳压电源（1台）.

（4）万用表（1只）.

（5）实验器件：74LS04、74HC04（各1片）.

7．实验步骤、数据记录、结论.

（1）选用TTL门电路芯片（74LS04），按图1实验电路图接线，组成环形振荡器电路，其振荡频率与门电路传输延时 $T_{pd}$ 参数有关. 用示波器观察其振荡波形，画出波形图（图3），并测量其振荡周期 $T=$ __30__ ns，从而计算出每个门电路的传输延时时间 $T_{pd}=T/6=$ __5__ ns.

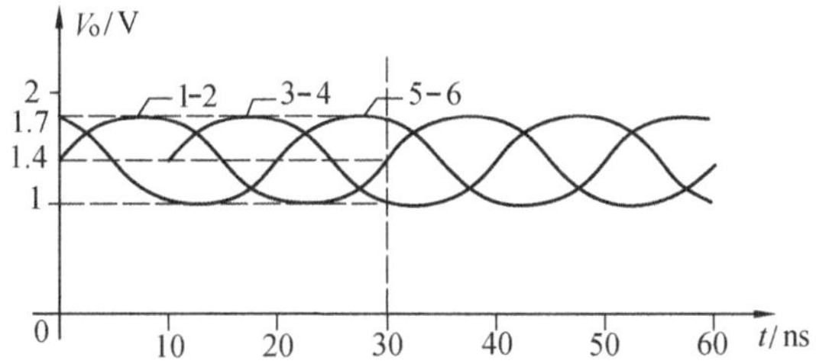


**图3　由TTL门电路（74LS04）组成环形振荡器的振荡波形**

结论：TTL门电路的传输延时时间 $T_{pd}=$ __5__ ns.

（2）改用CMOS门电路芯片（74HC04），按图1实验线路图接线，组成环形振荡器电路. 用示波器观察其振荡波形并记录（图4），测量其振荡周期 $T=$ __22__ ns，从而计算出每个门电路的传输延时时间 $T_{pd}=T/6=$ __3.67__ ns.

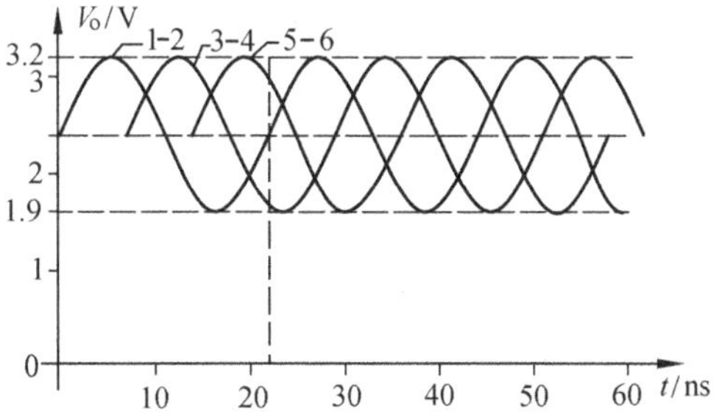


**图4　由CMOS门电路（74HC04）组成环形振荡器的振荡波形**

结论：CMOS门电路的传输延时时间 $T_{pd}=$ __3.67__ ns.

说明：由图3、图4输出波形可见，门电路的输出并没有完全截止、导通，故测出的 $T_{pd}$ 值小于该门电路应有的 $T_{pd}$ 值.

## 二、TTL 门电路及 CMOS 门电路动态尖峰电流的测量实验

1. 实验目的.

测量 TTL 门电路及 CMOS 门电路动态尖峰电流.

2. 实验原理.

在芯片 $V_{CC}$端到电源之间串接一小电阻(10Ω),并在门电路输入端加 1kHz 方波信号,则门电路的动态尖峰电流在电源端串接的电阻上产生一压降,从而在 $V_{CC}$对地电压的波形上,可以测绘出门电路的动态尖峰电流.

3. 实验电路图(图 5).

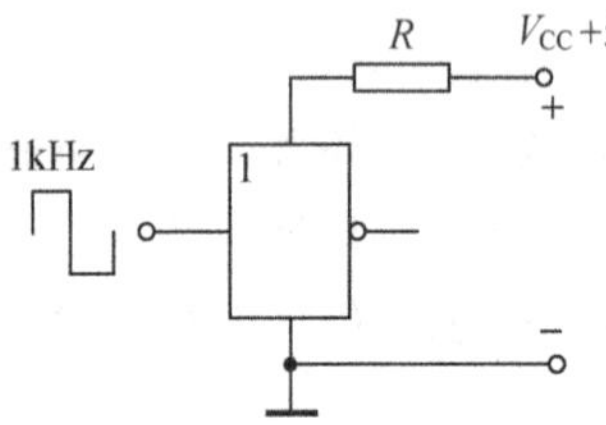


图 5　测量尖峰电流实验电路图

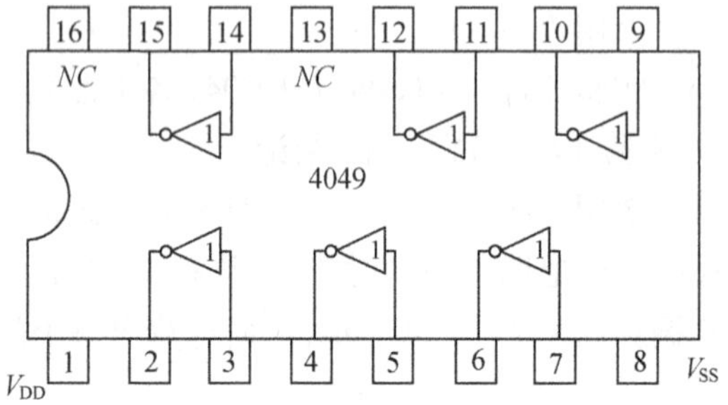


图 6　CMOS门电路4049引脚图

4. 芯片引脚图.

74LS04 芯片引脚图如图 2 所示,CMOS 门电路 4049 引脚图如图 6 所示.

5. 实验仪器与器件.

(1) 通用板——可插接标准双列直插插座的实验电路板(1 块).

(2) 示波器(1 台).

(3) 可调双直流稳压电源(1 台).

(4) 万用表(1 只).

(5) 实验器件.

① 74LS04、4049(各 1 片).

② 电阻:10Ω(1 只).

③ 电容:0.01μF(1 只).

6. 实验步骤、数据记录、结论.

(1) 用 74LS04 芯片分别按图 5 连线. 在门电路的输入端加一 1kHz 的方波信号,用示波器观察门电路 $V_{CC}$对地电压的波形,并绘图(图 7).

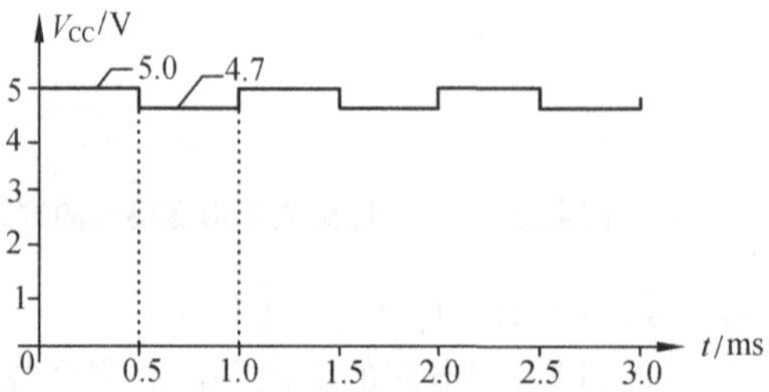


图 7　$V_{CC}$波形图(尖峰电流)

结论：由波形图测得 74LS04 的尖峰电压 = <u>0.3</u> V；尖峰电流 = <u>30</u> mA.

(2) 在芯片的电源电压与接地端之间串接一 0.01μF 的电容，用示波器观察门电路 $V_{CC}$ 对地电压的波形，并绘图(图 8).

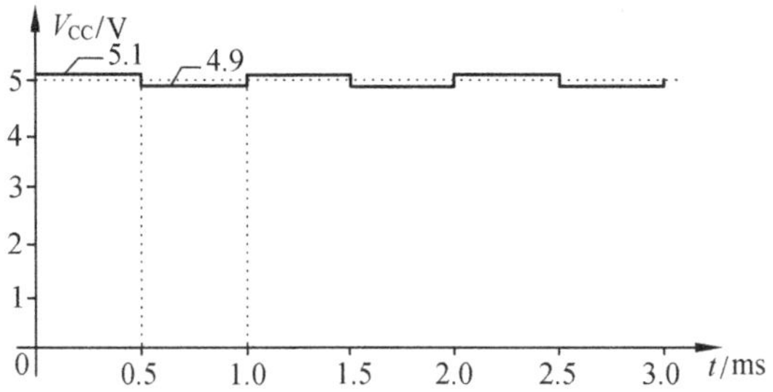


**图 8　接入滤波电容后的 $V_{CC}$ 波形图(尖峰电流)**

结论：在接入滤波电容后，尖峰电流明显减小. 74LS04 的尖峰电流 = <u>20</u> mA.

(3) 用 4049 芯片，按图 5 连线. 在门电路的输入端加一 1kHz 的方波信号，用示波器观察门电路 $V_{DD}$ 对地电压的波形，并绘图(图 9).

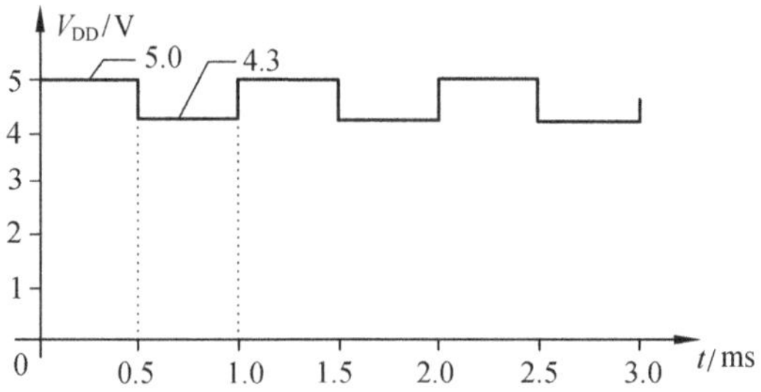


**图 9　$V_{DD}$ 波形图(尖峰电流)**

结论：由波形图测得 4049 的尖峰电压 = <u>0.7</u> V；尖峰电流 = <u>70</u> mA.

(4) 在芯片的电源电压与接地端之间串接一 0.01μF 的电容，用示波器观察门电路 $V_{DD}$ 对地电压的波形，并绘图(图 10).

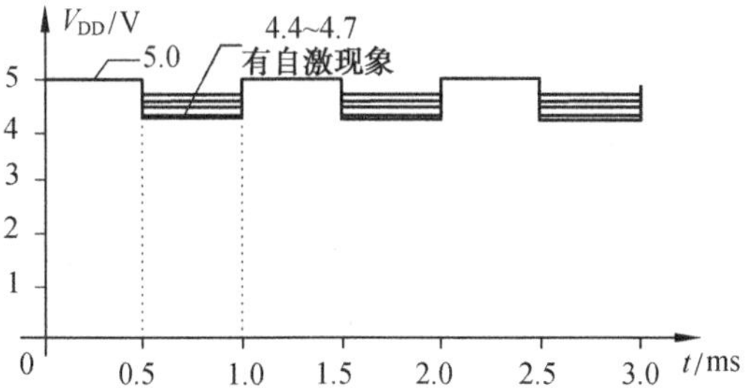


**图 10　接入滤波电容后的 $V_{DD}$ 波形图(尖峰电流)**

结论：在接入滤波电容后，尖峰电流明显减小. 4049 的尖峰电流≈ <u>40</u> mA.

综上所述，输入信号突变会在芯片的电源电压形成波动，即尖峰电流. 尖峰电流的大小与输入信号重复频率有关. 为减小尖峰电流对电源电压的影响，可以接入一滤波电容，效果明显.

## 三、CMOS 门电路组成线性放大器实验

1. 实验目的.

了解门电路工作特性曲线,学习使用门电路组成线性放大器.

2. 实验原理.

CMOS 门电路的输入输出特性曲线如图 11 所示. 由输入输出特性曲线可知,在 $A \sim B$ 区域是一线性区域,若输入信号较小,使门电路工作在此线性区域,则我们可将门电路用作线性放大器.

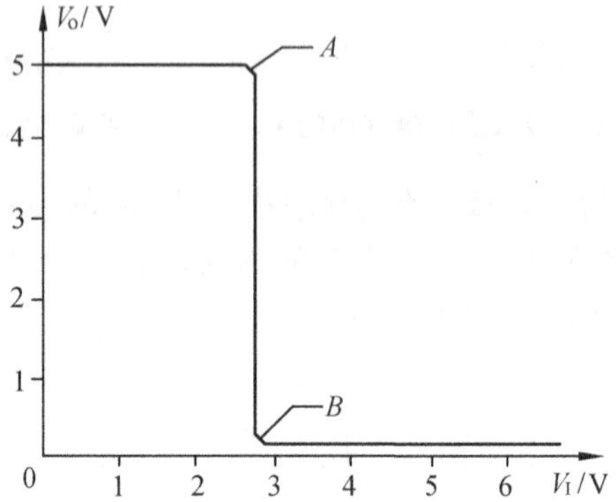


图 11 CMOS 门电路的输入输出特性曲线

3. 实验电路图(图 12).

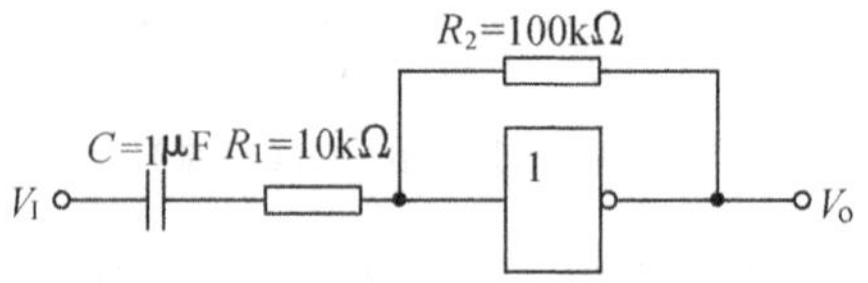


图 12 用反相器组成线性放大器原理图

4049 芯片引脚图如图 6 所示.

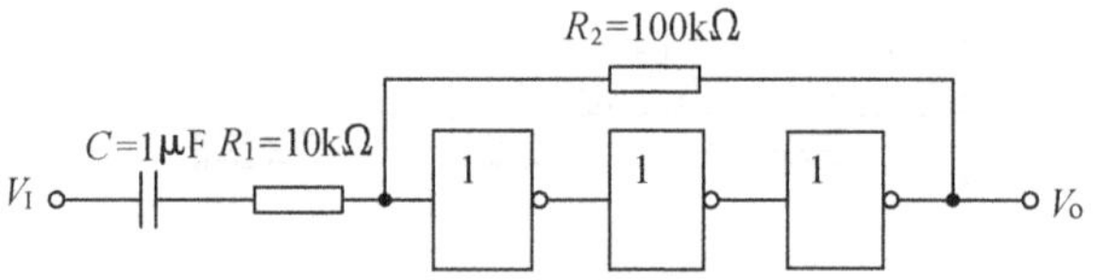


图 13 用三级反相器串联组成线性放大器原理图

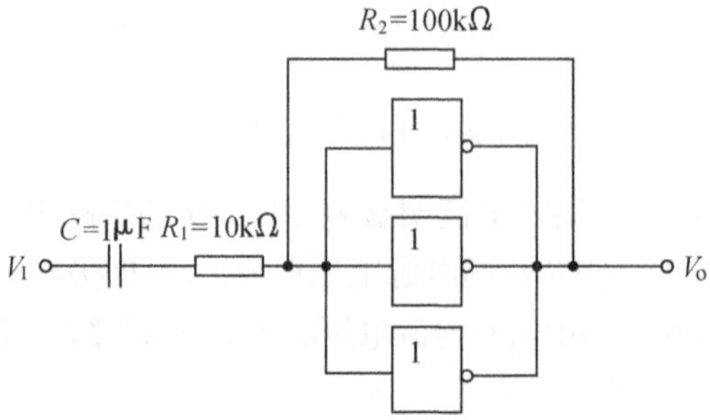


图 14 用三级反相器并联组成线性放大器原理图

4. 实验仪器与器件.

(1) 通用板——可插接标准双列直插插座的实验电路板(1 块).

(2) 可调直流稳压电源(1 台).

(3) 函数信号发生器(1 台).

(4) 双踪示波器(1 台).

(5) 万用表(1 只).

(6) 实验器件.

① 4049(1 片).

② 电阻: 10kΩ、100kΩ(各 1 只).

③ 电容: 1μF(1 只).

5. 实验步骤、数据记录、结论.

(1) 测量单个门电路构成闭环线性放大器的放大倍数.

按图 12 连线,在输入端加入 1kHz 的正弦波小信号(注意: 输入信号应小于 0.16V,否则工作范围超出了门电路的线性区;为防止 CMOS 电路死锁,4049 电路的其他闲置不用的非门输入端口接地),用示波器观测输入波形 $V_I$ 和输出端波形 $V_O$(图 15),调输入信号的幅度,测相应的输出信号幅度,将 $V_I$ 和 $V_O$ 信号的峰峰值记入表 1,并计算相应的放大倍数.

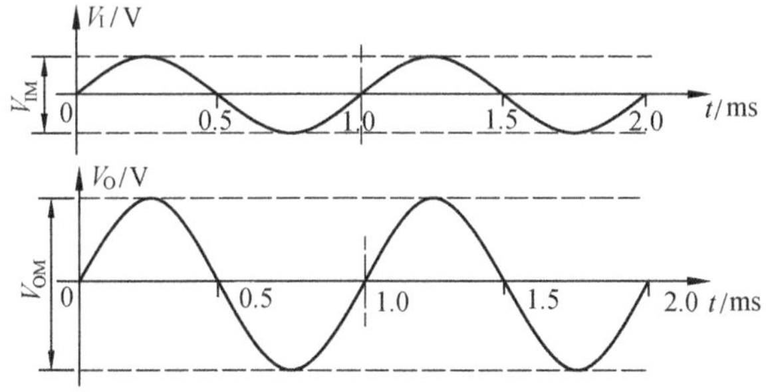


**图 15　一级闭环电路的输入输出波形**

**表 1　一级闭环输入信号与输出信号的峰峰值及放大倍数计算**

| 变量 \ 测量次数 | | 1 | 2 | 3 | 4 | 5 | 6 |
|---|---|---|---|---|---|---|---|
| $V_{IM}$ | 读数/格 | 3.2 | 2.0 | 4.0 | 3.0 | 2.0 | 1.5 |
| | 量程/mV | 50 | 50 | 20 | 20 | 20 | 10 |
| | 电压值/V | 0.16 | 0.10 | 0.08 | 0.06 | 0.04 | 0.03 |
| $V_{OM}$ | 读数/格 | 2.5 | 1.6 | 3.1 | 2.4 | 3.1 | 2.4 |
| | 量程/mV | 0.5 | 0.5 | 0.2 | 0.2 | 0.1 | 0.1 |
| | 电压值/V | 1.25 | 0.80 | 0.62 | 0.48 | 0.31 | 0.24 |
| $K=\frac{V_{OM}}{V_{IM}}$ | | 7.81 | 8.00 | 7.75 | 8.00 | 7.75 | 8.00 |

结论: 由上表得 $\overline{K}=$ 7.885 .

用门电路组成的一级闭环线性放大器,放大倍数较小,输入信号峰峰值必须小于 0.16V,否则输出波形失真.

误差分析: 由于我们是在示波器上观测信号的峰峰值的,因此存在着视觉误差.示波器的精度也不够.

改进方法：用毫伏表来测量输入信号与输出信号的值，而示波器仅用于监视波形失真情况.

(2) 用负载电阻法测量输出阻抗.

电路如图12所示，测量其输出开路电压 $V_{OMO}$ = 2.8 V.

在输出端加一负载电阻，调该负载电阻，使输出电压 $V_{OMR}=\frac{1}{2}(V_{OMO})$ = 1.4 V，断开回路后，测输出电阻 $R_L$ = 2.17 kΩ.

结论：该电路输出阻抗 = 2.17 kΩ.

(3) 测量单个门电路构成线性放大器的开环放大倍数.

在图12所示电路中，反馈电阻 $R_2$ 不接.

在输入端加入1kHz的正弦波小信号（注意：输入信号应小于0.16V，否则工作范围超出了门电路的线性区；为防止CMOS电路死锁，4049电路的其他闲置不用的非门输入端口接地），用示波器观测输入波形 $V_I$ 和输出端波形 $V_O$（图13），调输入信号的幅度，测相应的输出信号幅度，将 $V_I$ 和 $V_O$ 信号的峰峰值记入表2，并计算相应的放大倍数.

**表2　一级开环输入信号与输出信号的峰峰值及放大倍数计算**

| 变量 \ 测量次数 | | 1 | 2 | 3 | 4 | 平均 |
|---|---|---|---|---|---|---|
| $V_{IM}$ | 读数/格 | 2.7 | 2.0 | 3.0 | 2.0 | |
| | 量程/mV | 10 | 10 | 5 | 5 | |
| | 电压值/mV | 27 | 20 | 15 | 10 | |
| $V_{OM}$ | 读数/格 | 2.5 | 2.0 | 3.5 | 2.5 | |
| | 量程/mV | 0.5 | 0.5 | 0.2 | 0.2 | |
| | 电压值/V | 1.25 | 1.00 | 0.70 | 0.50 | |
| $K=\frac{V_{OM}}{V_{IM}}$ | | 46.30 | 50.00 | 46.67 | 50.00 | 48.24 |

结论：由上表得 $\overline{K}$ = 48.24 .

用门电路组成的一级开环线性放大器，放大倍数较大，输入信号峰峰值必须非常小（比闭环线性放大器的信号小得多），否则输出波形将失真.

误差分析：由于我们是在示波器上观测信号的峰峰值的，因此存在着视觉误差. 示波器的精度也不够.

改进方法：用毫伏表来测量输入信号与输出信号的值，而示波器仅用于监视波形失真情况.

(4) 将3个反相器串联，测量闭环和开环放大倍数.

闭环：按图13连接线路，在输入端加入1kHz的正弦波信号，用示波器观测输入和输出波形（图16）.

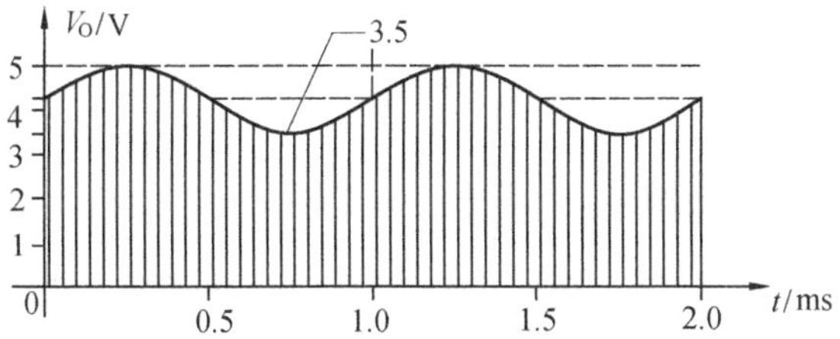


**图 16　用三级反相器串联组成线性放大器原理图(闭环)**

结论：当 $V_{im}=0.16$V 时，有自激产生. 这是因为三级串联后，经 $R_2$ 形成正反馈，所以产生自激振荡，原理可参见实验一(TTL 74LS04 及 CMOS 74HC04 门电路传输延时 $T_{pd}$参数的测量实验).

开环：图 13 线路图中 $R_2$不接，在输入端加入 1kHz 的正弦波信号，用示波器观测输入和输出波形(图 17).

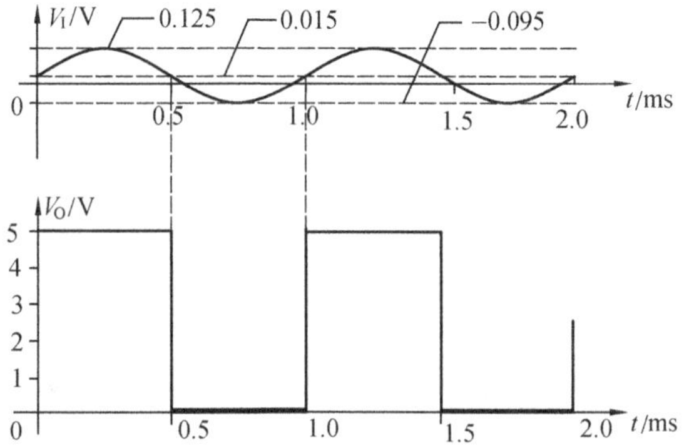


**图 17　用三级反相器串联组成线性放大器原理图(开环)**

结论：由于开环放大倍数太大，因此输出信号被削顶和削底，实际输出波形峰峰值是多少无法测出.

(5) 将 3 个反相器并联，测量闭环和开环放大倍数.

闭环：按图 14 连接线路，在输入端 1kHz 的正弦波小信号，用示波器观测输入波形 $V_I$和输出端波形 $V_O$(图 15)，调输入信号的幅度，测相应的输出信号幅度，将 $V_I$和 $V_O$信号的峰峰值记入表 3，并计算相应的放大倍数.

**表 3　三级串联闭环输入与输出信号的峰峰值及放大倍数计算**

| 变量 \ 测量次数 | | 1 | 2 | 3 | 4 | 5 | 6 |
|---|---|---|---|---|---|---|---|
| $V_{IM}$ | 读数/格 | 3.2 | 2.0 | 4.0 | 3.0 | 2.0 | 1.5 |
| | 量程/mV | 50 | 50 | 20 | 20 | 20 | 10 |
| | 电压值/V | 0.16 | 0.10 | 0.08 | 0.06 | 0.04 | 0.03 |
| $V_{OM}$ | 读数/格 | 2.5 | 3.9 | 3.2 | 2.4 | 3.2 | 2.4 |
| | 量程/mV | 0.5 | 0.2 | 0.2 | 0.2 | 0.1 | 0.1 |
| | 电压值/V | 1.25 | 0.78 | 0.64 | 0.48 | 0.32 | 0.24 |
| $K=\frac{V_{OM}}{V_{IM}}$ | | 7.81 | 7.80 | 8.00 | 8.00 | 8.00 | 8.00 |

结论：由上表得 $\overline{K}$ = <u>7.94</u>.

开环：图 14 线路图中 $R_2$ 不接，在输入端加 1kHz 的正弦波小信号，用示波器观测输入波形 $V_I$ 和输出端波形 $V_O$（图 15），调输入信号的幅度，测相应的输出信号幅度，将 $V_I$ 和 $V_O$ 信号的峰峰值记入表 4，并计算相应的放大倍数.

**表 4　三级串联开环输入与输出信号的峰峰值及放大倍数计算**

| 变量 \ 测量次数 | | 1 | 2 | 3 | 4 |
|---|---|---|---|---|---|
| $V_{IM}$ | 读数/格 | 3.0 | 2.0 | 3.0 | 2.0 |
| | 量程/mV | 10 | 10 | 5 | 5 |
| | 电压值/mV | 30 | 20 | 15 | 10 |
| $V_{OM}$ | 读数/格 | 2.5 | 1.9 | 3.6 | 2.4 |
| | 量程/mV | 0.5 | 0.5 | 0.2 | 0.2 |
| | 电压值/V | 1.25 | 0.95 | 0.72 | 0.48 |
| $K=\frac{V_{OM}}{V_{IM}}$ | | 41.67 | 47.5 | 48.0 | 48.0 |

结论：由上表得 $\overline{K}$ = <u>46.29</u>.

分析：由于门电路价格便宜，而且输入输出特性曲线存在一段线性区域，因此在输入微小信号和放大倍数要求不高的场合，可以用其组成一级闭环线性放大器. 三级门电路串联，是为了提高总的开环放大倍数，而闭环增益决定于输入与反馈电阻 $R_1$ 和 $R_2$. 三级门电路并联，使输出电流提高，从而提高带载能力. 而三级并联后的放大倍数与一级的基本相同.

# 参 考 文 献

[1] 阎石. 数字电子技术基础(第五版). 北京:高等教育出版社,2006.

[2] 康华光. 电子技术基础(数字部分)(第六版). 北京:高等教育出版社,2014.

[3] 汪一鸣,黄旭. 数字电子技术实验指导. 苏州:苏州大学出版社,2005.

[4] 孙淑艳. 数字电子技术实验指导书. 北京:高等教育出版社,2014.

[5] 白雪梅,郝子强. 数字电子技术实验教程. 北京:电子工业出版社,2014.

[6] 张涛. 数字逻辑电路实验教程. 杭州:浙江大学出版社,2012.

[7] 侯建军. 数字电路实验一体化教程. 北京:清华大学出版社,2005.

[8] 杨萍. 数字电路和数字系统实验与课程设计实训教程. 北京:人民邮电出版社,2009.

[9] 张亦华. 数字逻辑设计实验技术与 EDA 工具. 北京:北京邮电大学出版社,2003.

[10] 唐明良,张红梅. 数字电子技术实验与仿真. 重庆:重庆大学出版社,2014.

[11] 数字逻辑电路实验课程组. 数字逻辑电路实验. 北京:北京大学出版社,2011.

[12] 潘松,黄继业. EDA 技术实用教程——VHDL 版(第五版). 北京:科学出版社,2013.

[13] 曲波,黄旭. 硬件描述语言实验教程. 苏州:苏州大学出版社,2013.

[14] 房国志. 数字电子技术实验教程. 哈尔滨:哈尔滨工业大学出版社,2013.

[15] 张秀娟,薛庆军. 数字电子技术实验教程. 北京:北京航空航天大学出版社,2007.